危险评价方法及其应用

吴宗之　高进东　魏利军　编著

北　京
冶金工业出版社
2013

图书在版编目(CIP)数据

危险评价方法及其应用/吴宗之等编著．—北京：冶金工业出版社，2001.6（2013.7 重印）

ISBN 978-7-5024-2799-3

Ⅰ．危…　Ⅱ．吴…　Ⅲ．化学工业—安全—评价　Ⅳ．TQ086

中国版本图书馆 CIP 数据核字(2001)第 031803 号

出 版 人　谭学余

地　　址　北京北河沿大街嵩祝院北巷 39 号，邮编 100009

电　　话　(010)64027926　电子信箱　yjcbs@cnmip.com.cn

责任编辑　王雪涛　刘小峰　张　卫　美术编辑　李　新

版式设计　张　青　责任校对　王贺兰　责任印制　李玉山

ISBN 978-7-5024-2799-3

冶金工业出版社出版发行；各地新华书店经销；三河市双峰印刷装订有限公司印刷

2001 年 6 月第 1 版，2013 年 7 月第 8 次印刷

787mm×1092mm　1/16；13.5 印张；322 千字；205 页

47.00 元

冶金工业出版社投稿电话：(010)64027932　投稿信箱：tougao@cnmip.com.cn

冶金工业出版社发行部　电话：(010)64044283　传真：(010)64027893

冶金书店　地址：北京东四西大街 46 号(100010)　电话：(010)65289081(兼传真)

（本书如有印装质量问题，本社发行部负责退换）

前　言

危险评价起源于20世纪30年代的美国保险行业，到现在经过70多年的发展，形成了很多关于危险评价的理论、方法和应用技术。不论在理论上，还是在实践中，危险评价都取得了令人瞩目的成绩，对减少工程事故和人身伤害事故起到了积极作用。危险评价已在现代企业安全管理中占有重要地位。

危险评价在发达国家得到了企业和政府的高度重视，企业和政府都把进行危险评价，防止各种灾害事故发生，减少经济损失摆在十分重要的地位。在西欧，一些安全专家认为，有效防止事故发生的前提是对危险做出正确分析和评价。

“安全第一，预防为主”是我国安全生产工作的基本方针。自20世纪80年代初期，我国引入安全检查表、故障树分析、事件树分析、预先危险分析、故障模式及影响分析、危险可操作性研究、火灾爆炸指数评价方法、人的可靠性分析等系统安全分析方法和危险评价方法以来，机械、化工、石化、冶金等工业部门先后研究和开发了适用于各行业的安全评价(危险评价)方法或标准，在许多企业得到了推广和应用，促进了我国企业安全管理的科学化。

危险评价是提高企业安全管理水平和事故预防技术水平的有效措施。危险评价主要包括下述几个方面的内容：(1)辨识各类危险因素、潜在事故的原因和机制；(2)评价危险事件发生的可能性和引发事故的后果；(3)评价事故发生的可能性和事故后果的联合作用，进行危险分级；(4)将上述评价结果与安全目标值进行比较，检查危险性是否达到可接受水平，否则需要采取措施，降低危险水平。危险评价是一项复杂的技术工作，需要采用系统工程的思想和方法，收集生产设计、运行及其他与评价对象有关的资料和信息，尤其应对关键的设备、设施和场所进行分析和评价，找出潜在的危险因素和预防重点。

开展危险评价是企业安全管理中的一项基础性工作，是依靠现代科学技术来预防工业事故的具体体现。实际应用表明，企业通过开展危险评价，可以掌握安全生产状况，明确安全整改目标，提高设备、设施的本质安全水平和安全管理水平，实现生产和安全的同步发展，使安全生产工作真正转移到以预防为主的轨道上来。

危险评价已成为我国企业安全管理和政府决策的科学依据，并逐渐走上了规范化、法制化轨道。1994年劳动部颁布了《重大事故隐患管理规定》，要求有关部门对特大、重大事故隐患进行安全评估。1996年劳动部颁布了《建设项目(工程)劳动安全卫生监察规定》,要求凡符合下列情况之一的,必须进行劳动安全卫生预评价:(1)大中型和限额以上的建设项目;(2)火灾危险性生产类别为甲类的建设项目;(3)爆炸危险场所等级为特别危险场所和高度危险场所的建设项目;(4)大量生产或使用Ⅰ级、Ⅱ级危害程度的职业性接触毒物的建设项目;(5)大量生产或使用石棉粉料或含有10%以上的游离二氧化硅粉料的建设项目;(6)劳动行政部门确认的其他危险、危害因素大的建设项目。1999年国家经贸委颁布的《职业安全卫生管理体系试行标准》要求:申请认证的组织应建立和保持危害辨识、危险评价和必要控制措施的实施程序。

为了给从事危险评价、建设项目(工程)劳动安全卫生预评价以及职业安全危险管理体系危险辨识评价的技术人员提供一本实用的教材和工具书,我们在多年危险评价(预评价)经验的基础上编写了此书。书中简要介绍了危险评价的基本理论,包括危险评价的内容、程序和安全(风险)标准以及危险因素及其辨识方法等;详细阐述了作业条件危险性评价法,道(DOW)化学公司火灾、爆炸危险指数评价法(第7版),易燃、易爆、有毒重大危险源评价法和重大事故后果分析方法等常用危险评价方法,每一方法均附有具体的应用实例。本书内容丰富,理论联系实际,实用性强,也可供企业安全技术人员、安全管理人员和大专院校安全工程专业师生学习和参考。

限于作者的知识和水平,书中谬误之处恳请读者批评指正。

编著者

2001年4月

目　　录

第1章

概　论

1.1 引言

危险评价，也称安全评价或风险评价，是对系统发生事故的危险性进行定性或定量分析，评价系统发生危险的可能性及其严重程度，以寻求最低的事故率、最少的损失和最优的安全投资效益。危险评价是安全管理和决策科学化的基础，是依靠现代科学技术预防事故的具体体现。

目前，用于生产过程或设施的危险评价方法已达到几十种。常用的危险评价方法可分为定性评价方法、指数评价方法、概率风险评价方法和半定量评价方法等几大类。

1.2 危险评价方法简述

1.2.1 危险评价方法

1.2.1.1 定性评价方法

定性评价方法主要是根据经验和判断能力对生产系统的工艺、设备、环境、人员、管理等方面的状况进行定性的评价。属于这类评价方法的有安全检查表、预先危险性分析、故障类型和影响分析以及危险可操作性研究等方法。这类方法的特点是简单、便于操作，评价过程及结果直观，目前在国内外企业安全管理工作中被广泛使用。但是这类方法含有相当高的经验成分，带有一定的局限性，对系统危险性的描述缺乏深度。不同类型评价对象的评价结果没有可比性。

1.2.1.2 指数评价方法

美国道(DOW)化学公司的火灾、爆炸指数法，英国帝国化学公司蒙德工厂的蒙德评价法，日本的六阶段危险评价法和我国化工厂危险程度分级方法等，均为指数评价方法。指数的采用使得系统结构复杂、用概率难以表述其危险性单元的评价有了一个可行的方法。这类方法操作简单，是目前应用较多的评价方法之一。指数的采用，避免了事故概率及其后果难以确定的困难，评价指数值同时含有事故频率和事故后果两个方面的因素。这类评价方法的缺点是：评价模型对系统安全保障体系的功能重视不够，特别是危险物质和安全保障体系间的相互作用关系未予考虑。尽管在蒙德法和我国化工厂危险程度分级方法中有一定的考虑，但这种缺陷仍是很明显的。各因素之间均以乘积或相加的方式处理，忽视了各因素之间重要性的差别。评价自开始起就用指标值给出，使得评价后期对系统的安全改进工作较困难。在目前的各类指数评价模型中，指标值的确定只和指标的设置与否有关，而与指标因素的客观状态无关,致使危险物质的种类、含量、空间布置相似,而实际安全水平相差较远的系统,其评价结果相近,导致这类方法的灵活性和敏感性较差。指数评价法目前在石油、化工等领域应用较多。

1.2.1.3　概率风险评价方法

概率风险评价方法是根据零部件或子系统的事故发生概率,求取整个系统的事故发生概率。本方法以1974年拉姆逊教授(Prof. Nor-man C. Rasmussen)评价民用核电站的安全性开始,继而有1977年的英国坎威岛(Canvey Island)石油化工联合企业的危险评价,1979年德国对19座大型核电站的危险评价,1979年荷兰雷杰蒙德(Rijnmond)六项大型石油化工装置的危险评价等都是使用概率评价方法。这些评价项目都耗费了大量的人力、物力,在方法的讨论、数据的取舍、不确定性的研究以及灾害模型的研究等方面均有所创建,对大型企业的危险评价方法影响较大。系统结构简单、清晰,相同元件的基础数据相互借鉴性强,如在航空、航天、核能等领域这种方法得到了广泛应用。另一方面,该方法要求数据准确、充分,分析过程完整,判断和假设合理。对于化工、煤矿等行业,由于系统复杂,不确定性因素多,人员失误概率的估计十分困难,因此,这类方法至今未能在此类行业中取得进展。随着模糊概率理论的进一步发展,概率风险评价方法的缺陷将会得到一定程度的克服。但是使用概率风险评价方法需要取得组成系统各零部件和子系统发生故障的概率数据,目前在民用工业系统中,这类数据的积累还很不充分,是使用这一方法的根本性障碍。

1.2.2　危险评价软件

自1974年美国出版了《民用核电站危险评价研究报告(WASH-1400)》以来,大多数工业发达国家已将危险评价作为工艺过程、系统设计、工厂设计和选址以及应急计划和事故预防措施的重要依据。近年来,世界各国又开发了一系列商业化的危险评价软件。英国、荷兰、美国等工业发达国家从20世纪70年代以来就开始研究,目前已有几十种危险评价软件包得到应用。随着信息处理技术和事故预防技术的进步,新的实用评价软件不断地进入市场。计算机危险评价软件包可以帮助人们找出导致事故发生的主要原因,认识潜在事故的严重程度,并确定减缓危险的方法。目前,用于危险评价的计算机软件包主要有四种类型:

第一种是危险辨识软件,用来解决“为什么会出现故障”的问题。危险辨识方法主要有安全检查表、“假设”提问法、危险与可操作性研究、初步危险性分析、故障类型、影响及其严重度分析等。

第二种是事故后果模型软件,用来确定潜在事故的后果。事故后果模拟软件主要是预测火灾、爆炸和毒物泄漏事故的后果。火灾危害模型可描述不同类型火灾的性质;爆炸模型可以计算密封或非密封的蒸气爆炸、固体爆炸或油罐爆炸的超压量;毒物泄漏扩散模型可显示释放在空气中、土壤里、地下水和地面上化学毒物的扩散行为。事故后果模型把热辐射、易燃或有毒蒸气的扩散以及爆炸超压的内容转换成危害区域评价,使之能以设施和财产损失、环境破坏以及人因接触有毒化学品、热辐射或爆炸压力而导致的健康危害来说明事故的危险性。

第三种是事故频率分析软件,通过对有关的元件失效频率和人为失误频率等数据的处理可得到事故的频率。常用的方法有事故树分析方法和事件树分析方法。

第四种是综合危险定量分析软件,根据提供的设计资料、工厂情况以及设施周围区域人口分布等资料，全面地描述危险程度，计算出危险设施周围的社会（群体）和个人承担的风险值。

1.2.3　我国危险评价方法研究与应用状况

20 世纪 80 年代初期，安全系统工程引入我国，受到许多大中型企业和行业管理部门的高度重视。通过翻译、消化和吸收国外安全检查表和安全分析方法，机械、冶金、化工、航空、航天等行业的有关企业开始应用简单的安全分析评价方法，如安全检查表、事故树分析（FTA）、故障类型及影响分析（FMFA）、事件树分析（ETA）、预先危险性分析（PHA）、危险与可操作性研究（HAZOP）、作业环境危险评价方法（LEC）等。在许多企业，安全检查表和事故树分析方法已应用于生产班组和操作岗位。此外，一些石油、化工等易燃、易爆危险性较大的企业，也应用道化学公司的火灾、爆炸指数评价方法进行了企业危险评价。许多行业和地方政府有关部门制定了安全检查表和安全评价标准。

为推动和促进危险评价方法在我国企业安全管理中的实践和应用，1986 年劳动人事部分别向有关科研单位下达了机械工厂危险程度分级、化工厂危险程度分级、冶金工厂危险程度分级、工厂危险程度分级等科研项目。

1987 年机械电子部首先提出了在机械行业内开展机械工厂安全评价，并于 1988 年颁布了第一个部颁安全评价标准《机械工厂安全性评价标准》。机械工厂安全评价标准分为两方面：一是工厂危险程度分级，通过对机械行业 1 000 余家重点企业 30 余年事故统计分析结果，用 16 种设备（设施）及物品的拥有量来衡量企业固有的危险程度并作为划分危险等级的基础；二是机械工厂安全性评价（包括综合管理评价、危险性评价和作业环境评价），主要评价企业安全管理绩效，采用了以安全检查表为基础、打分赋值的评价方法。

由原化工部劳动保护研究所提出的化工厂危险程度分级方法是在吸收道化学公司火灾、爆炸危险指数评价方法的基础上，通过计算物质指数、物量指数和工艺系数、设备系数、厂房系数、安全系数、环境系数等，得出工厂的固有危险指数，进行固有危险性分级，用工厂安全管理的等级修正工厂固有危险等级后，得出工厂的危险等级。

《机械工厂安全性评价标准》已应用于我国 1 000 余家企业，化工厂危险程度分级方法、工厂危险程度分级方法和冶金工厂危险分级方法等也在相应行业的几十家企业进行了实践。

除上述危险程度分级方法外，我国有关部门还颁布了《医药工业企业安全性评价通则》、《航空航天工业工厂安全性评价规程》、《石化企业安全性综合评价办法》、《电子企业安全性评价标准》、《兵器工业机械工厂安全性评价方法和标准》等。

1991 年国家“八五”科技攻关课题中，危险评价方法研究列为重点攻关项目。由劳动部劳动保护科学研究所等单位完成的我国“八五”国家科技攻关专题“易燃、易爆、有毒重大危险源辨识、评价技术研究”，将重大危险源评价分为固有危险性评价与现实危险性评价，后者是在前者的基础上考虑各种的控制因素，反映了人对控制事故发生和事故后果扩大的主观能动作用。固有危险性评价主要反映物质的固有特性、危险物质生产过程的特点和危险单元内、外部环境状况，分为事故易发性评价和事故严重度评价。事故易发性取决于危险物质事故易发性与工艺过程危险性的耦合。易燃、易爆、有毒重大危险源辨识评价方法填补了我国跨行业重大危险源评价方法的空白，在事故严重度评价中建立了伤害模型库，采用了定量的计算方法,使我国工业危险评价方法的研究从定性评价进入定量评价阶段。实际应用表明,使用该方法得到的评价结果科学、合理,符合中国国情。该项成果于 1996 年获国家“八五”科技攻关重大成果奖,1997 年获劳动部科技进步一等奖。1997 年原劳动部下达了“重大危险源普查监控系统试点”项目,在北京、上海、天津、青岛、深圳、成都等 6 个城市推广应用此项成果。易燃、易爆、有毒重大危险源评价方法除应用于上述 6 个城市 10 000 余个重大危险源的评价外,目前正在全国其他城市推广应用。

尽管国内外已研究开发出几十种危险评价方法和商业化的危险评价软件包,但由于危险评价不仅涉及技术科学,而且涉及管理学、伦理学、心理学、法学等社会科学的相关知识,另外,危险评价指标及其权值的选取与生产技术水平、安全管理水平、生产者和管理者的素质以及社会和文化背景等因素密切相关,因此,每种评价方法都有一定的适用范围和限度。定性评价方法主要依靠经验判断,不同类型评价对象的评价结果没有可比性。美国道(DOW)化学公司开发的火灾、爆炸指数法主要用于评价按规范设计和运行的化工、石化企业生产、存贮装置的火灾、爆炸危险性,该方法在指标选取和参数确定等方面还存在缺陷。概率风险评价方法以人机系统可靠性分析为基础,要求具备评价对象的元部件和子系统以及人的可靠性数据库和相关的事故后果伤害模型。

目前,国外现有的危险评价方法主要适用于评价危险装置或单元发生事故的可能性和事故后果的严重程度,国内研究开发的机械工厂安全性评价标准、化工厂危险程度分级、冶金工厂危险程度分级等方法主要用于同行业企业的安全管理评价或评比。

易燃、易爆、有毒重大危险源评价方法在吸收国内外现有危险评价方法的基础上,将重大危险源评价分为固有危险性评价和现实危险性评价两部分,事故易发性评价吸收了国外道化学公司评价方法、蒙德化学公司评价方法、日本劳动省化工厂六阶段危险评价方法以及国内化工厂危险程度分级方法、火炸药和弹药企业重大危险源评价方法等的优点,采用相对系数(指数法);事故严重度评价建立在火灾、爆炸、毒物泄漏模型的基础上,考虑人口密度、财产分布密度和气象、环境条件等因素,可定量评价事故后果严重度。定量危险评价方法的完善,还需进一步研究各类事故后果模型、事故经济损失评价方法、事故对生态环境影响评价方法、人的行为安全性评价方法以及不同行业可接受的风险标准等。

1.3　安全(风险)标准

危险评价既是事故预防的重要措施,也是一种有效的决策工具。近 30 年来,大多数工业发达国家已将危险评价作为工厂设计和选址、系统设计以及制定事故应急计划和预防措施的重要依据。

定性评价方法主要以专家赋值或以指数(系数)来表达事故发生的可能性和严重度,评价和分级多采用如图 1-1 所示的风险评价矩阵方法。

图中,H 类为“不可接受”的风险,需立即停产,采取减小或防范风险的措施;M 类为“不希望”的风险,需加强管理,详细评价和治理,减少风险;S 类为“有条件的可接受”的风险,即可在严格管理和控制条件下运行,明确管理责任;L 类为“可接受的”风险,可按日常管理方式运行。

事故严重度 / 事故可能性	风险大小				
	Ⅴ(可忽略的)	Ⅳ(轻度的)	Ⅲ(中度的)	Ⅱ(严重的)	Ⅰ(灾难的)
A(频率)	M	M	H	H	H
B(很可能)	S	M	M	H	H
C(有时)	L	S	M	H	H
D(极少)	L	L	S	M	H
E(不可能)	L	L	S	M	M

图 1-1 风险评价矩阵

定量评价方法是以系统事故风险率来表达危险性大小,也称概率风险评价方法。概率风险评价通常采用被评价对象可能导致单位时间(每年)的死亡率来表达个人风险,单位时间(每年)死亡人数概率来表达社会风险。

我们在生产中,所使用的"危险"这个词,有时是强调发生的频率,有时是指损失额。还有,由于个人的经验、个性的不同,危险的内容也有很大差异。在美国原子能委员会发表的拉斯姆逊报告中,为了定量比较由于事故引起的社会危险,将危险定义如下:

$$\text{危险}\left\{\frac{\text{损失程度}}{\text{单位时间}}\right\}=\text{频率}\left\{\frac{\text{事 故}}{\text{单位时间}}\right\}\times\text{大小}\left\{\frac{\text{损失程度}}{\text{事 件}}\right\}$$

例如,1971 年在美国发生约 1 500 万次汽车事故,其中每 300 次有 1 次是死亡事故。汽车事故死亡的社会性危险可由下式近似计算:

$$15\times10^{6}\ \frac{\text{事故}}{\text{年}}\times\frac{1\text{ 次死亡}}{300\text{ 次事故}}=50\ 000\ \frac{\text{死亡}}{\text{年}}$$

美国人口如按 2 亿人计算,每个人的平均危险可用下式表示:

$$\frac{50\ 000\text{ 死亡/年}}{200\ 000\ 000\text{ 人}}=2.5\times10^{-4}\text{死亡/(人·年)}$$

所谓 2.5×10^{-4}死亡/(年·人)的数值,是由每人一年死亡的概率表示的危险性。这个数字的意思是在每 10 万人中,每年有 25 人死亡的可能性,相当于每 4 000 人中有 1 人死亡。对每个人来讲,有 0.025% 死亡的可能性。从危险的定义可以看出,危险分为对于社会的危险和对于个人的危险。在此,按同样方法,可求出由于汽车事故负伤的危险是 7.5×10^{-3}负伤/(人·年),由于汽车事故负伤和财产损失的危险是 140 美元/(司机·年)。美国各种事故造成的危险如表 1-1 所示。

对于这样的危险,社会出现怎样的反应呢? 所谓 10^{-3}死亡/(人·年)的危险程度除死亡以外,只是存在于极少的一部分运动项目或者产业方面,这种危险程度一般是不能允许的,应立即采取对策以减少危险;10^{-4}死亡/(人·年)的危险程度,不需人们共同去采取对策,但要投资以排除产生损失的主要原因,如交通规则及消防等;10^{-5}死亡/(人·年)的危险程度,

表 1-1　各种事故造成的死亡数和危险性

（全美国人口平均，1969 年）

事故种类	死亡数/人	个人危险性/(死亡/(人·年))	事故种类	死亡数/人	个人危险性/(死亡/(人·年))
汽　车	55 791	3×10^{-4}	落下物	1 271	6×10^{-6}
坠　落	17 827	9×10^{-5}	触　电	1 148	6×10^{-6}
火　灾	7 452	4×10^{-5}	铁　道	884	4×10^{-6}
溺　死	6 181	3×10^{-5}	雷　击	160	5×10^{-7}
毒　物	4 516	2×10^{-5}	大旋风	91	4×10^{-7}
枪支武器	2 309	1×10^{-5}	飓　风	93	4×10^{-7}
机械(1968)	2 054	1×10^{-5}	其　他	8 695	4×10^{-5}
水　运	1 743	9×10^{-6}	全部事故合计为 100 座	0	6×10^{-4}
飞机旅行	1 778	9×10^{-6}	原子能发电站的事故		3×10^{-8}

注：引自拉斯姆逊报告的计算值。

人们感到还有采取对策的必要，为避免这种危险，即使不方便也要克服；10^{-6}死亡/(人·年)及以下的危险程度，一般人并不关心，人们对此虽有察觉，但认为不会发生在自己身上。由此可以了解，对于事故产生 10^{-3}死亡/(人·年)或高于这个数字的危险，社会是不能允许的，10^{-6}死亡/(人·年)或低于这个数字的危险又为社会所忽视。在这中间的危险，虽可允许，但在内容上有差别。有的危险即便在某种程度上较高，但在社会生活中如果有利，则也有社会允许的倾向。图 1-2 表示出这种概念关系，该图横坐标表示受到危险的集团中每个人的利益。

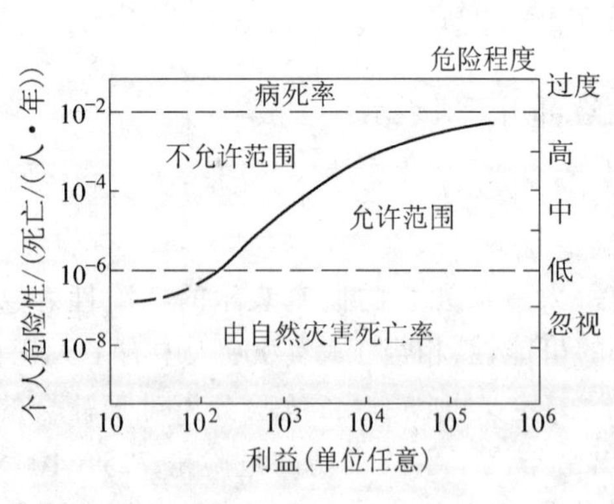

图 1-2　利益和危险的关系

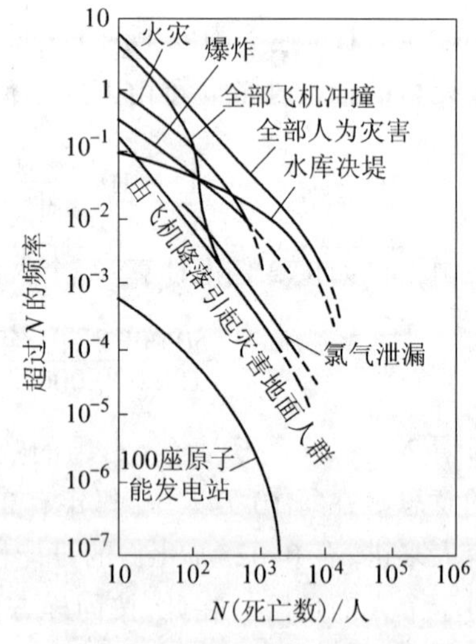

图 1-3　人为灾害的频率和损失

在拉斯姆逊报告中，使用事件树和事故树分析原子能发电站的事故，并与其他危险事件比较，明确了原子能发电站的安全性。其结果如图 1-3～图 1-5 所示。在这个研究中，基于假设条件，可以清楚表明，原子能发电站事故的危险性要比其他危险事件小得多。但是，这里所采用的假设，在方法论及数值中，还存在一定问题。拉斯姆逊报告还列举了有关化工厂的事故，即爆炸和氯气泄漏事故，如图 1-6 所示。

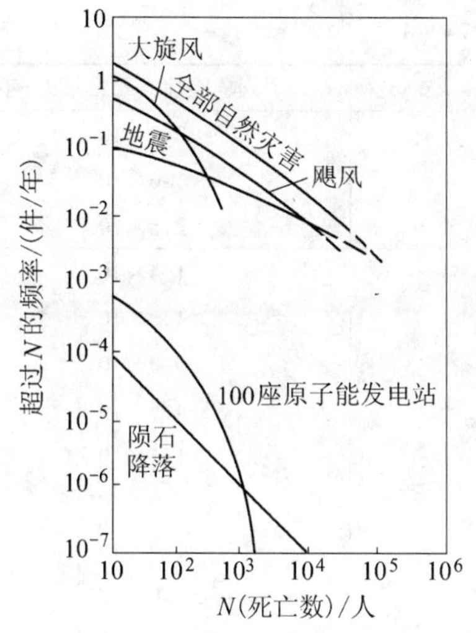

图 1-4 自然灾害的频率和损失

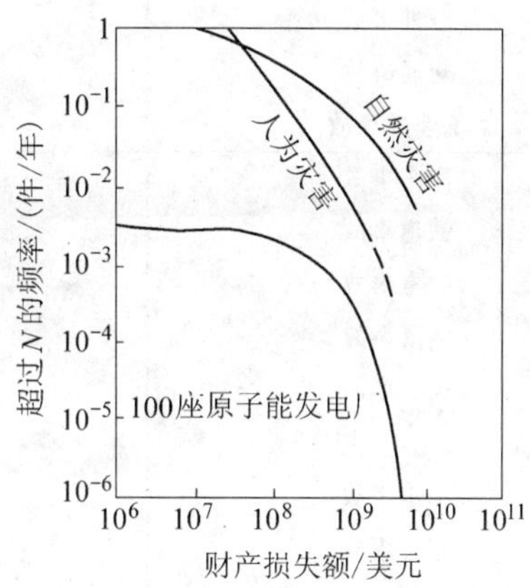

图 1-5 自然或人为灾害的频率和损失额

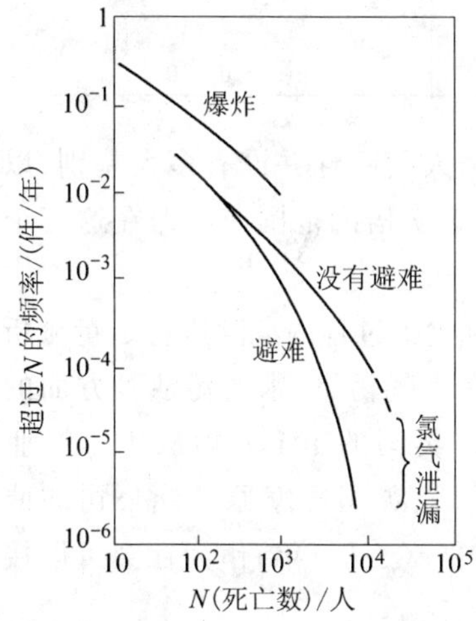

图 1-6 爆炸和氯气泄漏的频率和损失

英国国家原子能机构一开始就采用了概率论的危险评价法。用每 10^8 工作小时的死亡人数表示危险,称为死亡事故频率(FAFR)。英国各种产业的死亡事故频率如表 1-2 所示。10^8 工作小时相当于 1000 人 50 年的劳动时间。从死亡事故频率表中可看出,各种产业部门之间在危险性上有很大差异。英国各种原因的死亡率如表 1-3 所示。

表 1-2 英国各种产业的死亡事故频率

产 业	FAFR	产 业	FAFR
化学工业	3.5	矿 业	40
全部产业	4	建 设 业	67
钢 铁 业	8	飞机乘务员	250
渔 业	35	拳击运动员	7000

表 1-3 英国各种原因的死亡率

死 因	个人危险性/(死亡/(人·年))	死 因	个人危险性/(死亡/(人·年))
交通事故	2×10^{-4}	雷 击	5×10^{-7}
坠 落	1×10^{-4}	有害动物、昆虫	2×10^{-7}
溺 死	3×10^{-5}	白 血 病	6×10^{-5}
触 电	5×10^{-6}	甲状腺癌	2×10^{-5}

日本厚生省发表有详细的人口动态统计,根据该统计编制的 1974 年意外事故造成的死亡人数和死亡率如表 1-4 所示。

表 1-4　各种事故的死亡数和死亡率

（日本全国人口平均，1974 年）

事故种类	死亡数/人	个人危险性/(死亡/(人·年))
意外事故	36.085	3.3×10^{-4}
交通事故	17.576	1.6×10^{-4}
工业性事故	3.059	2.8×10^{-5}
汽车事故	15 445	1.4×10^{-4}
铁道事故	1 072	1.0×10^{-5}
中毒事故	981	9.0×10^{-6}
坠落事故	4 919	4.5×10^{-5}
火灾事故	1 677	1.5×10^{-6}
天　灾	163	3.9×10^{-5}
溺水事故	4 229	1.9×10^{-5}
窒息事故	2 070	8.0×10^{-6}
落下物事故	885	3.6×10^{-6}
高温物体、腐蚀性液体蒸气事故	393	3×10^{-4}
电气事故	243	2.3×10^{-6}
机械及其他事故	323	3.0×10^{-6}

比较表 1-1～表 1-4 可以看出：不同国家各种事故的个人危险性并没有多大差别，以日本的数值为基准，包括美国和英国在内，危险性均在 0.7～2.7 倍的范围内。即在这三个国家中，事故的个人危险性几乎相同。

化工装置的危险性又应该设定在怎样一个水准呢？对化工过程的危险进行定量分析是非常有必要的，设计安全性好的工厂标准，同时也应符合在大气污染、水质污浊等方面的环境规定数值。现在，关于化工过程的危险意见还不一致。英国的 ICI 公司从化学产业的 FAFR 值为 3.5 出发，设计化工装置时危险性为其十分之一；英国国家原子能公司的博延(Boyen)，设想可能造成工厂周围损失的事故，建议以 10^{-5}件/(工厂·年)作为社会可以接受的危险性的标准。

确定化工装置危险标准是今后的一个重要问题，为此，要进行很多的危险评价，在明确各套装置现行危险程度的同时，还要努力取得社会公认。一般认为，要算出如图 1-4 所示的频率和损失关系，最好各个装置都确定一个危险性的下限指标。

荷兰和英国政府要求对重大危害设施必须进行定量风险评价，个人风险标准如表 1-5 所示。

表 1-5　荷兰、英国重大危害设施个人风险标准

个人风险标准	荷　兰	英　国
	风险分布	个人风险(危险剂量)
现有设施最大允许风险值	10^{-5}/年	10^{-4}/年
新建设施最大允许风险值	10^{-6}/年	10^{-5}/年
可忽略的最大风险值		10^{-6}/年

图 1-7 是瑞典、荷兰、英国规定的社会风险值。

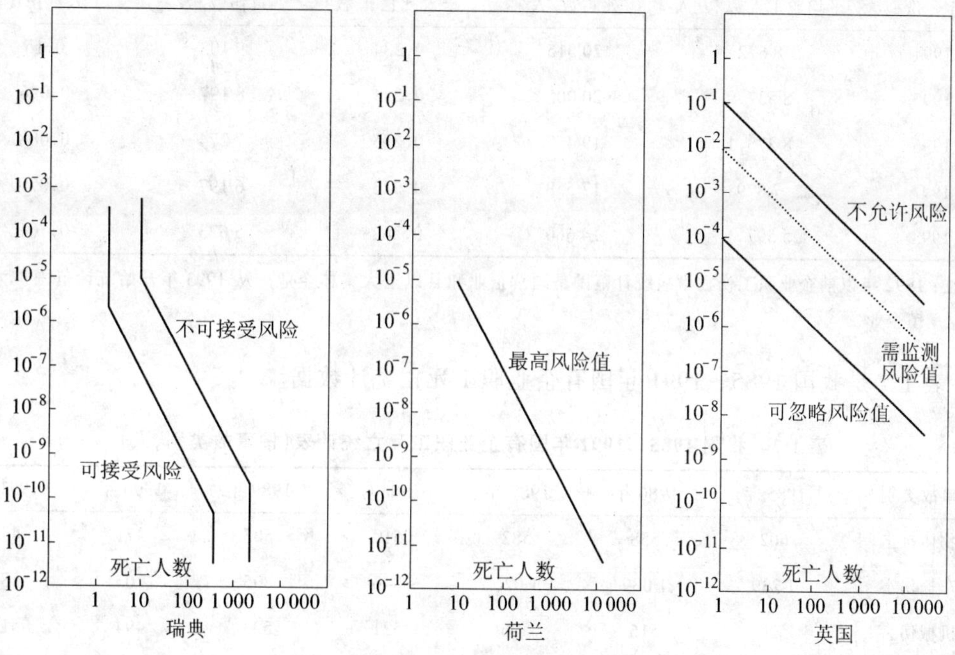

图 1-7 瑞典、荷兰、英国社会风险标准

表 1-6 是我国 1979～1998 年企业职工伤亡事故统计数据。

表 1-6 我国 1979～1998 年企业职工伤亡事故统计表

年 份	平均职工人数/万人	死亡数/人	千人死亡比率	重伤数/人	千人重伤比率
1979	6 992.7	1 3054	0.187	29 618	0.423
1980	7 349.7	11 582	0.157	27 472	0.374
1981	7 506.5	10 393	0.138	24 315	0.324
1982	7 769.7	9 867	0.117	23 264	0.299
1983	7 934.4	8 994	0.113	19 778	0.249
1984	8 034.7	9 088	0.113	18 650	0.232
1985	8 379.5	9 847	0.118	18 216	0.217
1986	8 656.2	8 982	0.104	16 484	0.19
1987	8 964	8 658	0.097	14 954	0.167
1988	8 964	8 908	0.099	12 404	0.138
1989	9 167.1	8 657	0.094	10 788	0.118
1990	9 321.2	7 759	0.083	10 105	0.108
1991	9 516.3	7 855	0.083	9 117	0.096
1992	9 251.2	7 994	0.086	8 327	0.09
1993	9 000	19 820	0.22	9 901	0.11

续表 1-6

年　份	平均职工人数/万人	死亡数/人	千人死亡比率	重伤数/人	千人重伤比率
1994	8 672	20 315	0.234	9 103	0.15
1995	8 537.9	20 005	0.234	8 197	0.096
1996	8 273.1	19 457	0.235	7 274	0.088
1997	7 879	17 558	0.223	6 197	0.079
1998	5 597.1	14 660	0.262	5 623	0.101

注：1992 年以前企业职工伤亡事故统计范围是国营企业和县以上大集体企业。从 1993 年开始统计范围扩大到乡镇企业。

表 1-7 是我国 1985～1991 年国有企业职工死亡统计数据。

表 1-7　我国 1985～1991 年国有企业职工死亡统计表(按事故类别,人)

事故类别	1985 年	1986 年	1987 年	1988 年	1989 年	1990 年	1991 年
物体打击	602	558	582	519	505	471	454
车辆伤害	1 239	1 089	1 026	846	805	703	689
机械伤害	520	516	506	521	523	494	510
起重伤害	165	184	200	197	236	201	233
触　电	558	533	558	589	624	585	599
淹　溺	209	180	117	102	150	85	107
灼　烫	77	111	114	113	102	74	105
火　灾	65	78	31	59	59	112	61
高处坠落	739	745	740	760	758	751	624
坍　塌	257	210	211	298	273	284	232
冒顶片帮	1 452	1 154	1 152	1 116	1 189	1 002	1 017
透　水	39	82	55	80	87	53	44
放　炮	146	119	117	130	108	136	143
瓦斯爆炸	399	261	169	331	386	326	521
火药爆炸	51	38	37	59	36	25	59
锅炉爆炸	8	7	6	7	2		
容器爆炸	74	54	33	80	59		
其他爆炸	116	100	158	92	131	69	120
中毒和窒息	337	271	265	342	354	317	329
其　他	284	204	232	189	251	312	272
合　计	7 337	6 485	6 309	6 430	6 634	6 000	6 119

表 1-8 是我国 1979～1999 年火灾情况统计。

表 1-8 1979～1999 年我国火灾原因统计表

年度	起数	死亡数/人	受伤数/人	直接损失/万元	起火原因																	
					放火		电气		违反安全规定		吸烟		生活用火不慎		玩火		自燃		其他		不明	
					起数	所占百分比	起数	所占百分比	起数	所占百分比	起数	所占百分比	起数	所占百分比	起数	所占百分比	起数	所占百分比	起数	所占百分比	起数	所占百分比
1979	88 082	3 696	6 175	23 236.2	1 850	2.1	5 637	6.4	6 616	7.0			49 854	56.6	14 974	17.0	1 585	1.8	5 021	5.7	2 995	3.4
1980	54 000	3 043	3 710	17 609.3	1 600	2.9	3 960	7.3	5 497	10.1	3 240	6.0	24 249	44.6	8 351	15.4	827	1.5	2 924	5.4	3 685	6.8
1981	50 034	2 643	3 480	23 130.6	2 192	4.4	4 410	8.8	5 090	10.2	3 318	6.6	20 816	41.6	6 917	13.8	870	1.7	2 740	5.5	3 981	8.0
1982	41 541	2 249	2 929	18 926.3	2 052	4.9	4 131	9.9	4 645	11.2	2 983	7.2	16 722	40.3	4 582	11.0	769	1.9	2 502	6.0	3 155	7.6
1983	37 026	2 161	2 741	20 398.0	2 057	5.6	4 122	11.1	3 851	10.4	3 054	8.2	13 970	37.7	4 156	11.2	739	2.0	2 098	5.7	2 979	8.1
1984	33 618	2 085	2 690	1 606.4	1 852	5.5	4 036	12.0	3 365	10.0	2 639	7.8	13 208	39.3	3 561	10.6	681	2.0	1 855	5.5	2 421	7.3
1985	34 996	2 241	3 542	28 421.9	1 770	5.1	5 214	14.9	3 541	10.1	3 161	9.0	12 919	36.9	3 294	9.4	703	2.0	1 944	5.6	2 450	7.0
1986	38 766	2 691	4 344	32 584.4	2 057	5.3	6 801	17.5	3 838	9.9	4 013	10.4	13 232	34.1	3 341	8.6	848	2.2	1 963	5.0	2 673	7.0
1987	32 053	2 411	4 009	80 560.8	1 899	5.9	6 236	19.5	3 475	10.8	3 243	10.1	10 313	32.2	2 588	8.1	720	2.2	1 552	4.8	2 027	6.4
1988	29 852	2 234	3 206	35 424.4	2 007	6.7	5 818	19.5	3 051	10.2	3 105	10.4	9 392	31.5	1 903	6.4	700	2.4	2 070	6.9	1 806	6.0
1989	24 154	1 838	3 195	49 125.7	2 220	9.4	5 215	21.6	2 684	11.1	2 229	9.2	6 642	27.5	1 319	5.5	665	2.6	1 799	7.4	1 381	5.7
1990	58 207	2 172	4 926	53 688.6	3 452	10.6	7 738	23.7	5 819	17.9	3 307	10.1	7 112	21.8	2 209	6.8	863	2.6	405	1.2	1 684	5.3
1991	45 167	2 105	3 771	52 158.8	4 850	10.7	9 126	20.2	6 919	15.3	5 582	12.4	9 593	21.2	5 257	11.6	887	2.0	582	1.3	2 371	5.3
1992	39 391	1 937	3 388	69 025.7	4 063	10.3	8 694	22.1	6 153	15.6	4 935	12.5	7 924	20.1	4 258	10.8	793	2.0	471	1.2	2 100	5.3
1993	38 073	2 378	5 937	111 658.3	3 469	9.1	9 374	24.6	6 168	16.2	4 270	11.2	7 536	19.8	3 824	10.0	800	2.1	386	1.0	2 246	5.9
1994	39 337	2 765	4 249	124 391.0	3 546	9.0	10 583	26.9	6 472	16.5	4 030	10.2	7 187	18.2	3 630	9.2	747	1.9	468	1.2	2 674	6.8
1995	37 915	2 278	3 838	110 315.5	3 444	9.1	10 598	28.0	6 369	16.8	3 878	10.2	6 543	17.2	3 009	7.9	802	2.1	379	1.0	2 893	7.6
1996	36 856	2 225	3 428	102 908.5	3 232	8.8	10 492	28.5	5 923	16.1	3 582	9.7	6 404	17.4	3 535	9.6	604	1.6	395	1.1	2 689	7.3
1997	140 280	2 722	4 930	154 140.6	5 418	6.3	22 719	26.5	6 151	7.2	9 068	10.6	21 327	24.9	6 009	7.0	1 322	1.5	6 407	7.5	6 968	8.1
1998	142 326	2 389	4 905	144 257.3	5 157	6.1	23 153	27.5	6 006	7.1	8 009	9.5	21 406	25.5	5 500	6.5	1 201	1.4	6 961	8.3	6 647	7.9

注：1. 1990 年一栏中的起火原因均是损失百元以上或重伤 1 人以上的火灾数，1997～1999 年的起火原因均是公安消防部门参与调查的火灾数；

2. 所占比例的单位为％，四舍五入引起的误差均未做机械调整。

1.4 危险评价的内容

危险评价可在系统计划、设计、制造、运行的任一阶段进行。危险评价的内容相当丰富，随着评价的目的和对象不同，具体的评价内容和指标也不相同。按照系统工程的观点，导致事故的基本因素可分为两类：一类是由于不安全的状态所引起的，一类是由于不安全的行为所引起的。危险评价必须用系统科学的思想和方法，对“人、机、环境”三个方面进行全面系统的分析和评价。

从安全管理的角度，危险评价可分为：

(1) 新建、扩建、改建系统以及新工艺的预先评价：主要目的是在新项目建设之前，预先辨识、分析系统可能存在的危险性，并针对主要危险提出预防或减少危险的措施，制定改进方案，使系统危险性在项目设计阶段就得以消除或控制。如我国《建设项目(工程)劳动安全卫生监察规定》(劳动部令[1996]第3号)要求，对有关的新建、改建、扩建的基本建设项目(工程)、技术改造项目(工程)和引进的建设项目(工程)必须在初步设计会审前完成预评价工作，预评价单位应采用先进、合理的定性、定量评价方法，分析建设项目中潜在的危险、危害性及其可能的后果，提出明确的预防措施。

(2) 在役设备或运行系统的危险评价：根据系统运行记录和同类系统发生事故的情况以及系统管理、操作和维护状况，对照现行法规和技术标准，确定系统危险性大小，以便通过管理措施和技术措施提高系统的安全性。如美国政府1992年颁布的《高危险性化学物质生产过程安全管理》标准中要求，企业应选用一种或多种方法分析评价生产过程的危险性，辨识可能导致灾难性事故后果的任何引发事件、危险程度、可能受事故伤害的工人数量、控制危险的工程和管理措施及其相互关系、工程和管理措施失效后产生的后果等。

(3) 退役系统或有害废弃物的危险评价：退役系统的危险评价主要是分析系统报废后带来的危险性和遗留问题对环境、生态、居民等的影响，提出妥善的安全对策。近20年来，世界各国对有害废弃物的影响评价十分重视，许多国家都颁布了有害废弃物处理法规，我国政府颁布了《固体废弃物污染防治法》。有害废物风险评价内容包括生态风险、环境风险、健康风险和事故风险评价，有害废弃物堆放、填埋、焚烧三种处理方式都与热安全有关。例如，焚烧处理既可能发生火灾、爆炸事故，也可能发生毒气、毒液泄漏；填埋处理则需考虑底部渗漏、污染地下水，易燃、易爆、有害气体从排气孔溢散，也可能发生火灾、爆炸或掀顶事故；堆放虽然是一种临时性处置，但有时因拖至很久而得不到进一步处理，堆放的废弃物中易燃、易爆、有害物质也会引发事故。

(4) 化学物质的危险评价：化学物质的危险性包括火灾爆炸危险性，有害于人体健康和生态环境的危险性以及腐蚀危险性。

热安全危险性评价主要是评价火灾爆炸危险性。目前，对化学物质火灾爆炸危险性评价主要通过试验方法测定或是通过计算化学物质的生成热、燃烧热、反应热、爆炸热，预测化学物质的火灾、爆炸危险性。化学物质火灾爆炸危险性评价内容除一般理化特性外，还包括自燃温度、最小点火能量、爆炸极限、燃烧速度、爆速、燃烧热、爆炸威力、起爆特性等。由于使用条件不同，对化学物质危险性评价和分类也有多种方法。目前，国际上广泛使用的化学物质安全信息卡中包括：理化性状和用途、毒性、短期过量暴露影响、长期暴露影响、火灾和爆炸、化学反应性、人身防护、急救、储藏和运输、安全和处理等项内容。

(5) 系统安全管理绩效评价:这种评价主要是依照国家安全生产法律法规和标准,从系统或企业的安全组织管理,安全规章制度,设备、设施安全管理,作业环境管理等方面来评价系统或企业的安全管理绩效。一般采用以安全检查表为依据的加权平均计值法或直接赋值法,目前在我国企业危险评价中应用最多。通过对系统安全管理绩效的评价,可以确定系统固有危险性的受控程度是否达到规定的要求,从而确定系统安全程度的高低。

危险评价的目的是帮助企业系统地了解生产作业活动的各个方面,以确定什么会造成伤害,危险源是否能被消除,如果不能消除则应采取何种预防性或保护性措施。危险评价可以信息量丰富、合理、结构化的方式对如何管理危险做出决策。

无论是否在评价细节上求助于顾问或专业人员,危险评价过程都应由管理层负责,并考虑具有实践知识与经验的员工代表的观点。

除了对员工潜在的伤害或损伤外,企业应在危险评价中考虑作业活动对于其他相关方的效果,如进入作业场所的其他单位的员工(如维修承包方)或公众人员(如顾客)。同一作业场所分属不同企业的员工,其各自的企业有时可相互合作以进行全面的危险评价。

危险评价中危险的级别确定应与危险相适应。无关紧要的危险通常能忽略,一些与日常生活相关的例行活动和一般认为不太相关的活动(如职员使用办公用品)也可以忽略,除非作业活动增加或显著改变了这些危险。作业活动所产生危险的级别决定危险评价的复杂程度。

对于只产生少量或简单危险源的小型企业,危险评价可以是一个非常直接的过程,该过程可以资料判断和参考合适的指南(如政府管理机构、行业协会发布的指南等)为基础。在危险源和风险很明显外,可以直接进行描述它们,而并不要求复杂的过程与技能以进行危险评价。

然而,在有些位置进行评价时,需要听取专家的意见;比如需要具有某一复杂工艺或技术知识的专家才可做出评价的风险,需要专家的诸如空气质量检测等分析技术的风险。任何时候有专家参与危险评价时,企业都应确保其对特定的作业活动有足够的了解,这就通常要求每一相关人员的有效参与——管理人员、员工及专家。

危险性大、生产规模大的作业场所应采用复杂的危险评价方法,尤其是复杂工艺或新工艺,应尽可能采用定量评价技术。

评价危险以确定控制措施时,将评价过程与实际暴露者联系起来的作用是有限的。而为每一暴露者开展危险评价是有必要的,因为每一个体危险的影响不同,取决于他们的体质、能力、年龄及造成他们受影响的环境等。从所有的个体危险评价结果中提取有用的信息是比较困难的。然而评价过程可以相对于一个假想人进行,也就是说与危险源存在固定联系的人,例如,暴露于此危险源次数最多的人,居住于危险源附近固定场所的人或以某种与危险相关的生活方式生活的人,身体健康每周暴露于此危险源下工作 40 小时以上的人。

对于环境和工艺相对稳定的作业场所(如工厂、办公室),危险评价应考虑:

(1) 通常条件;

(2) 工作岗位相同时,不必重复评价;

(3) 生产条件变化时重新评价的需求,如当引入新设备、方法或材料时、承担非常规作业活动时。

拥有若干类似作业场所且作业场所中的活动也相似的企业可以挑选出一个危险评价的样板,反映出与这些活动相关的核心危险源与风险。评价样板也可由行业协会或其他关心某一特定活动的机构提出。

作业环境和条件变化的作业场所,评价过程中要采取考虑这些变化的方法。这样纵使作业场所发生变化,也一般能评价出危险以便预防和防护的基本原则得以应用。例如,在每一建筑工地,采用良好的脚手架、土方开挖支护的原则,那么户外作业时的各种气候条件的影响就可得以考虑等。

危险应如何评价并没有固定的规则,这依赖于作业或企业的本质以及危险源和风险的类型。然而无论采取什么样的方法,重要的是:

(1) 全面性——确保作业活动的各个方面都得到评价,包括常规和非常规的活动。评价过程应包括作业活动的各个部分,包括那些暂时不在监督管理范围之内的作业人员,如作为承包方外出作业的员工、巡回人员。

(2) 系统性——这可通过按分类方式如机械类、交通类、物料类等来寻找危险源做到,或者,按地理位置将作业现场划分几个不同区域。对于其他情况下,有时也可采取一项作业接一项作业的方法。

(3) 实用性——查看作业场所和作业时的实际情况。现场实际情况也许与作业手册中的规定有所不同。

企业首先进行粗略的评价以略去那些不必采取进一步措施的危险通常是很有帮助的。通过这一过程也可发现哪些地方需要进行全面的评价、需要采用复杂的技术(如对化学品监测、噪声测量)。

1.5　危险评价的程序

危险评价的一般程序如图1-8所示。

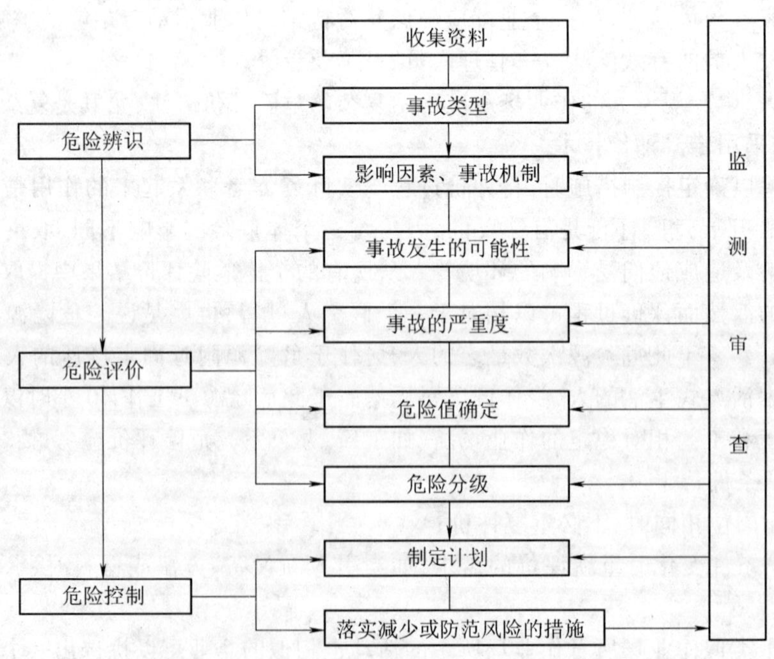

图1-8　危险评价程序

危险评价的程序主要包括如下几个步骤：

(1) 资料收集：明确评价的对象和范围，收集国内外相关法规和标准，了解同类设备、设施或工艺的生产和事故情况，评价对象的地理、气象条件及社会环境状况等。

(2) 危险危害因素辨识与分析：根据所评价的设备、设施或场所的地理、气象条件、工程建设方案、工艺流程、装置布置、主要设备和仪表、原材料、中间体、产品的理化性质等辨识和分析可能发生的事故类型，事故发生的原因和机制。

(3) 在上述危险分析的基础上，划分评价单元，根据评价目的和评价对象的复杂程度选择具体的一种或多种评价方法。对事故发生的可能性和严重程度进行定性或定量评价，在此基础上按照事故风险的标准值进行风险分级，以确定管理的重点。

(4) 提出降低或控制风险的安全对策措施：根据评价和分级结果，高于标准值的风险必须采取工程技术或组织管理措施，降低或控制风险。低于标准值的风险属于可接受或允许的风险，应建立监测措施，防止生产条件变更导致风险值增加，对不可排除的风险要采取防范措施。

第2章

危险因素及其辨识方法

危险是指可能造成人员伤害、职业病、财产损失、作业环境破坏的根源或状态。危险因素是指能使人造成伤亡,对物造成突发性损坏,或影响人的身体健康导致疾病,对物造成慢性损坏的因素。

通常为了区别客体对人体不利作用的特点和效果,分为危险因素(强调突发性和瞬间作用)和危害因素(强调在一定时间范围内的积累作用)。有时对两者不加区分,统称危险因素。

2.1 危险因素与危害因素的产生

危险因素与危害因素的表现形式不同,但从事故发生的本质讲,均可归结为能量的意外释放或有害物质的泄漏、散发。人类的生产和生活离不开能量,能量在受控条件下可以做有用功,例如制造产品或提供服务等;一旦失控,能量就会做破坏功。如果意外释放的能量作用于人体,并且超过人体的承受能力,则造成人员伤亡;如果意外释放的能量作用于设备、设施、环境等,并且能量的作用超过其抵抗能力,则造成设备、设施的损失或环境破坏。

2.1.1 能量与有害物质

能量与有害物质是危险因素与危害因素产生的根源,也是最根本的危险因素或危害因素。一般地说,系统具有的能量越大,存在的有害物质的数量越多,系统的潜在危险性和危害性也越大。另一方面,只要进行生产活动,就需要相应的能量和物质(包括有害物质),因此所产生的危险因素与危害因素是客观存在的。

一切产生、供给能量的能源和能量的载体在一定条件下,都可能是危险因素或危害因素。例如,锅炉、爆炸危险物质爆炸时产生的冲击波、温度和压力,高处作业(或吊起的重物等)的势能,带电导体上的电能,行驶车辆(或各类机械运动部件、工件等)的动能,噪声的声能,激光的光能,高温作业及剧烈热反应工艺装置的热能,各类辐射能等,在一定条件下都能造成各类事故。静止的物体棱角、毛刺、地面等之所以能伤害人体,也是人体运动、摔倒时的动能、势能造成的。这些都是由于能量意外释放形成的危险因素。

有害物质在一定条件下能损伤人体的生理机能和正常代谢功能,破坏设备和物品的效能,也是最根本的危害因素。例如,作业场所中由于有毒物质、腐蚀性物质、有害粉尘、窒息性气体等有害物质的存在,当它们直接、间接与人体或物体发生接触,导致人员的死亡、职业病、伤害、财产损失或环境的破坏等,都是危害因素。

事故是能量的意外释放或转移,用此观点解释事故造成人身伤害或财产损失的机理,可以认为,所有的伤害事故(或损坏)都是因为:

(1) 有机体接触了超过机体组织(或结构)抵抗力的能量,如表 2-1 所示;

表 2-1 第一类伤害实例

施加的能量类型	产生的原发性损伤	举例与注释
机械能	移位、撕裂、破裂和挤压,主要损及组织	由于运动的物体,如子弹、皮下针、工具和下落物体,冲撞相对静止的设备造成的损伤,又如跌倒时、飞行时和汽车事故中,具体的伤害结果取决于合力施加的部位和方式
热能	炎症、凝固、烧焦和焚化,伤及身体任何层次	一、二、三度烧伤,具体的伤害结果取决于热能作用的部位和方式
电能	干扰神经—肌肉功能,以及凝固、烧焦和焚化,伤及身体任何层次	触电死亡、烧伤、干扰神经功能,如在触电休克疗法中,具体伤害结果取决于电能作用的部位和方式
电离辐射	细胞和亚细胞成分与功能的破坏	反应堆事故,治疗性与诊断性照射,滥用同位素,放射性粉尘的作用,具体伤害结果取决于辐射能作用的部位和方式
化学能	一般要根据每一种或每一组的具体物质而定	包括由于动物性和植物性毒素引起的损伤,化学灼伤,如氢氧化钾、溴、氟和硫酸,以及大多数元素和化合物在足够剂量时产生的不太严重而类型很多的损伤

注:这些伤害是由于施加了超过局部或全身性损伤阈的能量引起的。

(2) 有机体与周围环境的正常能量交换受到了干扰,如表 2-2 所示。

表 2-2 第二类伤害实例

影响能量交换的类型	产生的损伤或障碍的种类	举例与注释
氧的利用	生理损害,组织或全身死亡	全身——由机械因素或化学因素引起的窒息,如溺水、一氧化碳中毒和氰化氢中毒 局部——“血管性意外”
热能	生理损害,组织或全身死亡	由于体温调节障碍产生的损害、冻伤、冻死

注:这些损伤是由于影响了局部的或全身的能量交换引起的。

2.1.2 失控

在生产实践中,能量与物质(在受控条件下)按人们的意愿在系统中流动、转换,进行生产。如果发生失控(没有控制、屏蔽措施或控制、屏蔽措施失效),就会发生能量与有害物质的意外释放和泄漏,从而造成人员伤害和财产损失。因此,失控也是一类危险因素或危害因素,主要体现在故障(或缺陷)、人的失误和管理缺陷、环境因素等方面,并且可相互影响。伤亡事故调查分析的结果表明:能量或危险物质失控都是由于人的不安全行为或物的不安全状态造成的。

根据能量意外释放理论,提出的事故因果模型如图 2-1 所示。

人的不安全行为和物的不安全状态是导致能量意外释放的直接原因,是管理缺欠、控制不力、缺乏知识、对存在的危险估计错误或其他个人因素等基本原因的征兆。

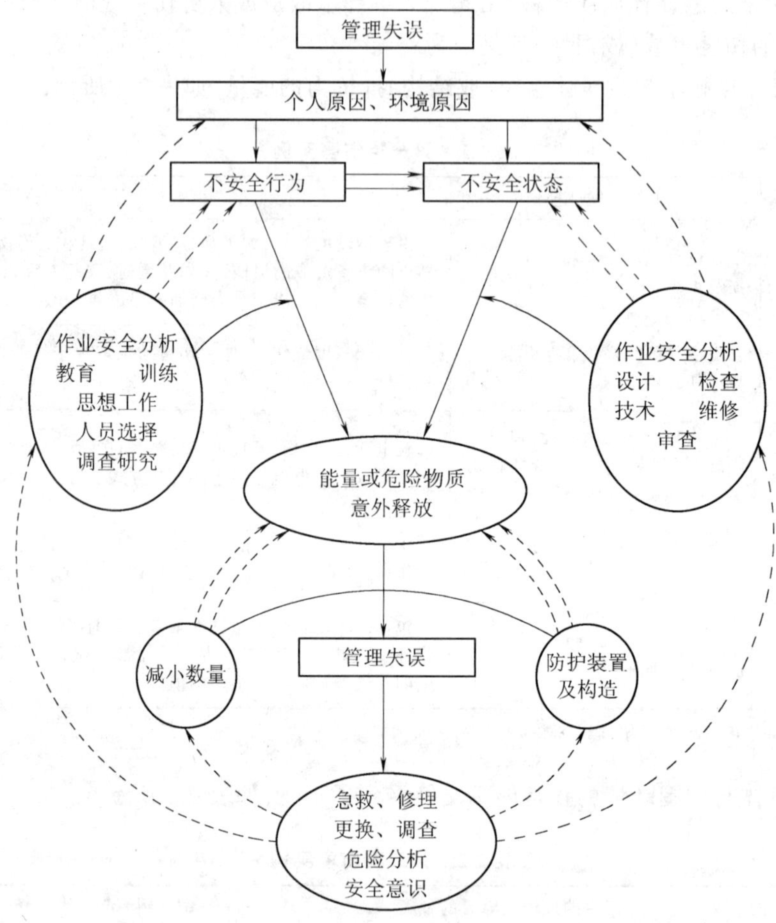

图 2-1 能量观点的事故因果连锁模型

国家标准 GB 6441—86《企业职工伤亡事故分类》中将人的不安全行为归纳为操作失误、造成安全装置失效、使用不安全设备等 13 大类；将物的不安全状态归纳为防护、保险、信号等装置缺乏或有缺陷，设备、设施、工具、附件有缺陷，个人防护用品用具缺少或有缺陷以及生产(施工)场地环境不良等 4 大类，如表 2-3 和表 2-4 所示。

表 2-3 工伤事故不安全状态分类

分类号	分 类	分类号	分 类
01	防护、保险、信号等装置缺乏或有缺陷	01.1.6	(电气)未接地
01.1	无防护	01.1.7	绝缘不良
01.1.1	无防护罩	01.1.8	局扇无消音系统、噪声大
01.1.2	无安全保险装置	01.1.9	危房内作业
01.1.3	无报警装	01.1.10	未安装防止“跑车”的挡车器或挡车栏
01.1.4	无安全标志	01.1.11	其他
01.1.5	无护栏、或护栏损坏	01.2	防护不当

能。危险辨识就是找出可能引发事故导致不良后果的材料、系统、生产过程或工厂的特征。因此,危险辨识有两个关键任务:第一是辨识可能发生的事故后果;第二为识别可能引发事故的材料、系统、生产过程或工厂的特征。前者相对来说较容易,并由它确定后者的范围,所以辨识可能发生的事故后果是很重要的。

事故后果可分为对人的伤害、对环境的破坏及财产损失三大类。在此基础上可细分成各种具体的伤害或破坏类型。可能发生的事故后果确定后,可进一步辨识可能产生这些后果的材料、系统、过程或工厂的特征。

在危险辨识的基础上,可确定需要进一步评价的危险因素。危险评价的范围和复杂程度与辨识危险的数量和类型以及需要了解问题的深度成正比。

常用的危险辨识方法包括分析材料性质、生产工艺和条件、生产经验、组织管理措施等,以及制定相互作用矩阵、应用危险评价方法等。

2.3.2.1　分析材料性质

了解生产或使用的材料性质是危险辨识的基础。危险辨识中常用的材料性质如表2-5所示。

表2-5　危险辨识中常用的材料性质

急毒性	·不相容的化学品
·吸入(如LC、LO)	暴露极限值
·口入(如LD_{50})	·TLV(阈限值)
·皮入	生物退化性
慢毒性	水毒性
·吸入	环境中的持续性
·口入	气味阈值
·皮入	物理性质
致癌性	·凝固点
诱变性	·膨胀系数
致畸性	·沸点
·蒸气性	·溶解性
·密度	自燃材料
·腐蚀性	稳定性
·比热容	·撞击
·热容量	·温度
反应性	·光
·过程材料	·聚合作用
·要求的反应	燃烧性/爆炸性
·副反应	·LEL/LFL(爆炸下限/燃烧下限)
·分解反应	·UEL/UFL(爆炸上限/燃烧上限)
·动力学	·粉尘爆炸系数
·结构材料	·最小点火能量
·原材料的纯度	·闪点
·污染物(空气、水、锈、润滑剂等)	·自点火温度
·分解产物	·产生能量

续表 2-3

分类号	分 类	分类号	分 类
		03	个人防护用品用具——防护服、手套、护目镜及面罩、呼吸器官护具、听力护具、安全带、安全帽、安全鞋等缺少或有缺陷
01.2.1	防护罩未在适应位置		
01.2.2	防护装置调整不当	03.1	无个人防护用品、用具
01.2.3	坑道掘进，隧道开凿支撑不当	03.2	所用防护用品、用具不符合安全要求
01.2.4	防爆装置不当	04	生产(施工)场地环境不良
01.2.5	采伐，集材作业安全距离不够	04.1	照明光线不良
01.2.6	放炮作业隐蔽所有缺陷	04.1.1	照度不足
01.2.7	电气装置带电部分裸露	04.1.2	作业场地烟雾尘弥漫视物不清
01.2.8	其他	04.1.3	光线过强
02	设备、设施、工具、附件有缺陷	04.2	通风不良
02.1	设计不当，结构不合安全要求	04.2.1	无通风
02.1.1	通道门遮挡视线	04.2.2	通风系统效率低
02.1.2	制动装置有缺欠	04.2.3	风流短路
02.1.3	安全间距不够	04.2.4	停电停风时放炮作业
02.1.4	拦车网有缺欠	04.2.5	瓦斯排放未达到安全浓度放炮作业
02.1.5	工件有锋利毛刺、毛边	04.2.6	瓦斯超限
02.1.6	设施上有锋利倒棱	04.2.7	其他
02.1.7	其他	04.3	作业场所狭窄
02.2	强度不够	04.4	作业场地杂乱
02.2.1	机械强度不够	04.4.1	工具、制品、材料堆放不安全
02.2.2	绝缘强度不够	04.4.2	采伐时，未开“安全道”
02.2.3	起吊重物的绳索不合安全要求	04.4.3	迎门树、坐殿树、搭挂树未作处理
02.2.4	其他	04.4.4	其他
02.3	设备在非正常状态下运行	04.5	交通线路的配置不安全
02.3.1	设备带“病”运转	04.6	操作工序设计或配置不安全
02.3.2	超负荷运转	04.7	地面滑
02.3.3	其他	04.7.1	地面有油或其他液体
02.4	维修、调整不良	04.7.2	冰雪覆盖
02.4.1	设备失修	04.7.3	地面有其他易滑物
02.4.2	地面不平	04.8	贮存方法不安全
02.4.3	保养不当、设备失灵	04.9	环境温度、湿度不当
02.4.4	其他		

表 2-4 工伤事故不安全行为分类

分类号	分 类	分类号	分 类
01	操作错误、忽视安全、忽视警告	01.04	忘记关闭设备
01.01	未经许可开动、关停、移动机器	01.05	忽视警告标志、警告信号
01.02	开动、关停机器时未给信号	01.06	操作错误(指按钮、阀门、扳手、把柄等的操作)
01.03	开关未锁紧，造成意外转动、通电或泄漏等	01.07	奔跑作业

续表 2-4

分类号	分　类	分类号	分　类
01.08	供料或送料速度过快	06.04	未经安全监察人员允许进入油罐或井中
01.09	机器超速运转	06.05	未“敲帮问顶”开始作业
01.10	违章驾驶机动车	06.06	冒进信号
01.11	酒后作业	06.07	调车场超速上下车
01.12	客货混载	06.08	易燃易爆场合明火
01.13	冲压机作业时,手伸进冲压模	06.09	私自搭乘矿车
01.14	工作坚固不牢	06.10	在绞车道行车
01.15	用压缩空气吹铁屑	06.11	未及时瞭望
01.16	其他	07	攀、坐不安全位置(如平台护栏、汽车挡板、吊车吊钩)
02	造成安全装置失效	08	在起吊物下作业、停留
02.1	拆除了安全装置	09	机器运转时加油、修理、检查、调整、焊接、清扫等工作
02.2	安全装置堵塞、失掉了作用	10	有分散注意力行为
02.3	调整的错误造成安全装置失效	11	在必须使用个人防护用品用具的作业或场合中,忽视其使用
02.4	其他	11.1	未戴护目镜或面罩
03	使用不安全设备	11.2	未戴防护手套
03.1	临时使用不牢固的设施	11.3	未穿安全鞋
03.2	使用无安全装置的设备	11.4	未戴安全帽
03.3	其他	11.5	未佩戴呼吸护具
04	手代替工具操作	11.6	未佩戴安全带
04.1	用手代替手动工具	11.7	未戴工作帽
04.2	用手清除切屑	11.8	其他
04.3	不用夹具固定、用手拿工件进行机加工	12	不安全装束
05	物体(指成品、半成品、材料、工具、切屑和生产用品等)存放不当	12.1	在有旋转零部件的设备旁作业穿过肥大服装
06	冒险进入危险场所	12.2	操纵带有旋转零部件的设备时戴手套
06.01	冒险进入涵洞	12.3	其他
06.02	接近漏料处(无安全设施)	13	对易燃、易爆等危险物品处理错误
06.03	采伐、集材、装车时,未离危险区		

2.2　危险因素与危害因素的分类

对危险因素与危害因素进行分类,是为了便于进行危险因素与危害因素辨识和分析。危险因素与危害因素的分类方法有许多种,这里简单介绍按导致事故、危害的直接原因进行分类的方法和参照事故类别、职业病类别进行分类的方法。

2.2.1　按导致事故和职业危害的直接原因进行分类

根据 GB/T 13816—92《生产过程危险和危害因素分类与代码》的规定,将生产过程中的危险因素与危害因素分为6类。此种分类方法所列危险、危害因素具体、详细、科学合理，适用于各企业在规划、设计和组织生产时，对危险、危害因素的辨识和分析。这6类危险因素和危害因素分别为：

(1) 物理性危险因素与危害因素：

1) 设备、设施缺陷(强度不够、刚度不够、稳定性差、密封不良、应力集中、外形缺陷、外露运动件、制动器缺陷、控制器缺陷、设备设施其他缺陷)；

2) 防护缺陷(无防护、防护装置和设施缺陷、防护不当、支撑不当、防护距离不够、其他防护缺陷)；

3) 电危害(带电部位裸露、漏电、雷电、静电、电火花、其他电危害)；

4) 噪声危害(机械性噪声、电磁性噪声、流体动力性噪声、其他噪声)；

5) 振动危害(机械性振动、电磁性振动、流体动力性振动、其他振动)；

6) 电磁辐射(电离辐射:X射线、γ射线、α粒子、β粒子、质子、中子、高能电子束等;非电离辐射:紫外线、激光、射频辐射、超高压电场)；

7) 运动物危害(固体抛射物、液体飞溅物、反弹物、岩土滑动、堆料垛滑动、气流卷动、冲击地压、其他运动物危害)；

8) 明火；

9) 能造成灼伤的高温物质(高温气体、高温固体、高温液体、其他高温物质)；

10) 能造成冻伤的低温物质(低温气体、低温固体、低温液体、其他低温物质)；

11) 粉尘与气溶胶(不包括爆炸性、有毒性粉尘与气溶胶)；

12) 作业环境不良(作业环境不良、基础下沉、安全过道缺陷、采光照明不良、有害光照、通风不良、缺氧、空气质量不良、给排水不良、涌水、强迫体位、气温过高、气温过低、气压过高、气压过低、高温高湿、自然灾害、其他作业环境不良)；

13) 信号缺陷(无信号设施、信号选用不当、信号位置不当、信号不清、信号显示不准、其他信号缺陷)；

14) 标志缺陷(无标志、标志不清楚、标志不规范、标志选用不当、标志位置缺陷、其他标志缺陷)；

15) 其他物理性危险因素与危害因素。

(2) 化学性危险因素与危害因素：

1) 易燃易爆性物质(易燃易爆性气体、易燃易爆性液体、易燃易爆性固体、易燃易爆性粉尘与气溶胶、其他易燃易爆性物质)；

2) 自燃性物质；

3) 有毒物质(有毒气体、有毒液体、有毒固体、有毒粉尘与气溶胶、其他有毒物质)；

4) 腐蚀性物质(腐蚀性气体、腐蚀性液体、腐蚀性固体、其他腐蚀性物质)；

5) 其他化学性危险因素与危害因素。

(3) 生物性危险因素与危害因素：

1) 致病微生物(细菌、病毒、其他致病微生物)；

2) 传染病媒介物；

3) 致害动物；

4) 致害植物；

5）其他生物性危险因素与危害因素。

（4）心理、生理性危险因素与危害因素：

1）负荷超限（体力负荷超限、听力负荷超限、视力负荷超限、其他负荷超限）；

2）健康状况异常；

3）从事禁忌作业；

4）心理异常（情绪异常、冒险心理、过度紧张、其他心理异常）；

5）辨识功能缺陷（感知延迟、辨识错误、其他辨识功能缺陷）；

6）其他心理、生理性危险因素与危害因素。

（5）行为性危险因素与危害因素：

1）指挥错误（指挥失误、违章指挥、其他指挥错误）；

2）操作失误（误操作、违章作业、其他操作失误）；

3）监护失误；

4）其他错误；

5）其他行为性危险因素与危害因素。

（6）其他危险因素与危害因素。

2.2.2　参照事故类别和职业病类别进行分类

参照 GB 6441—86《企业伤亡事故分类》，综合考虑起因物、引起事故的先发的诱导性原因、致害物、伤害方式等，将危险因素分为以下16类：

（1）物体打击，是指物体在重力或其他外力的作用下产生运动，打击人体造成人身伤亡事故，不包括因机械设备、车辆、起重机械、坍塌等引发的物体打击；

（2）车辆伤害，是指企业机动车辆在行驶中引起的人体坠落和物体倒塌、飞落、挤压伤亡事故，不包括起重设备提升、牵引车辆和车辆停驶时发生的事故；

（3）机械伤害，是指机械设备运动（静止）部件、工具、加工件直接与人体接触引起的夹击、碰撞、剪切、卷入、绞、碾、割、刺等伤害，不包括车辆、起重机械引起的机械伤害；

（4）起重伤害，是指各种起重作业（包括起重机安装、检修、试验）中发生的挤压、坠落、（吊具、吊重）物体打击和触电；

（5）触电，包括雷击伤亡事故；

（6）淹溺，包括高处坠落淹溺，不包括矿山、井下透水淹溺；

（7）灼烫，是指火焰烧伤、高温物体烫伤、化学灼伤（酸、碱、盐、有机物引起的体内外灼伤）、物理灼伤（光、放射性物质引起的体内外灼伤），不包括电灼伤和火灾引起的烧伤；

（8）火灾；

（9）高处坠落，是指在高处作业中发生坠落造成的伤亡事故，不包括触电坠落事故；

（10）坍塌，是指物体在外力或重力作用下，超过自身的强度极限或因结构稳定性破坏而造成的事故，如挖沟时的土石塌方、脚手架坍塌、堆置物倒塌等，不适用于矿山冒顶片帮和车辆、起重机械、爆破引起的坍塌；

（11）放炮，是指爆破作业中发生的伤亡事故；

（12）火药爆炸，是指火药、炸药及其制品在生产、加工、运输、贮存中发生的爆炸事故；

(13) 化学性爆炸,是指可燃性气体、粉尘等与空气混合形成爆炸性混合物,接触引爆能源时,发生的爆炸事故(包括气体分解、喷雾爆炸);

(14) 物理性爆炸,包括锅炉爆炸、容器超压爆炸、轮胎爆炸等;

(15) 中毒和窒息,包括中毒、缺氧窒息、中毒性窒息;

(16) 其他伤害,是指除上述以外的危险因素,如摔、扭、挫、擦、刺、割伤和非机动车碰撞、轧伤等(矿山、井下、坑道作业还有冒顶片帮、透水、瓦斯爆炸等危险因素)。

参照卫生部、原劳动部、总工会等颁发的《职业病范围和职业病患者处理办法的规定》,将危害因素分为生产性粉尘、毒物、噪声与振动、高温、低温、辐射(电离辐射、非电离辐射)、其他危害因素7类。

2.3 危险辨识

2.3.1 危险辨识的主要内容

危险辨识过程中,应坚持"横向到边、纵向到底、不留死角"的原则,对以下方面存在的危险因素与危害因素进行辨识与分析:

(1) 厂址及环境条件:从厂址的工程地质、地形、自然灾害、周围环境、气象条件、资源交通、抢险救灾支持条件等方面进行分析。

(2) 厂区平面布局:

1) 总图:功能分区(生产、管理、辅助生产、生活区)布置;高温、有害物质、噪声、辐射、易燃、易爆、危险品设施布置;工艺流程布置;建筑物、构筑物布置;风向、安全距离、卫生防护距离等;

2) 运输线路及码头:厂区道路、厂区铁路、危险品装卸区、厂区码头。

(3) 建(构)筑物:结构、防火、防爆、朝向、采光、运输、(操作、安全、运输、检修)通道、开门,生产卫生设施。

(4) 生产工艺过程:物料(毒性、腐蚀性、燃爆性)温度、压力、速度、作业及控制条件、事故及失控状态。

(5) 生产设备、装置:

1) 化工设备、装置:高温、低温、腐蚀、高压、振动、关键部位的备用设备、控制、操作、检修和故障、失误时的紧急异常情况;

2) 机械设备:运动零部件和工件、操作条件、检修作业、误运转和误操作;

3) 电气设备:断电、触电、火灾、爆炸、误运转和误操作,静电、雷电;

4) 危险性较大设备、高处作业设备;

5) 特殊单体设备、装置:锅炉房、乙炔站、氧气站、石油库、危险品库等。

(6) 粉尘、毒物、噪声、振动、辐射、高温、低温等有害作业部位。

(7) 管理设施、事故应急抢救设施和辅助生产、生活卫生设施。

(8) 劳动组织生理、心理因素人机工程学因素等。

2.3.2 危险辨识方法

危险是指材料、物品、系统、工艺过程、设施或工厂对人、财产或环境具有产生伤害的潜初始的危险辨识可通过简单比较材料性质来进行。如对火灾，只要辨识出易燃和可燃材料，将它们分类为各种火灾危险源，然后进行详细的危险评价工作。

通常制造商和供应商能提供产品特性、材料安全数据表(MSDS)。特殊的行业集团或协会也可提供安全处置特殊化学品的信息。另外，还可以从专业和行业组织得到有关的信息。对某些化学品的特殊要求在国家、地方的法律法规中有明确规定。

根据 GBJ 16—87《建筑设计防水规范》(97 修订版)，生产中物质的火灾危险性按表 2-6 分为 5 类。

表 2-6 生产的火灾危险性分类

生产类别	火灾危险性特征
甲	使用或产生下列物质的生产： (1) 闪点<28℃的液体； (2) 爆炸下限<10%的气体； (3) 常温下能自行分解或在空气中氧化即能导致迅速自燃或爆炸的物质； (4) 常温下受到水或空气中水蒸气的作用，能产生可燃气体并引起燃烧或爆炸的物质； (5) 遇酸、受热、撞击、摩擦、催化以及遇有机物或硫磺等易燃的无机物，极易引起燃烧或爆炸的强氧化剂； (6) 受撞击、摩擦或与氧化剂、有机物接触时能引起燃烧或爆炸的物质； (7) 在密闭设备内操作温度等于或超过物质本身自燃点的生产
乙	使用或产生下列物质的生产： (1) 闪点>28℃，<60℃的液体； (2) 爆炸下限≥10%的气体； (3) 不属于甲类的氧化剂； (4) 不属于甲类的化学易燃危险固体； (5) 助燃气体； (6) 能与空气形成爆炸性混合物的浮游状态的粉尘、纤维、闪点的液体雾滴
丙	使用或产生下列物质的生产： (1) 闪点≥60℃的液体； (2) 可燃固体
丁	具有下列情况的生产： (1) 对非燃烧物质进行加工，并在高热或熔化状态下经常产生强辐射热、火花或火焰的生产； (2) 利用气体、液体、固体作为燃烧或将气体、液体进行燃烧作其他用的各种生产； (3) 常温下使用或加工难燃烧物质的生产
戊	常温下使用或加工非燃烧物质的生产

对毒性物质可参考国家标准 GB 5044—85《职业性接触毒性危害程度分级》，毒物危害程度分级如表 2-7 所示。依据此分级标准，我国对接触的 56 种常见毒物的危害程度分级如表 2-8 所示。

表 2-7 毒物危害程度分级

指标		分级			
		Ⅰ(极度危害)	Ⅱ(高度危害)	Ⅲ(中度危害)	Ⅳ(轻度危害)
急性中毒	吸入 LC_{50}/(mg/m^3)	<200	200～	2000～	>20000
	经皮 LD_{50}/(mg/kg)	<100	100～	500～	>2500
	经口 LD_{50}/(mg/kg)	<25	25～	500～	>5000

表 2-8　职业性接触毒物危害程度分级及其行业举例

级　别	毒物名称	行业举例
Ⅰ（极度危害）	汞及其化合物	汞冶炼、汞齐法生产氯碱
	苯	含苯粘胶剂的生产和使用（制皮鞋）
	砷及其无机化合物	砷矿开采和冶炼、含砷金属矿（铜、锡）的开采和冶炼
	氯乙烯	聚氯乙烯树脂生产
	铬酸盐、重铬酸盐	铬酸盐和重铬酸盐生产
	黄磷	黄磷生产
	铍及其化合物	铍冶炼、铍化合物的制造
	对硫磷	生产及贮运
	羰基镍	羰基镍制造
	八氟异丁烯	二氟一氯甲烷裂解及其残液处理
	氯甲醚	双氯甲醚、一氯甲醚生产、离子交换树脂制造
	锰及其无机化合物	锰矿开采和冶炼、锰铁和锰钢冶炼、高锰焊条制造
	氰化物	氰化钠制造、有机玻璃制造
Ⅱ（高度危害）	三硝基甲苯	三硝基甲苯制造和军火加工生产
	铜及其化合物	铜的冶炼、蓄电池制造
	二硫化碳	二硫化碳制造、粘胶纤维制造
	氯	液氯烧碱生产、食盐电解
	丙烯腈	丙烯腈制造、聚丙烯腈制造
	四氯化碳	四氯化碳制造
	硫化氢	硫化染料的制造
	甲醛	酚醛和脲醛树脂生产
	苯胺	苯胺生产
	氟化氢	电解铝、氢氟酸制造
	五氯酚及其钠盐	五氯酚、五氯酚钠生产
	镉及其化合物	镉冶炼、镉化合物的生产
	敌百虫	敌百虫生产、贮运
	氯丙烯	环氧氯丙烷制造、丙烯磺酸钠生产
	钒及其化合物	钒铁矿开采和冶炼
	溴甲烷	溴甲烷制造
	硫酸二甲酯	硫酸二甲酯的制造、贮运
	金属镍	镍矿的开采和冶炼
	甲苯二异氰酸酯	聚氨酯塑料生产
	环氧氯丙烷	环氧氯丙烷生产
	砷化氢	含砷有色金属矿的冶炼
	敌敌畏	敌敌畏生产、贮运
	光气	光气制造
	氯丁二烯	氯丁二烯制造、聚合
	一氧化碳	煤气制造、高炉炼铁、炼焦
	硝基苯	硝基苯生产
Ⅲ（中度危害）	苯乙烯	苯乙烯制造、玻璃钢制造
	甲醇	甲醇生产
	硝酸	硝酸制造、贮运
	硫酸	硫酸制造、贮运
	盐酸	盐酸制造、贮运
	甲苯	甲苯制造
	二甲苯	喷漆
	三氯乙烯	三氯乙烯制造、金属清洗
	二甲基甲酰胺	二甲基甲酰胺制造、顺丁橡胶的合成
	六氟丙烯	六氟丙烯制造
	苯酚	酚醛树脂生产、苯酚生产
	氮氧化物	硝酸制造
Ⅳ（轻度危害）	溶剂汽油	橡胶制品（轮胎、胶鞋等）生产
	丙酮	丙酮生产
	氢氧化钠	烧碱生产、造纸
	四氟乙烯	聚全氟乙丙烯生产
	氨	氨制造、氮肥生产

2.3.2.2 生产工艺和条件

生产工艺和条件也会产生危险或使生产过程中材料的危险性加剧。例如,水仅就其性质来说没有爆炸危险,然而,如果生产工艺的温度和压力超过了水的沸点,那么水的存在就具有蒸汽爆炸的危险。因此,在危险辨识时,仅考虑材料性质是不够的,还必须同时考虑生产条件。

分析生产工艺和条件可使有些危险材料免于进一步分析和评价。例如,某材料的闪点高于400℃,而生产是在室温和常压下进行的,那就可排除这种材料引发重大火灾的可能性。当然,在危险辨识时既要考虑正常生产过程,也要考虑生产不正常的情况。

在进行危险辨识时,尤其要注意下述石化、化工工艺或设备的危险性:

(1) 生产或加工有机或无机化学物品,特别是用于此目的的设备,如:

1) 烷基取代、烷(烃)化、烯烃并化作用;

2) 氨解产生的胺化、氨基化;

3) 羰基化;

4) 冷凝、缩合、凝聚;

5) 脱氢;

6) 酯化;

7) 卤化和卤素制造;

8) 氢化、加氢;

9) 水解;

10) 氧化;

11) 聚合;

12) 磺化;

13) 脱硫和含硫复合物的制造、运输;

14) 硝化和氮复合物的制造;

15) 磷的化合物的制造;

16) 农药制药的正规生产。

(2) 有机和无机化学物质加工或用于特别目的的设备,如:

1) 蒸馏;

2) 萃取;

3) 溶剂化,媒合;

4) 混合;

5) 干燥。

(3) 石油或石油产品的蒸馏、精炼或加工的设备。

(4) 焚化或化学分解全部或部分处理固体或液体物质的设备。

(5) 生产或加工能源气体的设备,例如 LPG、LNG、SNL。

(6) 煤或褐煤的干馏设备。

(7) 金属或非金属生产设备(用湿法过程或用电能)。

(8) 危险物质的贮存设备。

此外,还可参考劳动部 1995 年 1 月颁布的《爆炸危险场所的安全规定》,对有关爆炸危险的工艺条件和场所进行辨识，如表2-9所示。

表2-9　爆炸危险场所等级分类表

		A	B	C
物质		1. 闪点≤28℃的液体； 2. 爆炸下限<10%的气体； 3. 常温下受到水或空气中蒸汽的作用，能产生可燃气体并引起爆炸的物质	1. 闪点>28℃至<60℃的液体； 2. 爆炸下限≥10%的气体	闪点≥60℃的液体
工艺条件	温度	在1000℃以上使用，其使用温度在燃点以上	1. 在1000℃以上使用，但使用温度未达燃点； 2. 在250～1000℃中使用，使用温度在燃点以上； 3. 在碳钢或其他金属转变温度下的低温使用	1. 在250～1000℃中使用，但使用温度未达燃点； 2. 未满250℃，但使用温度在燃点以上
	压力	操作压力在100MPa以上	1. 操作压力在10～100MPa； 2. 操作压力低于66.661kPa（500mmHg，绝对压力）	1. 操作压力在2.5～10MPa； 2. 操作压力在1.333kPa（10mmHg，绝对压力）以下
	化学反应	1. 在爆炸极限附近进行反应； 2. 用纯氧直接进行氧化反应； 3. 剧烈放热的硝化反应	1. 升温速度>400℃/min； 2. 中等放热反应的卤化、烷基化、酯化、加成氧化、聚合、缩合等； 3. 间隙式反应作业； 4. 系统等进入空气可能发生危险反应的作业	1. 升温速度4～400℃/min； 2. 一般放热反应的磺化、异构化、中和等
数量	生产装置	气体500m^3以上； 液体50m^3以上	气体100～500m^3以上； 液体10～50m^3以上	气体10～100m^3以上； 液体5～10m^3以上
	储存装卸	气体10000m^3以上； 液体1000m^3以上	气体1000～10000m^3以上； 液体100～1000m^3以上	气体100～1000m^3以上； 液体10～100m^3以上

2.3.2.3　相互作用矩阵分析法

相互作用矩阵是一种结构性的危险辨识方法，是辨识各种因素（包括材料、生产条件、能量源等）之间相互影响或反应的简便工具。实际使用时，这种方法通常限制为两个因素（如图2-2所示）。分析时也可加入第三个因素。如图2-2中混合物1可以是化学物C和D的混合物，则图2-2可表明混合物CD与化学物A，混合物CD与污染1的相互作用等。如果多种因素相互作用很重要，且有能力详细分析，则可建n维矩阵来分析。

相互作用矩阵是双对称性的，所以只需完成矩阵的一半（图中没有阴影的部分）。这是因为化学物A与B的作用，和B与A的作用相同。

相互作用矩阵分析的因素不限于化学物质和图中所述的因素，以下列出了其他需要分析的因素。通常在矩阵的一个轴上列出另外的因素即可，因为我们仅对这些因素与生产材料的相互作用感兴趣，对这些因素之间的相互作用并不感兴趣。

相互作用矩阵分析常用的其他参数如下：

	A化学物	B化学物		Z化学物	混合物1	附注	参考
A化学物							
B化学物							
Z化学物							
压力1							
温度1							
温度2							
湿度1							
管理材料1							
容器材料1							
填充材料1							
污染1							
污染2							
急性接触极限							
慢性接触极限							
环境排放限值							
废物处理限值							

图 2-2 相互作用矩阵

(1) 生产条件,如温度、压力、静电等;

(2) 环境条件,如温度、湿度、粉尘等;

(3) 结构材料,如碳钢、不锈钢、石棉填料等;

(4) 常用污染物,如空气、水、锈、盐、润滑剂等;

(5) 生产设备或区域中处理其他材料产生的污染;

(6) 长期和短期接触对健康的影响;

(7) 气味、水毒性等环境影响;

(8) 库存、排放或废物处理的规定限值。

在构造相互作用矩阵时,需分析生产条件。为了分析正常和非正常的生产情况,需要构造几个相互作用矩阵。如果只有一个矩阵,则应注意其他生产条件下潜在的危险及相互作用。

构造相互作用矩阵后,就应检查矩阵中每个相互作用的潜在事故后果,如不了解某个相互作用的事故后果,则需进一步实验研究。已知的事故类型和严重度可在矩阵中适当的位置注明(有时一个相互作用会产生几种类型的事故)。将相互作用矩阵分析结果与需要辨识的潜在事故进行比较,决定是否需要进一步评价。

某公司采用高温下二氯乙烯(EDC)气相脱除氯化氢生产氯乙烯单体(VCM)的工艺路线,工艺流程简图如图 2-3 所示。中间物 EDC 由乙烯和氯气直接催化反应而得到,并计划在后期用该装置生产聚氯乙烯(PVC)。表 2-10 列出了有关原料、中间物、产品的危险性。

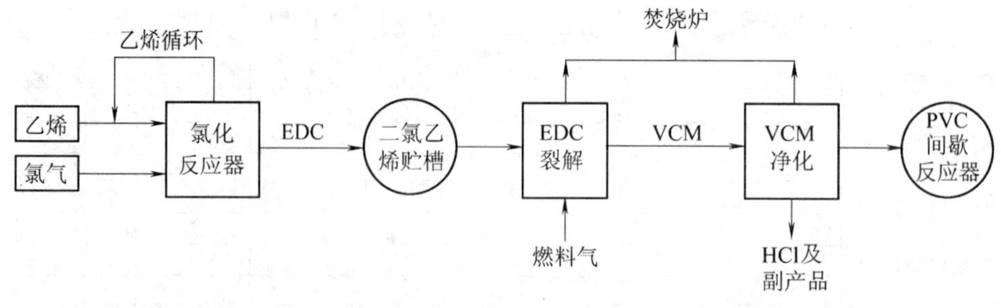

$$C_2H_4+Cl_2 \xrightarrow{\text{生成EDC}} C_2H_4Cl+\text{热量} \qquad C_2H_4Cl+\text{热量} \xrightarrow{\text{生成VCM}} C_2H_3Cl+HCl$$

图 2-3　VCM 生产过程简图

表 2-10　VCM 过程化学物质的危险特性

过程物质	危险							
	窒　息	急性中毒	慢性中毒	腐　蚀	燃烧/爆炸	反　应	刺激皮肤	氧化剂
催化剂			√					
碱				√			√	
氯		√		√		√	√	√
乙　烯	√		√		√	√		
EDC		√			√		√	
氢	√				√			
氯化氢		√		√			√	
天然气	√				√			
丙　烯	√				√	√		
氧								√
VCM	√	√	√		√	√	√	
水	√							

建立装置的化学物质相互作用矩阵,横轴和纵轴列出所有的化学物质,其他一些参数列在纵轴上。图 2-4 是 VCM 装置化学物质的相互作用矩阵。"×"表示存在与物质或工艺条件不能相容的问题,注脚对某些问题做了进一步的说明。"?"表示其相容性未知,对这些项目以及其他的一些问题(表 2-11)需做进一步的分析研究。

分析发现某些三元物系的相容性也很重要,然而在相容性矩阵中只表示了二元物系的不相容问题,也需对这一问题进行分析调查。

危险辨识结果表明:

(1) 必须进一步了解乙烯以及与其他物质的相容性;

(2) 必须特别注意氯与烃的相容性,而且在以后的危险分析中要仔细分析可能发生的火灾和爆炸情况。

2.3.2.4　利用安全评价和分析方法

许多安全评价和分析方法既可评价风险,也可以识别风险。如安全检查表分析、如果—怎么办分析、如果—怎么办/检查表分析、危险与可操作性分析、预先危险分析、故障树分析、事件树分析等。

化学物料	催化剂	碱	氯	乙烯	EDBC	氢	HCl	天然气	丙烯	氧	VCM	水
催化剂												
碱												
氯		×										
乙烯			×	?								
EDC		×										
氢			×									
HCl	?	×										
天然气			×									
丙烯			×						?			
氧	×		?	×	×	×		×	×			
VCM		?								×	×	
水	×	×[1]	×				×[1,5]					
高压				×[3]		×[4]					×	
高温			×[2]	×							×	
污染物(尘,油)	×		×								×	
环境(管理影响)		×	×		×		×				×	

图 2-4　VCM 工艺过程化学物料的相互作用矩阵

1—放出稀释热；2—高温、有氯存在碳钢被腐蚀；3—高压下乙烯分解；

4—焦耳汤姆逊作用；5—干的 HCl 无腐蚀作用，但在有水存在下则有腐蚀作用

表 2-11　由相互作用矩阵提出的问题举例

· HCl 将与过程中所使用的催化剂反应吗？	· 乙烯自身反应的活性如何，丙烯呢？
· VCM 将与碱反应吗？	· 在过程的操作温度下，碳钢将会被氯腐蚀吗？
· 氯—氧的反应动力学是什么？	· 过程的波动会使温度超过要求的温度吗？

安全检查表分析法提供一个需要回答的问题清单，如表 2-12 所示。虽然完成完整的安全检查表是一件冗长乏味的事情，但安全检查表分析很具吸引力，因为对于特定的企业或公司，检查表可通用，并保证分析的一致性。只要分析人员充分使用，安全检查表可成为危险辨识非常有用的工具。

表 2-12　用于危险辨识的检查表问题举例

序　号	问　　题
1	材料的闪点低于 100℃吗？
2	材料对振动敏感吗？
3	材料发生聚合反应吗？如果能，能加速聚合反应的因素是什么？
4	材料与水反应吗？
5	哪种材料的泄漏是可监测的？
6	材料吸入后有毒吗？
7	生产工艺温度超过材料的自点火温度吗？
8	容器的蒸汽排放空间处于可燃范围内吗？

如果—怎么办和危险与可操作性分析方法允许分析人员更具创造性地利用其经验。每一种方法探索问题的方式不同,但都要求分析小组提出和回答一系列问题,从而揭示可能产生的、不期望的后果。因此,更有可能发现生产中独特的或不期望的危险。然而小组成员必须具有丰富的经验,否则重要的危险可能会被忽略。因此,许多公司将检查表分析和"头脑风暴"方法相结合,利用检查表分析方法的严密性与一致性,而保留"头脑风暴"方法的灵活性和创造性。

同样,其他一些评价方法也能很好地识别风险,这里不一一介绍,请参见相关部分。

通常当有足够的信息提供给分析小组开展危险辨识与评价时,仅为了危险辨识的目的而采用这些方法就会显得效率不高。但当信息有限时,如一个新建的生产过程或在新装置的处于概念设计阶段,只要危险分析人员把研究集中在一定的范围内,安全评价方法也可有效地用来识别危险。如果—怎么办/安全检查表分析方法是最为广泛用来识别危险和评价风险的组合方法,但安全检查表分析方法可与任何方法联合使用。

2.3.2.5　利用经验

要尽可能地利用企业自己的经验来完善危险辨识工作,因为发生过问题就表明存在危险。但危险辨识仅基于企业(甚至行业)的经验决不会取得满意的结果,有许多危险都会被忽视。好的安全生产经验只能表明危险已得到适当控制,并不表明危险不存在。仅仅因为某种情况没有发生过就认为它不会发生,是一种不正确的认识。

适当地利用经验,有助于建立用于危险识别活动的生产知识基础。通常,分析人员总是把一些基本的化学知识作为识别的出发点。实验室的实验结果能揭示某种化学物的基本物理性质、毒性和反应动力学特性。试生产过程能了解没有预料的反应副产品,表明生产条件要加以改变以达到最佳的效果。甚至拆除某个生产装置也能增加重要的生产经验(对生产有更深的了解),因为这可揭示在正常操作或装置关闭时系统中不明显或不了解的状况。

如果是识别很成熟的生产过程的危险,分析人员可参考相同规模企业的运行经验,哪些地方发生过泄漏,为什么发生紧急关闭情况,什么原因造成非计划的输出,回答此类问题能指出在材料性质与生产条件时不明显的危险。

如果企业的经验已文件化,可像其他的资料一样用于危险辨识。如果这些经验没有记录,则需要成立由具有一定知识与经验的人员组成的小组参加危险辨识活动。如果在该小组开展活动之前已开展了其他的危险辨识活动,则效果会更好。然后该小组能简单地确定他们的经验是否匹配、是否相矛盾,或是否没有表达从其他途径收集到的信息,是否能指出在现有系统中观察到的另外的危险。即使该小组的成员对所分析的化学品没有特别的经验,但他们对表示类似危险的相似材料具有使用经验。

2.3.3　重大危险因素与危害因素的辨识

重大危险因素与危害因素是指能导致重大事故发生的危险因素与危害因素。重大事故具有伤亡人数众多、经济损失严重、社会影响大的特征,我国一些行业(如化工、石油化工、铁路、航空等)都规定了各自行业确定、划分重大事故的标准,把预防重大事故作为其职业安全卫生工作的重点。

重大事故隐患在不同的行业或部门、不同时期各有其特定的含义和范围,人们通过发现、整改这些隐患,预防重大事故的发生。实际上它也是重大危险因素与危害因素的一部分。

随着化学工业、石油化学工业的发展,大量生产和使用易燃、易爆、有害有毒物质,作为工业生产的原料或产品,在生产、加工处理、储存、运输过程中,一旦发生事故,其后果非常严重。

目前,国际上已习惯将重大事故特指为重大火灾、爆炸、毒物泄漏事故。1993 年,国际劳工组织(ILO)通过的《预防重大事故公约》中,定义重大事故为“在重大危险设施内的一项生产活动中突然发生的、涉及一种或多种危险物质的严重泄漏、火灾、爆炸等导致职工、公众或环境急性或慢性严重危害的意外事故”。

目前,国际上是根据危险、有害物质的种类及其限量来确定重大危险因素与危害因素的。

在我国国家标准 GB 18218—2000《重大危险源辨识》中,将重大危险源分为生产场所重大危险源和贮存区重大危险源两种;根据物质不同的特性,将危险物质分为爆炸性物质、易燃物质、活性化学物质和有毒物质四大类,分别给出物质名称及其临界量,具体如表 2-13～表 2-16 所示。

表 2-13 爆炸性物质名称及临界量

序 号	物 质 名 称	临界量/t	
		生产场所	贮 存 区
1	雷(酸)汞	0.1	1
2	硝化丙三醇	0.1	1
3	二硝基重氮酚	0.1	1
4	二乙二醇二硝酸酯	0.1	1
5	脒基亚硝氨基脒基四氮烯	0.1	1
6	迭氮(化)钡	0.1	1
7	迭氮(化)铅	0.1	1
8	三硝基间苯二酚铅	0.1	1
9	六硝基二苯胺	5	50
10	2,4,6-三硝基苯酚	5	50
11	2,4,6-三硝基苯甲硝胺	5	50
12	2,4,6-三硝基苯胺	5	50
13	三硝基苯甲醚	5	50
14	2,4,6-三硝基苯甲酸	5	50
15	二硝基(苯)酚	5	50
16	环三次甲基三硝胺	5	50
17	2,4,6-三硝基甲苯	5	50
18	季戊四醇四硝酸酯	5	50
19	硝化纤维素	10	100
20	硝酸铵	25	250
21	1,3,5-三硝基苯	5	50
22	2,4,6-三硝基氯(化)苯	5	50
23	2,4,6-三硝基间苯二酚	5	50
24	环四次甲基四硝胺	5	50
25	六硝基-1,2-二苯乙烯	5	50
26	硝酸乙酯	5	50

表 2-14 易燃物质名称及临界量

序号	类别	物质名称	临界量/t	
			生产场所	贮存区
1	闪点＜28℃的液体	乙烷	2	20
2		正戊烷	2	20
3		石脑油	2	20
4		环戊烷	2	20
5		甲醇	2	20
6		乙醇	2	20
7		乙醚	2	20
8		甲酸甲酯	2	20
9		甲酸乙酯	2	20
10		乙酸甲酯	2	20
11		汽油	2	20
12		丙酮	2	20
13		丙烯	2	20
14	28℃≤闪点＜60℃的液体	煤油	10	100
15		松节油	10	100
16		2-丁烯-1-醇	10	100
17		3-甲基-1-丁醇	10	100
18		二(正)丁醚	10	100
19		乙酸正丁酯	10	100
20		硝酸正戊酯	10	100
21		2,4-戊二酮	10	100
22		环已胺	10	100
23		乙酸	10	100
24		樟脑油	10	100
25		甲酸	10	100
26	爆炸下限≤10％气体	乙炔	1	10
27		氢	1	10
28		甲烷	1	10
29		乙烯	1	10
30		1,3-丁二烯	1	10
31		环氧乙烷	1	10
32		一氧化碳和氢气混合物	1	10
33		石油气	1	10
34		天然气	1	10

表 2-15 活性化学物质名称及临界量

序 号	物 质 名 称	临界量/t	
		生产场所	贮 存 区
1	氯 酸 钾	2	20
2	氯 酸 钠	2	20
3	过氧化钾	2	20
4	过氧化钠	2	20
5	过氧化乙酸叔丁酯(浓度≥70%)	1	10
6	过氧化异丁酸叔丁酯(浓度≥80%)	1	10
7	过氧化顺式丁烯二酸叔丁酯(浓度≥80%)	1	10
8	过氧化异丙基碳酸叔丁酯(浓度≥80%)	1	10
9	过氧化二碳酸二苯甲酯(盐度≥90%)	1	10
10	2,2-双-(过氧化叔丁基)丁烷(浓度≥70%)	1	10
11	1,1-双-(过氧化叔丁基)环己烷(浓度≥80%)	1	10
12	过氧化二碳酸二仲丁酯(浓度≥80%)	1	10
13	2,2-过氧化二氢丙烷(浓度≥30%)	1	10
14	过氧化二碳酸二正丙酯(浓度≥80%)	1	10
15	3,3,6,6,9,9-六甲基-1,2,4,5-四氧环壬烷	1	10
16	过氧化甲乙酮(浓度≥60%)	1	10
17	过氧化异丁基甲基甲酮(浓度≥60%)	1	10
18	过乙酸(浓度≥60%)	1	10
19	过氧化(二)异丁酰(浓度≥50%)	1	10
20	过氧化二碳酸二乙酯(浓度≥30%)	1	10
21	过氧化新戊酸叔丁酯(浓度≥77%)	1	10

表 2-16 有毒物质名称及临界量

序号	物 质 名 称	临界量/t		序号	物 质 名 称	临界量/t	
		生产场所	贮存区			生产场所	贮存区
1	氨	40	100	16	六氟化碲	0.4	1
2	氯	10	25	17	氰化氢	8	20
3	碳酰氯	0.30	0.75	18	氯化氰	8	20
4	一氧化碳	2	5	19	乙撑亚胺	8	20
5	二氧化硫	40	100	20	二硫化碳	40	100
6	三氧化硫	30	75	21	氮氧化物	20	50
7	硫化氢	2	5	22	氟	8	20
8	羰基硫	2	5	23	二氟化氧	0.4	1
9	氟化氢	2	5	24	三氟化氯	8	20
10	氯化氢	20	50	25	三氟化硼	8	20
11	砷化氢	0.4	1	26	三氯化磷	8	20
12	锑化氢	0.4	1	27	氧氯化磷	8	20
13	磷化氢	0.4	1	28	二氯化硫	0.4	1
14	硒化氢	0.4	1	29	溴	40	100
15	六氟化硒	0.4	1	30	硫酸(二)甲酯	20	50

续表 2-16

序号	物质名称	临界量/t		序号	物质名称	临界量/t	
		生产场所	贮存区			生产场所	贮存区
31	氯甲酸甲酯	8	20	47	甲基苯	40	100
32	八氟异丁烯	0.30	0.75	48	二甲苯	40	100
33	氯乙烯	20	50	49	甲醛	20	50
34	2-氯-1,3-丁二烯	20	50	50	烷基铅类	20	50
35	三氯乙烯	20	50	51	羰基镍	0.4	1
36	六氟丙烯	20	50	52	乙硼烷	0.4	1
37	3-氯丙烯	20	50	53	戊硼烷	0.4	1
38	甲苯-2,4-二异氰酸酯	40	100	54	3-氯-1,2-环氧丙烷	20	50
39	异氰酸甲酯	0.30	0.75	55	四氯化碳	20	50
40	丙烯腈	40	100	56	氯甲烷	20	50
41	乙腈	40	100	57	溴甲烷	20	50
42	丙酮氰醇	40	100	58	氯甲基甲醚	20	50
43	2-丙烯-1-醇	40	100	59	一甲胺	20	50
44	丙烯醛	40	100	60	二甲胺	20	50
45	3-氨基丙烯	40	100	61	N,N-二甲基甲酰胺	20	50
46	苯	20	50				

实际应用时,可参照表2-13～表2-16所示的危险物质及其限量,作为判定重大危险、危害因素的依据。通常把生产、加工处理、储存这些物质的装置视为重大危险因素,称之为重大危险源(重大危险装置)。

2.4 危险辨识注意事项

危险辨识过程中,应注意以下几点:

(1) 危险因素与危害因素的分布:为了有序、方便地进行分析,防止遗漏,一般按厂址、平面布局、建(构)筑物、物质、生产工艺及设备、辅助生产设施(包括公用工程)、作业环境危险几部分,分析其存在的危险、危害因素,列表登记、综合归纳,得出系统中存在哪些危险因素与危害因素及其分布状况的综合资料。

(2) 伤害(危害)方式和途径:

1) 伤害(危害)方式,指对人体造成伤害、对人身健康造成损坏的方式。例如,机械伤害的挤压、咬合、碰撞、剪切等,中毒的靶器官、生理功能异常、生理结构损伤形式(如粘膜糜烂、植物神经紊乱、窒息、粉尘在肺泡内潴留、肺组织纤维化、肺组织癌变等)。

2) 伤害(危害)途径和范围。大部分危险因素与危害因素是通过与人体直接接触造成伤害。如爆炸是通过冲击波、火焰、飞溅物体在一定空间范围内造成伤害;毒物是通过直接接触(呼吸道、食道、皮肤粘膜等)或一定区域内通过呼吸带的空气作用于人体;噪声是通过一定距离内的空气损伤听觉的。

(3) 主要危险因素与危害因素:对导致事故发生条件的直接原因、诱导原因进行重点分析,从而为确定评价目标、评价重点,划分评价单元,选择评价方法和采取控制措施计划提供基础。

(4) 重大危险因素与危害因素:分析时要防止遗漏,特别是对可导致重大事故的危险因素与危害因素要给予特别的关注,不得忽略。不仅要分析正常生产运转、操作时的危险因素与危害因素,更重要的是要分析设备、装置破坏及操作失误可能产生严重后果的危险因素与危害因素。

2.5 危险辨识的结果

危险辨识活动的结果,通常是可能引起危险情况的材料或生产条件清单,如表 2-17 所示。分析人员可利用这些结果确定适当的范围和选择适当的方法开展安全评价或风险评估。总的来说,评价的范围与复杂程度,直接取决于识别出危险的数量与类型以及对它们的了解程度。如果有些危险的范围不清楚,则在开展评价之前需要开展另外的研究或试验。

表 2-17 危险辨识的结果

序 号	结 果	序 号	结 果
1	可燃材料清单	5	系统危险清单,如毒性、可燃性
2	毒物材料和副产品清单	6	污染物和导致失控反应的生产条件清单
3	危险反应清单	7	重大危险源(危险因素)清单
4	化学品及释放到环境中可监测量的清单		

第3章

作业条件危险性评价法

作业条件危险性评价法是一种简单易行的评价操作人员在具有潜在危险性环境中作业时的危险性的半定量评价方法，它是由美国的格雷厄姆（K.J.Graham）和金尼（G.F.Kinney）提出的，因此也称为格雷厄姆—金尼法。

作业条件危险性评价法用与系统风险有关的三种因素指标值之积来评价操作人员伤亡风险大小，这三种因素是：L（事故发生的可能性）、E（人员暴露于危险环境中的频繁程度）和 C（一旦发生事故可能造成的后果）。但是，要取得这三种因素的准确数据，却是相当繁琐的过程。为了简化评价过程，可采取半定量计值方法，给三种因素的不同等级分别确定不同的分值，再以三个分值的乘积 D 来评价作业条件危险性的大小，即：

$$D = LEC \tag{3-1}$$

作业条件危险性评价法的特点是比较简便，容易在企业内部实行。目前，已在航空工业系统、部分铁路交通系统和石化系统试点使用，效果较好。它有利于掌握企业内部各危险点的危险状况，有利于整改措施的实施。

3.1 评价步骤

评价步骤为：

(1) 以类比作业条件比较为基础，由熟悉作业条件的人员组成评价小组。

(2) 由评价小组成员按照规定标准给 L、E、C 分别打分，取三组分值集的平均值作为 L、E、C 的计算分值，用计算的危险性分值（D）来评价作业条件的危险性等级。

由于采用专家打分方法进行评价，评价结果的准确性会受到专家经验、判断能力的影响，因此，组成评价小组时应慎重，以避免评价结果失真。

3.2 赋分标准

3.2.1 事故发生的可能性（L）

事故发生的可能性用概率来表示时，绝对不可能发生的事故概率为0；而必然发生的事故概率为1。然而，从系统安全的角度考虑，绝对不发生事故是不可能的，所以人为地将发生事故可能性极小的分数定为0.1，而必然要发生的事故的分数定为10，以此为基础介于这两种情况之间的情况指定为若干中间值，如表3-1所示。

表 3-1 事故发生的可能性(L)

分 数 值	事故发生的可能性	分 数 值	事故发生的可能性
10	完全可以预料到	0.5	很不可能,可以设想
6	相 当 可 能	0.2	极 不 可 能
3	可能,但不经常	0.1	实际不可能
1	可能性小,完全意外		

由于本方法中事故发生的可能性只有定性概念,没有定量的标准,评价时很可能在取值上因人而异,影响评价结果的准确性。因此,在应用本方法时,建议在评价开始之前确定定量的取值标准,例如"完全可以预料"是平均多长时间发生一次;"相当可能"是多长时间一次,等等。这样,就可以按统一的标准来评价企业各子系统的危险程度。

3.2.2 人员暴露于危险环境的频繁程度(E)

人员暴露于危险环境中的时间越多,受到伤害的可能性越大,相应的危险性也越大。规定人员连续出现在危险环境的情况定为10,而非常罕见地出现在危险环境中定为0.5,介于两者之间的各种情况规定若干个中间值,如表3-2所示。

表 3-2 人员暴露于危险环境的频繁程度(E)

分 数 值	人员暴露于危险环境的频繁程度	分 数 值	人员暴露于危险环境的频繁程度
10	连 续 暴 露	2	每月一次暴露
6	每天工作时间内暴露	1	每年几次暴露
3	每周一次,或偶然暴露	0.5	非常罕见的暴露

3.2.3 发生事故可能造成的后果(C)

事故造成的人员伤害和财产损失的范围变化很大,所以规定分数值为1~100。把需要治疗的轻微伤害或较小财产损失的分数规定为1,把造成多人死亡或重大财产损失的分数规定为100,其他情况的数值在1~100之间,如表3-3所示。

表 3-3 发生事故可能造成的后果(C)

分数值	发生事故可能造成的后果	分数值	发生事故可能造成的后果
100	大灾难,许多人死亡,或造成重大财产损失	7	严重,重伤,或较小的财产损失
40	灾难,数人死亡,或造成很大财产损失	3	重大,致残,或很小的财产损失
15	非常严重,一人死亡,或造成一定的财产损失	1	引人注目,不利于基本的安全卫生要求

3.2.4 危险性等级划分标准

根据经验,危险性分值在20分以下为低危险性,这样的危险比日常生活中骑自行车去上班还要安全些;如果危险性分值在70~160之间,有显著的危险性,需要采取措施整改;如果危险性分值在160~320之间,有高度危险性,必须立即整改;如果危险性分值大于320,

极度危险，应立即停止作业，彻底整改。

危险性等级的划分是凭经验判断，难免带有局限性，不能认为是普遍适用的，应用时需要根据实际情况予以修正。

按危险性分值划分危险性等级的标准如表3-4所示。

表3-4　危险性等级划分标准

D值	危险程度	D值	危险程度
>320	极其危险，不能继续作业	20～70	一般危险，需要注意
160～320	高度危险，需立即整改	<20	稍有危险，可以接受
70～160	显著危险，需要整改		

3.3　应用实例

实例1： 某涤纶化纤厂在生产短丝过程中有一道组件清洗工序，评价这一操作条件的危险度。

事故发生的可能性(L)：组件清洗所使用的三甘醇，属四级可燃液体。如加热至沸点时，其蒸气爆炸极限范围为0.9%～9.2%，属一级可燃蒸气。而在组件清洗时，需将三甘醇加热后使用，致使三甘醇蒸气容易扩散至空间。如室内通风设备不良，具有一定的潜在危险，属"可能，但不经常"，故其分数值$L=3$。

暴露于危险环境的频繁程度(E)：清洗人员每天在此环境中工作，取$E=6$。

发生事故产生的后果(C)：如果发生燃烧爆炸事故，后果将是非常严重的，可能造成人员的伤亡，取$C=15$。

$$D=LEC=3\times6\times15=270$$

危险性分值$D=270$，处于160～320之间，危险等级属"高度危险，需立即整改"的范畴。

实例2： 某公司主要生产和销售电视机、录像机所用的电子调谐器；录像机、SVCD用的调制器组件；空调、照明灯具、DVD和彩色电视机配套遥控器产品；手提电话及电视机所用的扬声器等产品。

其主要部门包括：高周波车间、机构车间、音响车间、设备动力部、技术品质部、人事总务部、销售部和财务部。

应用作业条件危险性评价法对公司的职业安全卫生风险进行辨识评价，确定公司的重大职业安全卫生风险。评价步骤为：

(1) 划分单元。按照公司部门划分单元，把公司分解为高周波车间、机构车间、音响车间、设备动力部、技术车间、人事总务部、销售部和财务部等8个单元进行评价。

(2) 进行各单元评价。以高周波车间的评价为例，高周波车间包括一条生产流水线和一个化工品仓库，化工品仓库存有甲苯、乙醇等化学危险品。高周波车间的生产流程如图3-1所示。

按照高周波车间的生产流程，对各个工序操作应用作业条件危险性评价法进行危险辨识评价,把风险值 $D>70$ 的风险定为重大职业安全卫生风险,结果汇总如表 3-5 所示。

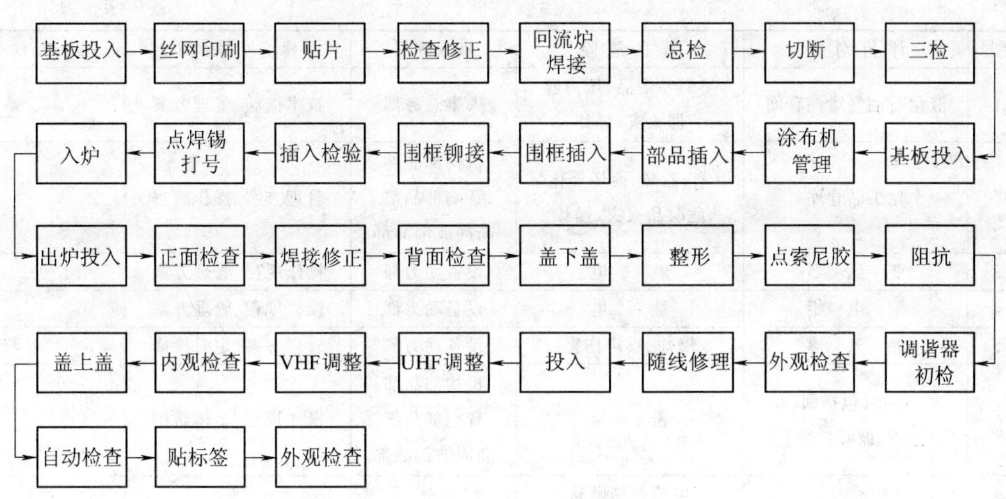

图 3-1 高周波车间的生产流程

表 3-5 职业安全卫生风险评价表

部门:高周波部品部　　　　年　月　日

序号	评价对象	危险源及潜在风险	风险值 $D=LEC$				是否重大风险	备　注
			L	E	C	D		
1	化工品仓库	火灾、爆炸、毒物泄漏	0.5	6	40	120	√	
2	点胶工装	使用易燃易爆品、人身伤害	1	6	15	90	√	使用甲苯、索尼胶
3	回流焊接炉	高温物体、铅烟;人身伤害、职业病	1	6	15	90	√	
4	波峰焊炉	高温物体、产生铅烟,人身伤害、职业病	1	6	15	90	√	
5	铅 烟 机	产生铅烟,职业病	1	6	15	90	√	
6	叉　　车	车　辆　伤　害	1	6	15	90	√	
7	丝网印刷机	化学品溅出,人身伤害	3	6	3	54		使用焊锡膏、清洗液、贴片胶、酒精
8	围框铆接机	外露运动件,人身伤害	3	6	3	54		
9	盖盖工装	外露运动件,人身伤害	3	6	3	54		
10	基板分割机	外露运动件,人身伤害	3	6	3	54		
11	实 装 机	外露运动件,人身伤害	3	6	3	54		
…	…	…	…	…	…	…	…	

其他部门按上述方法得出各部门职业安全卫生风险评价表。(略)

(3) 各部门结果汇总。将各部门的重大职业安全卫生风险汇总整理,得出公司的重大职业安全卫生风险,如表 3-6 所示。

表 3-6　公司重大职业安全卫生风险清单

年　月　日

序号	评价对象	潜在危险	涉及部门	建议控制措施	备　注
1	液化石油气罐储存间	易燃易爆品、压力容器火灾、爆炸	人事总务部	技术措施、管理方案	
2	化工品仓库	甲苯、乙醇、丙烯等化学危险品火灾、爆炸	机构部品部 音响部品部 高周波部品部	管理方案、操作规程	
3	变　压　器	触　　电	设备动力部	操作规程、管理方案	
4	配　电　柜	触　　电	设备动力部	操作规程、管理方案	
5	储　气　罐	爆炸、噪声伤害	设备动力部	管理方案、定时检修	
6	焊接(包括回流炉、波峰炉等)	铅　　烟	机构部品部 音响部品部 高周波部品部	操作规程、个体防护	
7	点胶工装	甲苯等易燃易爆品火灾、爆炸	音响部品部	操作规程、个体防护	
8	铅　烟　机	铅　　烟	高周波部品部	操作规程、个体防护	
9	空气压缩机	压力容器爆炸	音响部品部 人事总务部	操作规程、定期检修	
…	…	…	…	…	

第4章

道(DOW)化学公司火灾、爆炸危险指数评价法(第7版)

4.1 评价方法介绍

火灾、爆炸危险指数评价法是对工艺装置及所含物料的潜在火灾、爆炸和反应性危险逐步推算的方法进行客观的评价。评价过程中定量的依据是以往事故的统计资料、物质的潜在能量和现行安全防灾措施的状况。

该法的评价目的是:

(1) 客观地量化潜在火灾、爆炸和反应性事故的预期损失;

(2) 确定可能引起事故发生或使事故扩大的设备;

(3) 向管理部门通报潜在的火灾、爆炸危险性。

该法最重要的目的是使工程师了解各工艺部分可能造成的损失,并帮助其确定减少潜在事故的严重性和总损失的有效而又经济的途径。

火灾、爆炸危险指数评价法主要用于评价储存、处理、生产易燃、可燃、活性物质的操作过程,也可用于分析污水处理设施、公用工程系统、管路、整流器、变压器、锅炉、热氧化器以及发电厂一些单元的潜在损失。该法还可用于潜在危险物质库存量较小的工艺过程的风险评价,特别是用于实验工厂的风险评价,适用易燃或活性化学物质的最小处理量为454kg左右。

4.1.1 评价程序

计算火灾、爆炸危险指数和进行风险分析汇总,需要准备下列资料:

(1) 准确的装置(生产单元)设计方案;

(2) 工艺流程图;

(3) 道氏7版火灾、爆炸指数(*F&EI*)评价法;

(4) 道氏7版火灾、爆炸指数计算表(表4-1);

表4-1 火灾、爆炸指数(*F&EI*)表

地区/国家:	部门:	场所:	日期:
位置:	生产单元:	工艺单元	
评价人:	审定人:(负责人)		建筑物:
检查人:(管理部)	检查人:(技术中心)		检查人:(安全和损失预防)
工艺设备中的物料:			

续表 4-1

操作状态 —设计—开车—正常操作—停车	确定 MF 的物质	
物质系数(见表 4-5 或附录Ⅰ、Ⅱ,当单元温度超过 60℃时则注明)		
1. 一般工艺危险	危险系数范围	采用危险系数①
基本系数	1.00	
(1) 放热化学反应	0.3～1.25	
(2) 吸热反应	0.20～0.40	
(3) 物料处理与输送	0.25～1.05	
(4) 密闭式或室内工艺单元	0.25～0.90	
(5) 通道	0.20～0.35	
(6) 排放和泄漏控制	0.25～0.50	
一般工艺危险系数(F_1)		
2. 特殊工艺危险		
基本系数	1.00	
(1) 毒性物质	0.20～0.80	
(2) 负压(<500mmHg,66.661kPa)	0.50	
(3) 易燃范围及接近易燃范围的操作		
惰性化——　　未惰性化——		
1) 罐装易燃液体	0.50	
2) 过程失常或吹扫故障	0.30	
3) 一直在燃烧范围内	0.80	
(4) 粉尘爆炸	0.25～2.00	
(5) 压力 操作压力(绝对压力)/kPa 释放压力(绝对压力)/kPa		
(6) 低温	0.20～0.30	
(7) 易燃及不稳定物质的质量 物质质量/kg 物质燃烧热 H_c/(J/kg)		
1) 工艺中的液体及气体(见 4.1.4 节)		
2) 贮存中的液体及气体(见 4.1.4 节)		
3) 贮存中的可燃固体及工艺中的粉尘(见 4.1.4 节)		
(8) 腐蚀及磨蚀	0.10～0.75	
(9) 泄漏——接头和填料	0.10～1.50	
(10) 使用明火设备		
(11) 热油热交换系统	0.15～1.15	
(12) 转动设备	0.50	
特殊工艺危险系数(F_2)		
工艺单元危险系数($F_3=F_1F_2$)		
火灾、爆炸指数($F\&EI=F_3\ MF$)		

① 无危险时系数用 0.00。

(5) 安全措施补偿系数表(表 4-2);

表 4-2 安全措施补偿系数

Ⅰ 工艺控制安全补偿系数(C_1)

项 目	补偿系数范围	采用补偿系数
1. 应急电源	0.98	
2. 冷却装置	0.97～0.99	
3. 抑爆装置	0.84～0.98	
4. 紧急切断装置	0.96～0.99	
5. 计算机控制	0.93～0.99	
6. 惰性气体保护	0.94～0.96	
7. 操作规程/程序	0.91～0.99	
8. 化学活泼性物质检查	0.91～0.98	
9. 其他工艺危险分析	0.91～0.98	
	C_1 值(3)	

Ⅱ 物质隔离安全补偿系数(C_2)

项 目	补偿系数范围	采用补偿系数
1. 遥控阀	0.96～0.98	
2. 卸料/排空装置	0.96～0.98	
3. 排放系统	0.91～0.97	
4. 联锁装置	0.98	
	C_2 值(3)	

Ⅲ 防火设施安全补偿系数(C_3)

项 目	补偿系数范围	采用补偿系数
1. 泄漏检测装置	0.94～0.98	
2. 结构钢	0.95～0.98	
3. 消防水供应系统	0.94～0.97	
4. 特殊灭火系统	0.91	
5. 洒水灭火系统	0.74～0.97	
6. 水幕	0.97～0.98	
7. 泡沫灭火装置	0.92～0.97	
8. 手提式灭火器材/喷水枪	0.93～0.98	
9. 电缆防护	0.94～0.98	
	C_3 值(3)	

安全措施补偿系数 = $C_1C_2C_3$(3)，填入表 4-3 第 7 行。

(6) 工艺单元风险分析汇总表(表 4-3)：

表 4-3 工艺单元危险分析汇总

1. 火灾、爆炸指数($F\&EI$)(见表 4-1)	
2. 暴露半径(见 4.1.7 节)	m
3. 暴露面积	m^2
4. 暴露区内财产价值	百万美元
5. 危害系数(见 4.1.7 节)	
6. 基本最大可能财产损失——基本 *MPPD*(4×5)	百万美元
7. 安全措施补偿系数 = $C_1 \times C_2 \times C_3$(3) (见表 4-2)	
8. 实际最大可能财产损失——实际 *MPPD*(6×7)	百万美元
9. 最大可能停工天数——*MPDO* (见 4.1.7 节)	天
10. 停产损失——*BI*	百万美元

(7) 生产装置风险分析汇总表(表4-4);

表4-4　生产装置危险分析汇总

地区/国家:	部门:	场所:
位置:	生产单元:	操作类型:
评价人:	生产单元总替换价值:	日期:

工艺单元主要物质	物质系数	火灾爆炸指数 F&EI	影响区内财产价值/百万美元	基本 MPPD/百万美元①	实际 MPPD/百万美元①	停工天数 MPDO/天②	停产损失 BI 百万美元③

① 最大可能财产损失;

② 最大可能停工天数;

③ 停产损失。

(8) 工艺设备及安装成本表。

依照图4-1所示风险分析计算程序图进行分析评价:

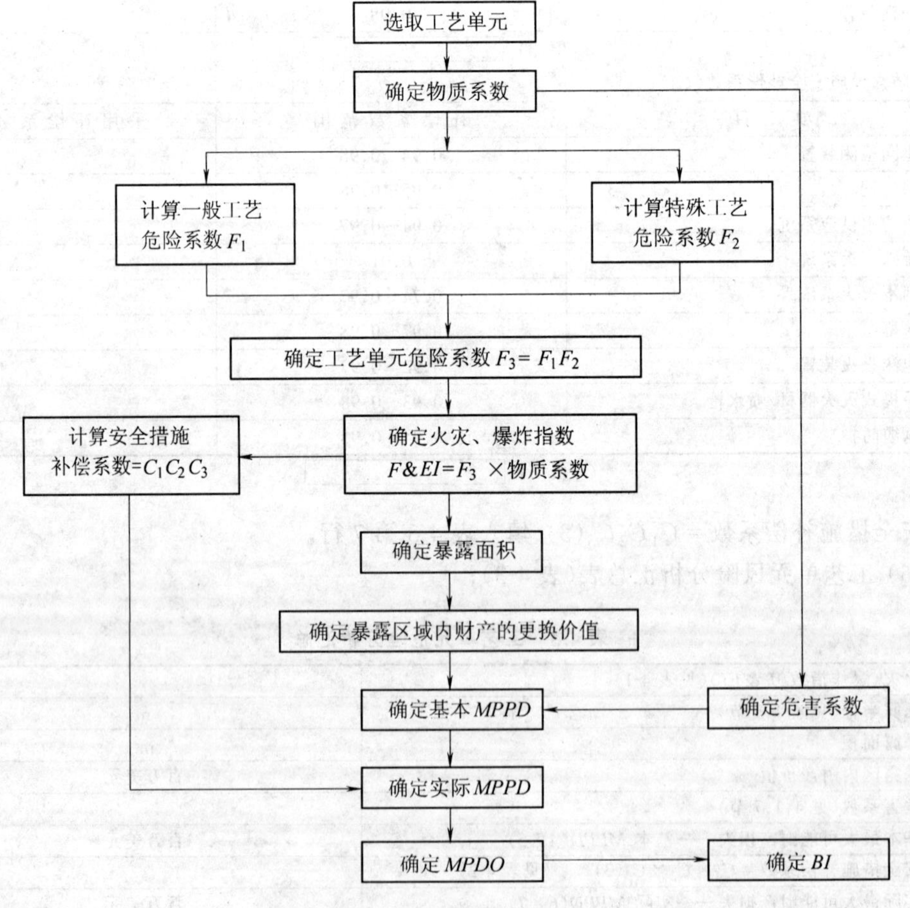

图4-1　风险分析计算程序

(1) 确定单元；

(2) 求取单元内的物质系数 *MF*；

(3) 按单元的工艺条件，将采用适当的危险系数，分别记入表 4-1 的"一般工艺危险系数"和"特殊工艺危险系数"栏目内；

(4) 用一般工艺危险系数和特殊工艺危险系数相乘求出工艺单元危险系数；

(5) 将工艺单元危险系数与物质系数相乘，求出火灾、爆炸危险指数(*F&EI*)；

(6) 用火灾、爆炸指数查出单元的暴露区域半径(见 4.1.7 节)，并计算暴露面积；

(7) 查出单元暴露区域内的所有设备的更换价值，确定危害系数(见 4.1.7 节)，求出基本最大可能财产损失 *MPPD*；

(8) 应用安全措施补偿系数乘以基本 *MPPD*，确定实际 *MPPD*；

(9) 根据实际最大可能财产损失，确定最大损失工作日 *MPDO*(见 4.1.7 节)；

(10) 用停产损失工作日 *MPDO* 确定停产损失。

4.1.2 工艺单元选择

火灾、爆炸指数是用于评估特定工艺过程中的最大潜在危险性的一种工具，可使人们预测事故可能导致的实际危害及停产损失。

为了计算火灾、爆炸危险指数，首先要确定装置中需要研究的单元。工艺单元是指工艺装置的任一主要单元，如在氯乙烯单体或二氯乙烯工厂的加热炉或急冷区中可划分的单元为二氯乙烯蒸发器、加热炉、冷却塔、二氯乙烯吸收塔和脱焦槽等。乳胶厂的工艺区可分为原料、储存罐、工艺流体储存罐、水液罐、反应器供料泵、汽提塔、回收罐、乳胶储罐等单元。一般仓库可看作一个单元，在某些特殊情况下，如设有防火墙时，则可以防火墙为界划分单元。

多数工厂是由多个单元组成的。但在计算工厂的火灾、爆炸指数时，只选择那些从损失预防角度来看对工艺有影响的工艺单元进行评价，这些单元称为恰当工艺单元，简称为工艺单元。

选择恰当工艺单元的重要参数包括：

(1) 物质的潜在的化学能(物质系数)；

(2) 工艺单元中危险物质的数量；

(3) 资金密度(每平方米美元数)；

(4) 操作压力与操作温度；

(5) 导致火灾、爆炸事故的历史资料；

(6) 对装置操作起关键作用的设备，如热氧化器。

一般情况下，这些参数的数值越大，则该工艺单元就越需要评价。

工艺区域或工艺区附近的个别设备、关键设备或单机设备一旦遭受破坏，就可能导致停产数日，甚至极小的火灾、爆炸，都可能导致停产而造成巨大的经济损失。因此，这些关键设备所能导致的损失也是工艺单元选择的一个重要因素。

几项要点：

(1) 工艺单元的可燃、易燃或化学活性物质的最低量为 2 268kg 或 2.27m^3。如果单元内的物质数量低于上述数值，则评价的结果可能夸大其危险性。通常，对小规模实验工厂，所处理的上述物质数量至少为454kg或0.454m^3,评价结果才有意义。

(2) 当设备串联布置且中间未相互有效隔开,应认真考虑单元划分的合理性。例如,在一连串反应装置间没有中间泵时,要根据工艺类型来确定是取一系列设备作为一个工艺单元,还是仅选一个设备作为单元。

如聚苯乙烯生产过程中,其主要危险是来自于第一级反应器中尚未进行反应的物料,此时采用脱挥塔或闪蒸罐的真空操作危险系数就不合理(该系数只影响第三级或第四级),它们在工艺过程中同时起危害作用是不可能的。合理的做法是划分为两个独立的单元,分别进行评价。

一个单独的操作区域很少被划分为三四个以上的工艺单元,工艺单元数依工艺类型和生产装置的配置而定。

每一个评价工艺单元都要分别完成其 *F&EI* 计算表,各计算结果也必须填入生产装置危险分析汇总表。

(3) 仔细考虑操作状态和操作时间也很重要。根据其特点,通常可分为开车、正常作业、停车、装料、卸料、填加触媒等。经过仔细判别后,通常可以选择一个操作阶段来计算 *F&EI*,但有时必须研究几个阶段来确定重大危险。

4.1.3　确定物质系数

在火灾、爆炸指数计算和危险性评价过程中,物质系数 *MF* 是最基础的数值,是表述物质由燃烧或其他化学反应引起的火灾、爆炸过程中释放能量大小的内在特性。

物质系数是由美国消防协会确定的物质可燃性 N_F 和化学活泼性(不稳定性)N_R 求得,其内容将在4.1.3.1节中讨论。

通常,N_F 和 N_R 是指在正常的环境温度下而言的,但人所共知物质发生燃烧和反应的危险性随温度上升而急剧增大。如在闪点之上的可燃性液体引起火灾的危险性就比正常环境温度下的易燃性液体大得多。

反应速度也随温度上升而急剧增大,所以当物质的温度超过60℃时,物质系数就要进行修正,其内容将在4.1.3.4节中讨论。

本章附录Ⅰ中提供了大量化学物质的物质系数,它能用于大多数场合。对附录Ⅰ中未列出的物质,其 N_F 和 N_R 可根据NFPA325M或NFPA49加以确定,并依照温度进行修正,然后用表4-5求出物质系数 *MF*。如物质为可燃性粉尘,则不能用 N_F 值,而应采用粉尘危险分级值(*St*)确定。

4.1.3.1　表外物质的物质系数求取

在求取本章附录Ⅰ、NFPA325M及NFPA49中未列出的物质、混合物或化合物的物质系数时,首先要求出可燃性液体、气体的可燃等级(N_F)和可燃粉尘的等级(*St*)。N_F 按表4-5左栏中的闪点值确定,粉尘或尘雾的 *St* 则应根据爆炸试验确定。可燃性固体的 N_F 值则依其性质不同在表4-5左栏中分类标示。

物质、混合物或化合物的反应性等级(N_R)的值可根据物质在环境温度条件下的不稳定度或与水反应的剧烈程度确定。根据NFPA704确定原则如下:

(1) $N_R=0$。在燃烧条件下仍能保持稳定的物质,该等级通常包括以下物质:

1) 不与水反应的物质;

表 4-5 物质系数 *MF* 的确定

<table>
<tr><th rowspan="2" colspan="2">物 质</th><th rowspan="2">NFPA325M/NFPA49</th><th colspan="5">反应性或不稳定性</th></tr>
<tr><th>$N_R=0$</th><th>$N_R=1$</th><th>$N_R=2$</th><th>$N_R=3$</th><th>$N_R=4$</th></tr>
<tr><td rowspan="5">液体、气体[①]的易燃性或可燃性</td><td>不燃物[②]</td><td>$N_F=0$</td><td>1</td><td>14</td><td>24</td><td>29</td><td>40</td></tr>
<tr><td>FP[③]>93.3℃</td><td>$N_F=1$</td><td>4</td><td>14</td><td>24</td><td>29</td><td>40</td></tr>
<tr><td>37.8℃<<i>FP</i>≤93.3℃</td><td>$N_F=2$</td><td>10</td><td>14</td><td>24</td><td>29</td><td>40</td></tr>
<tr><td>22.8℃≤FP<37.8℃
或 FP<22.8℃
并且 BP[④]≥37.8℃</td><td>$N_F=3$</td><td>16</td><td>16</td><td>24</td><td>29</td><td>40</td></tr>
<tr><td>FP<22.8℃并且 BP<37.8℃</td><td>$N_F=4$</td><td>21</td><td>21</td><td>24</td><td>29</td><td>40</td></tr>
<tr><td rowspan="3">可燃性粉尘或烟雾</td><td>St-1(K_{st}[⑤]≤200m/s)</td><td></td><td>16</td><td>16</td><td>24</td><td>29</td><td>40</td></tr>
<tr><td>St-1(K_{st}=201～300m/s)</td><td></td><td>21</td><td>21</td><td>24</td><td>29</td><td>40</td></tr>
<tr><td>St-1(K_{st}>300m/s)</td><td></td><td>24</td><td>24</td><td>24</td><td>29</td><td>40</td></tr>
<tr><td rowspan="3">可燃性固体</td><td>厚度大于 40mm 紧密的[⑥]</td><td>$N_F=1$</td><td>4</td><td>14</td><td>24</td><td>29</td><td>40</td></tr>
<tr><td>厚度小于 40mm 疏松的[⑦]</td><td>$N_F=2$</td><td>10</td><td>14</td><td>24</td><td>29</td><td>40</td></tr>
<tr><td>泡沫材料、纤维、粉状物等[⑧]</td><td>$N_F=3$</td><td>16</td><td>16</td><td>24</td><td>29</td><td>40</td></tr>
</table>

① 包括挥发固体;
② 暴露在 816℃ 的热空气 5min 不燃烧;
③ *FP* 为闭杯闪点;
④ *BP* 为标准温度和压力下的沸点;
⑤ K_{st}的值是指在容积为 16L 或更大的密闭试验容器中测定的,用强点火源所做出的试验值,见 NFPA68《泄爆指南》;
⑥ 包括 50.8mm 厚度的标准木板、镁锭、质地紧的固体堆积物、紧密的纸张卷或塑料薄膜卷;
⑦ 包括塑料颗粒、支架、木材平板架之类的粗粒状材料,以及聚苯乙烯类不起尘的粉状物料等;
⑧ 包括轮胎、胶靴等橡胶制品及商品名为“STYRFOAM”* 的泡沫塑料和防尘防漏包装的“METHOCEIL”* 纤维素醚。“STYRFOAM”和“METHOCEL”均为道化学公司的产品商标。

2) 在温度 300～500℃ 时用差示扫描量热计(DSC)测定显示温升的物质;

3) 用 DSC 试验时,在温度小于 500℃ 时不显示温升的物质。

(2) $N_R=1$。自身通常稳定但在加温加压条件下就变得不稳定的物质,该等级物质通常包括如下物质:

1) 接触空气、受光照射或受潮时发生变化或分解的物质;

2) 在温度为 150～300℃ 时显示温升的物质。

(3) $N_R=2$。在加温加压下易于发生剧烈化学变化的物质,该等级物质通常包括:

1) 用 DSC 试验,在温度小于 150℃ 时显示温升的物质;

2) 与水剧烈反应或与水形成潜在爆炸性混合物的物质。

(4) $N_R=3$。本身能发生爆炸分解或爆炸反应,但需要强引发源或引发前必须在密闭状态下加热的物质,此类物质通常包括:

1) 加温加热时对热或机械冲击敏感的物质;

2) 不需要加热或密闭,即与水发生爆炸反应的物质。

(5) $N_R=4$。在常温常压下自身易于引发爆炸分解或爆炸反应的物质,该类通常包括常温常压下局部热冲击或机械冲击敏感的物质。

注意:反应性包括自身反应性(不稳定性)和与水反应性。

物质的化学活泼性 N_R 的值用差热分析仪(DTA)或差示扫描量热计(DSC)检测其温升

的最低峰值温度求得。物值的化学活泼性分类如表4-6所示。

表4-6　物质的化学活泼性 N_R 的分类

温升/℃	N_R	温升/℃	N_R
＞300,≤500	0	≤150	2,3,4
＞150,≤300	1		

附加条件:

(1) 如果该物质或化合物是氧化剂,N_R 应加1,但 N_R 的值不大于4;

(2) 所有对冲击敏感性物质,$N_R=3$ 或 $N_R=4$;

(3) 如果得出的 N_R 的值与该物质、混合物或化合物的特性不相符,则应补做化学品反应性试验;

(4) 向周围熟悉化学物质活性的人员请教,以便对差热分析仪或差示扫描量热计的测定结果进行合理的分析。

在求出了物质的 N_F(或 St)和 N_R 后,便可从表4-5中查出物质系数 MF。注意,还要根据4.1.3.4节做必要的调整。

4.1.3.2　混合物

某种情况下,有些混合物物质系数的确定是很繁琐的。通常那些能发生剧烈反应的物质,如燃料和空气、氢气和氧气等是在人为控制条件下混合,这时反应持续而快速地进行,并生成一些非燃烧性、稳定的产物,反应产物安全地存留于诸如反应器之类的工艺单元之中。燃烧炉内燃料—空气混合物的燃烧便是一个很好的例子。可是,由于熄火或其他故障,其物质系数应根据初始混合状态来确定,这样才符合"在实际操作过程中存在最危险物质"的阐述。其他说明参照本章附录Ⅱ。

混合溶剂或含有反应性物质的溶剂的物质系数也难以确定。这类混合物的物质系数如本章附录Ⅱ所推荐的,由反应性化学试验数据来求得。如果无法取得反应性化学试验数据,应取组分中最大的 MF 作为混合物的近似值。该组分应有较大浓度(等于或大于5%)。

一种特别难处理的情况是"混杂物",它由可燃粉尘和易燃蒸气混合,在空气中能形成爆炸性混合物。为了充分反映这类物质在这种特定条件下的危险特性,必须用反应性化学品试验数据来确定其适当的物质系数。建议请教反应性化学品专家。

4.1.3.3　烟雾

烟雾在某种特定情况下会引起爆炸。它类似于处于闪点之上的易燃蒸气或可燃蒸气。易燃或可燃液体的微粒悬浮于空气中能形成易燃的混合物,它具有易燃气体—空气混合物的一些特性。易燃或可燃液体的雾滴在远远低于其闪点的温度下能像易燃蒸气—空气混合物那样具有爆炸性。例如:对液滴直径小于0.01mm的悬浮体来说,此悬浮体的爆炸下限几乎与环境温度下该物质在其闪点的爆炸下限相同。

不要在封闭的工艺单元内使可燃液体形成雾,这一点很重要。因为此时更易达到爆炸极限浓度,并且爆炸产生的超压可能导致结构破坏。

防止烟雾爆炸的最佳防护措施是避免形成烟雾。如果可能形成烟雾,可将物质系数提高一级(参见表4-5),以说明危险程度增大,还建议请教损失预防专家。

4.1.3.4 物质系数的温度修正

物质系数(MF)代表了在正常环境温度和压力下物质的危险性,认识到这点很重要。如果物质闪点小于60℃或反应活性温度低于60℃,则该物质的物质系数不需要修正。这是因为易燃性和反应性危险已经在物质系数中体现出来了。关于压力的影响将在4.1.4.2节中详细讨论。如果工艺单元温度超过60℃,则MF本身应做修正。物质系数的温度修正由表4-7确定。

表4-7 物质系数温度修正表

物质系数温度修正	N_F	St	N_R
1. 填入N_F(粉尘为St)N_R			
2. 如果温度小于60℃,则转至第5项			
3. 如果温度高于闪点,或温度大于60℃,在N_F栏内填"1"			
4. 如果温度大于放热起始温度(见下段)或自燃点,在N_R栏内填"1"			
5. 各竖行数字相加,但总数为5时填4			
6. 用第5项数值和表4-1确定MF,并填入$F\&EI$表和生产装置危险分析汇总表			

注:当物质由于层叠放置和阳光照射,温度可能达到60℃。

闪点和自燃点数据一般可查到并为人们所理解,但对于"放热起始温度"需做如下解释:放热起始温度是指用加速速率量热计(ARC)或类似量热器测出的开始放热反应的温度。该温度可从差热分析仪(DTA)或差示扫描量热计(DSC)测得的数据估算,用下述两种方法中的任一种都可:

(1) 从第一个放热起始温度减去70℃;

(2) 从第一个放热峰值温度减去100℃。

其中以第(1)种方法为好。当然在实际操作中已掌握了"实际"放热起始温度,就应该使用"实际"放热起始温度。解释试验数据时,请教反应性化学品试验人员会很有帮助。

如果工艺单元为一反应器,则对反应引起的温升不用考虑温度修正,这是因为各种反应系统已将这一因素考虑在内。

例如:道生是一种热媒,其闪点为124℃,自燃点为621℃,在400℃温度以下(通常试验的极限温度)差示扫描量热计(DSC)测不出有放热。它被储存于桶中时,物质系数$MF=4$($N_F=1, N_R=0$)。当它作为溶剂,使用温度为60~124℃时,MF仍为4。当使用温度超过其闪点124℃时,其N_F增加到2,此时$MF=10$。

4.1.4 工艺单元危险系数

求出单元的物质系数后,再应求取工艺单元危险系数F_3。F_3与MF相乘就得到$F\&EI$。

确定工艺单元危险系数的数值,首先要确定$F\&EI$表中的一般工艺危险系数和特殊工艺危险系数。构成工艺危险系数的每一项都可能引起火灾或爆炸事故的扩大或升级。

计算工艺单元危险系数(F_3)中的各项系数时,应选择物质在工艺单元中所处的最危险状态,可以考虑的操作状态有开车、连续操作和停车。

应防止对过程中的危险进行重复计算,因为在确定物质系数时已选取了单元中最危险的物质,并据此进行火灾、爆炸分析,即已考虑到实际上可能发生的最坏状况。

计算 $F\&EI$ 时,一次只评价一种危险。如果 MF 是按照工艺单元中的易燃液体来确定的,就不要选择与可燃性粉尘有关的系数,即使粉尘可能存在于过程的另一段时间内。合理的计算方法为:先用易燃性液体的物质系数进行评价,然后再用可燃性粉尘的物质系数进行评价。只有导致最高 $F\&EI$ 和实际最大可能财产损失的计算结果才需要报告。

一个重要例外是混杂物,已在4.1.3.2节讨论过。如果某种混杂在一起的混合物被作为最危险物质的代表,则计算工艺单元危险系数时,可燃粉尘和易燃蒸气的系数都要考虑。

在 $F\&EI$ 计算表中有些项已有了固定系数值,对于那些无固定系数值的项,可参阅下文确定适当的系数值。切记:一次只分析一种危险,使分析结果与特定的最危险状况(如开车、正常操作或停车)相对应,始终把焦点放在工艺单元和选出进行分析的物质系数上,并记住只有恰当地对每一项系数进行评估,其最终结果才是有效的。

4.1.4.1 一般工艺危险系数 F_1

一般工艺危险系数是确定事故损害大小的主要因素。此处列出的6项内容适用于大多数作业场合,每项系数不必都采用,但是它们在火灾、爆炸事故中所起的巨大作用已被证实。因此,仔细分析工艺单元是最重要的。

要切实地评价工艺单元暴露区域,就应将待分析单元的物质系数与单元最危险操作条件下的一般工艺危险修正系数结合在一起使用。

A 放热反应

如果所分析的工艺单元有化学过程,则选取此项危险系数。对不同放热反应,危险系数的选取方法为:

(1) 轻微放热反应的危险系数为0.3。包括:

1) 加氢反应——给双键或三键结构的分子加氢的反应;

2) 水合反应——化合物与水的反应,如从氧化物制备硫酸或磷酸等;

3) 异构化——有机物分子原子重新排列的反应,如从直链分子变成带支链的分子;

4) 磺化——硫酸与有机物作用,在有机化合物分子中引入磺基(—SO_3H)的反应;

5) 中和——酸和碱生成盐和水的反应或碱和醇生成相应醇化物和水的反应。

(2) 中等放热反应的危险系数为0.5。包括:

1) 烷基化——引入烷基形成各种有机化合物的反应;

2) 酯化——有机酸和醇生成酯的反应;

3) 加成——不饱和碳氢化合物和无机酸的反应,当无机酸为强酸时系数增加到0.75;

4) 氧化——物质在氧中燃烧生成 CO_2 和 H_2O 的反应,或者在控制下物质与氧反应不生成 CO_2 和 H_2O 的反应;对于燃烧过程及使用氯酸盐、硝酸、次氯酸、次氨酸盐类强氧化剂时,系数增加到1.00;

5) 聚合——将分子连接成链状物或其他大分子的反应;

6) 缩合——两个或多个有机化合物分子连接在一起形成较大分子的化合物,并放出 H_2O 和 HCl 的反应。

(3) 剧烈放热反应的危险系数为1.00。剧烈放热反应是指一旦反应失控就有严重火灾、爆炸危险的反应。例如:

卤化——有机分子上引入一个或数个卤素原子的反应。

(4) 特别剧烈放热反应的危险系数为1.25。特别剧烈放热反应是指特别危险的放热反应。例如:

硝化——用硝基取代化合物中氢原子的反应。

B 吸热反应

反应器中所发生的任何吸热反应,危险系数均取0.20(此危险系数只用于反应器)。当吸热反应的能量是由固体、液体或气体燃料提供时,危险系数增至0.40。包括:

(1) 低烧——加热物质以除去结合水或易挥发性物质的过程,危险系数为0.40;

(2) 电解——用电流离解离子的过程,危险系数为0.20;

(3) 热解或裂化——在高温、高压和触媒作用下,将大分子裂解成小分子的过程。当用电加热或高温气体间接加热时,危险系数为0.20;直接火加热时,危险系数为0.40。

C 物料处理与输送

本项用于评价工艺单元在处理、输送和贮存物料时潜在的火灾危险性。不同条件下的危险系数分别为:

(1) 所有Ⅰ类易燃或液化石油气类的物料在连接或未连接的管线上装卸时的危险系数为0.50;

(2) 采用人工加料,且空气可随加料过程进入离心机、间歇式反应器、间歇式混料器等设备内,并能引起燃烧或发生反应的危险,不论是否采用惰性气体置换,危险系数均取0.50;

(3) 可燃性物质存放于库房或露天时的危险系数为:

1) 对 $N_F = 3$ 或 $N_F = 4$ 的易燃液体或气体(包括桶装、罐装、可移动式挠性容器和气溶胶罐装),危险系数为0.85;

2) 对表4-5中所列的 $N_F = 3$ 的可燃性固体,危险系数取0.65;

3) 对表4-5中所列的 $N_F = 2$ 的可燃性固体,危险系数取0.40;

4) 对闪点大于37.8℃,并低于60℃的可燃性液体,危险系数取0.25;

如果上述物质存放于货架上且未安设洒水装置时,危险系数要增加0.20。此处考虑的范围不适合一般贮存容器。

D 封闭单元或室内单元

处理易燃液体和气体的场所为敞开式,有良好的通风以便能迅速排除泄漏的气体和蒸气,减少了潜在的爆炸危险。粉尘捕集器和过滤器也应放置在敞开区域内并远离其他设备。

封闭区域定义为有顶且三面或多面有墙壁的区域,或者无顶但四周有墙封闭的区域。

封闭单元内即使专门设计有机械通风,其效果也不如敞开式结构;但如果机械通风系统能收集所有易燃气体并排出的话,则危险系数可以降低。

危险系数选取原则如下:

(1) 粉尘过滤器或捕集器安置在封闭区域内时,危险系数取0.50;

(2) 在封闭区域内在闪点以上处理易燃液体时,危险系数为0.30;如果易燃液体的量大于4540kg时,危险系数增至0.45;

(3) 在封闭区域内,在沸点以上温度下处理液化石油气或任何易燃液体时,危险系数为0.60;如果易燃液体量大于4 540kg,则危险系数取0.90;

(4) 如果已安装了合理的机械通风装置时,上述(1)、(3)两项中的危险系数可减少

50%。

E　通道

生产装置周围必须有紧急救援车辆的通道,“最低要求”是至少在两个方向上设有通道。选取封闭区域内主要工艺单元的危险系数时要格外注意。

通道中至少有一条必须是通向公路的,火灾时的消防道路可以看作是第二条通道。设有监控喷水枪并处于待用状态。危险系数的选取为:

(1) 操作区面积大于 $925m^2$,且通道不符合要求时,危险系数为0.35;

(2) 库区面积大于 $2\,312m^2$,且通道不符合要求时,危险系数为0.35;

(3) 面积小于上述数值时,要分析它对通道的要求,如果通道不符合要求,影响消防活动时,危险系数可取0.20。

F　排放和泄漏控制

此项内容是针对大量易燃、可燃液体溢出会危及周围设备的情况。不合理的排放设计已成为造成重大损失的原因。

该项危险系数仅适用于工艺单元内物料闪点小于60℃或操作温度大于其闪点的场合。

为了评价排放和泄漏控制是否合理,必须估算易燃、可燃物质的总量以及消防水能否在事故时得到及时排放。

F&EI 计算表中排放量按以下原则确定:

(1) 对工艺和贮存设备,取单元中最大储罐的贮量加上第二大储罐10%的贮量;

(2) 采用30min的消防水量(如:30×每min升数等于消防水升数;对农用化学物或危害环境化学物设定60min的流量)。

危险系数选取原则为:

(1) 设有堤坝以防止泄漏液流到其他区域,但堤坝内所有设备露天放置时,危险系数为0.50。

(2) 单元周围为一可排放泄漏液的平坦地,一旦失火,会引起火灾,危险系数为0.50。

(3) 单元的三面有堤坝,能将泄漏液引至蓄液池或封闭的地沟,并满足以下条件时,不取危险系数:

1) 蓄液池或地沟的地面斜度不得小于下列数值:土质地面为2%,硬质地面为1%;

2) 蓄液池或地沟的最外缘与设备之间的距离至少为15m,如果设有防火墙,可以减少其间距离;

3) 蓄液池的贮液能力应至少等于 *F&EI* 计算表中排放量两个原则之和。

如果只是部分满足以上规定,危险系数为0.25。

(4) 如蓄液池或地沟处设有公用工程管线,或管线的距离不符合要求者,危险系数取0.50。总之,有良好的排放设施才可以不取危险系数。

最后计算基本危险系数和所有选取危险系数之和,并将数值填写入 *F&EI* 表中“一般工艺危险系数 F_1”的栏目中。

4.1.4.2　特殊工艺危险系数 F_2

特殊工艺危险是影响事故发生概率的主要因素,特定的工艺条件是导致火灾、爆炸事故的主要原因。特殊工艺危险有12项。

A 毒性物质

毒性物质能够扰乱人们机体的正常反应,因而降低了人们在事故中制定对策和减轻伤害的能力。毒性物质的危险系数为 $0.2N_h$,对于混合物,取其 N_h 值最高的物质进行计算。

N_h 是美国消防协会在 NFPA704 中定义的物质毒性系数,其值在 NFPA325M 或 NFPA49 中已列出。附录Ⅰ中给出了许多物质的 N_h 值,对于新物质,可请工业卫生专家帮助确定。

NFPA704 对物质的 N_h 分类为:

$N_h=0$:火灾时除一般可燃物的危险外,短期接触没有其他危险的物质;

$N_h=1$:短期接触可引起刺激,致人轻微伤害的物质,包括要求使用适当的空气净化呼吸器的物质;

$N_h=2$:高浓度或短期接触可致人暂时失去能力或残留伤害的物质,包括要求使用单独供给空气的呼吸器的物质;

$N_h=3$:短期接触可致人严重的暂时或残留伤害的物质,包括要求全身防护的物质;

$N_h=4$:短暂接触也能致人死亡或严重伤害的物质。

上述毒性系数 N_h 值只是用来表示人体受害的程度,它可导致额外损失。该值不能用于工业卫生和环境的评价。

B 负压操作

本项内容适用于空气泄入系统会引起危险的场合。当空气与湿度敏感性物质或氧敏感性物质接触时可能引起危险,在易燃混合物中引入空气也会导致危险。该危险系数只用于绝对压力小于 66.661kPa(500mmHg)的情况,为 0.50。

如果用了本项危险系数,就不要再采用下面项目“爆炸极限范围内或其附近的操作”和“释放压力”中的危险系数,以免重复。

大多数气体操作、一些压缩过程和少许蒸馏操作都属于本项内容。

C 爆炸极限范围内或其附近的操作

某些操作导致空气引入并夹带进入系统,空气的进入会形成易燃混合物,进而导致危险。

本条款将讨论以下情况:

(1) 对贮存 $N_F=3$ 或 $N_F=4$ 的易燃液体储罐,在储罐泵出物料或者突然冷却时可能吸入空气,危险系数为 0.50。

打开放气阀或在吸—压操作中未采用惰性气体保护时,危险系数为 0.50。

贮有可燃液体,其温度在闭杯闪点以上且无惰性气体保护时,危险系数也为 0.50。

如果用了惰性化的密闭蒸气回收系统,且能保证其气密性则不用选取危险系数。

(2) 只有当仪表或装置失灵时,工艺设备或储罐才处于爆炸极限范围内或其附近,危险系数为 0.30。

任何靠惰性气体吹扫,使其处于爆炸极限范围之外的操作,危险系数为 0.30。该危险系数也适用于装载可燃物的船舶和槽车。如果已按“负压操作”选取危险系数,此处不再选取。

(3) 由于惰性气体吹扫系统不实用或者未采取惰性气体吹扫,使操作总是处于爆炸极限范围内或其附近时,危险系数为 0.80。

D　粉尘爆炸

粉尘最大压力上升速度和最大压力值主要受其粒径大小的影响。通常，粉尘越细危险性越大。这是由于细尘具有很高的压力上升速度，极大压力伴生。

本项危险系数将用于含有粉尘处理的单元，如粉体输送、混合、粉碎和包装等。

所有粉尘都有一定粒径分布范围。为了确定危险系数采用10%粒径的概念，也就是在这个粒径处有90%粗粒子，其余10%为细粒子。危险系数由细粒子的平均粒径尺寸确定，如表4-8所示。

表4-8　粉尘爆炸危险系数的确定

粉尘粒径/μm	泰勒筛/目	粉尘爆炸危险系数
>175	60～80	0.25
150～175	80～100	0.50
100～150	100～150	0.75
75～100	150～200	1.25
<75	>200	2.00

注：在惰性气体中操作时，上述系数减半。

没有经过试验证明不具有爆炸危险的粉尘都应给定修正系数。

E　压力释放

操作压力高于1atm(0.1MPa)时，由于高压可能会引起高速率的泄漏，因此要采用危险系数。是否采用危险系数，取决于单元中的某些导致易燃物料泄漏的构件是否会发生故障。

例如：己烷液体通过6.5cm^{2}的小孔泄漏，当压力为517kPa(表压)时，泄漏量为272kg/min；压力为2 069kPa(表压)时，泄漏量为上述的2.5倍，即680kg/min，压力释放系数评定不同压力下的特殊泄漏危险潜能，释放压力还影响扩散特性。

因为高压使泄漏可能性大大增加，所以随着操作压力提高，设备的设计和保养就变得更为重要。

系统操作压力在20 685kPa(表压)以上时超出标准规范的范围(美国机械工程师学会非直接火加热压力容器规范)，对于这样一个系统，在法兰设计中必须采用透镜垫圈、圆锥密封或类似的密封结构。

参照图4-2，根据操作压力确定初始危险系数值。下列方程式❶ 适用于压力为0～6 895kPa(表压)时压力的确定：

$$Y=0.161\,09+1.615\,03(X/1\,000)-1.428\,79(X/1\,000)^2+0.517\,2(X/1\,000)^3$$

压力超过6 895kPa(表压)的易燃、可燃液体的压力系数用表4-9确定。

表4-9　易燃、可燃液体的压力系数

压力(表压)/kPa	压力系数	压力(表压)/kPa	压力系数
6 895	0.86	17 238	0.98
10 343	0.92	20 685～68 950	1.00
13 790	0.96	>68 950	1.50

❶ 原文公式，压力(即 X)的单位为lb/in^2，1lb=0.453 592 37kg，1in^2=645.16mm^2，1lb/in^2=6 894.76Pa≈6 895Pa。

用图 4-2 中的曲线能直接确定闪点低于 60℃ 的易燃、可燃液体的危险系数。对其他物质可先由曲线查出初始危险系数值，再用下列方法加以修正：

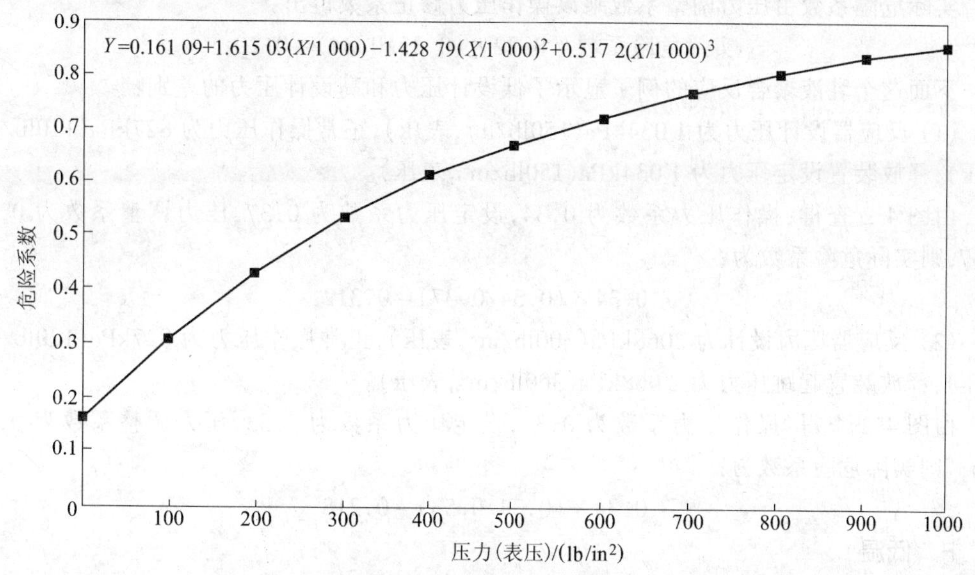

图 4-2 易燃、可燃液体的压力危险系数图

1lb/in^2≈6 895Pa

(1) 焦油、沥青、重润滑油和柏油等高粘性物质，用初始危险系数乘以 0.7，作为危险系数；

(2) 单独使用压缩气体或利用气体使易燃液体压力增至 103kPa(表压)以上时，用初始危险系数值乘以 1.2 作为危险系数；

(3) 液化的易燃气体(包括所有在其沸点以上贮存的易燃物料)用初始危险系数值乘以 1.3 作为危险系数。

确定实际压力系数时，首先由图 4-2 查出操作压力系数，然后求出释放装置设定压力系数，用操作压力系数除以设定压力系数得出实际压力系数调整系数，再用该调整系数乘以操作压力系数求得实际压力系数。这样，就对那些具有较高设定压力和设计压力的情况给予了补偿。

注意：调节释放压力使之接近于容器设计压力是非常有利的。例如，对于使用易挥发溶剂，特别是气态的反应，可以通过调节释放压力使溶剂沸腾，并在温升前移走热源，从而避免出现不合要求的高温反应。一般是根据反应物质及有关动力学数据，用计算机模拟来确定是否需要低释放压力。但是在一些反应系统中并不总需要低释放压力。

在一些特定场合，增加压力容器的设计压力以降低泄放的可能性是有利的，在有些场合也许能达到容器的最大允许压力。

对盛放粘性物质容器危险系数的计算举例如下：

容器设计压力是 1 034kPa(150lb/in^2，表压)，正常操作压力是 690kPa(100lb/in^2，表压)，防爆膜设定压力是 862kPa(125lb/in^2，表压)。

从图 4-2 查得：690kPa(100lb/in^2，表压)操作压力的系数为 0.31，862kPa(125lb/in^2，表

压)设定压力系数为0.34。

粘性物质需要修正,乘以0.7,于是得到操作压力修正系数=0.31×0.7=0.22。

实际危险系数由压力调整系数乘以操作压力修正系数得出:

$$实际危险系数=0.22\times(0.31/0.34)=0.20$$

下面这个乳液聚合反应的例子显示了低设计压力和高设计压力的差别:

(1) 反应器设计压力为1 034kPa(150lb/in^2,表压),正常操作压力为827kPa(120lb/in^2,表压),释放装置设定压力为1 034kPa(150lb/in^2,表压)。

由图4-2查得:操作压力系数为0.34,设定压力系数为0.37,压力调整系数为0.34/0.37,则实际危险系数为:

$$0.34\times(0.34/0.37)=0.312$$

(2) 反应器压力设计为2068kPa(300lb/in^2,表压),正常操作压力为827kPa(120lb/in^2,表压),释放装置起跳压力为2 068kPa(300lb/in^2,表压)。

由图4-2查得:操作压力系数为0.34,设定压力系数为0.53,压力调整系数为0.34/0.53,则实际危险系数为:

$$0.34\times(0.34/0.53)=0.218$$

F　**低温**

本项主要考虑碳钢或其他金属在其延展或脆化转变温度以下时可能存在的脆性问题。如经过认真评价,确认在正常操作和异常情况下均不会低于转变温度,则不用危险系数。

测定转变温度的一般方法是对加工单元中设备所用的金属小样进行标准摆锤冲击试验,然后进行设计使操作温度高于转变温度。正确设计应避免采用低温工艺条件。

危险系数给定原则为:

(1) 采用碳钢结构的工艺装置,操作温度等于或低于转变温度时,危险系数取0.30。如果没有转变温度数据,则可假定转变温度为10℃。

(2) 装置为碳钢以外的其他材质,操作温度等于或低于转变温度时,危险系数取0.20。切记:如果材质适于最低可能的操作温度,则不用给危险系数。

G　**易燃物质和不稳定物质的数量**

本节主要讨论单元中易燃物质和不稳定物质的数量与危险性的关系,分为3种类型,用各自的系数曲线分别评价。对每个单元而言,只能选取一个危险系数,依据是已确定为单元物质系数代表的物质。

a　工艺过程中的液体或气体

该危险系数主要考虑可能泄漏并引起火灾危险的物质数量或者因暴露在火中可能导致化学反应事故的物质数量,应用于任何工艺操作,包括用泵向储罐送料的操作。该危险系数适用于下列已确定作为单元物质系数代表的物质:

(1) 易燃液体和闪点低于60℃的可燃液体;

(2) 易燃气体;

(3) 易燃液化气体;

(4) 闭杯闪点大于60℃的可燃液体,且操作温度高于其闪点时;

(5) 化学活性物质,不论其可燃性大小(N_R=2,3或4)。

确定该项危险系数时,首先要估算工艺中的物质数量(kg)。这里所说的物质数量是在

10min 内从单元中或相连的管道中可能泄漏出来的可燃物的量。在判断可能有多少物质泄漏时要借助于一般常识。经验表明取下列两者中的较大值作为可能泄漏量是合理的:

(1) 工艺单元中的物料量;

(2) 相连单元中的最大物料量。

紧急情况时,通过遥控关闭阀门使相连单元与之隔离的情况不在考虑之列。

在正确估计工艺中物质数量之前,要回答的问题是"什么是最大可能的泄漏量"。如果判断的结果与上述估算有较大差异时,只要确信自身的结果可靠,就应当采用它。

记住:凭借对工艺的熟悉和良好的判断能得到更为符合实际的估算值。但要注意:如果泄漏物具有不稳定性(化学反应性)时,泄漏量一般以工艺单元内的物料量为准。

例如:加料槽、缓冲罐和回流罐是与单元相连的一类设备,它们可能装有比评价单元更多的物料。可是,如果这些容器都配备遥控切断阀,则不能看作是"与工艺单元相连的设备"。

在火灾、爆炸指数计算表的特殊工艺危险的"G"栏中的有关空格中填写易燃或不稳定物质的合适数量。

图 4-3 为工艺中的液体或气体危险系数图。使用图 4-3 时,将求出的工艺过程中的可燃或不稳定物料总量乘以燃烧热 H_c(J/kg),得到总热量(J)。燃烧热 H_c 可从附录Ⅰ或化学反应数据中查得。

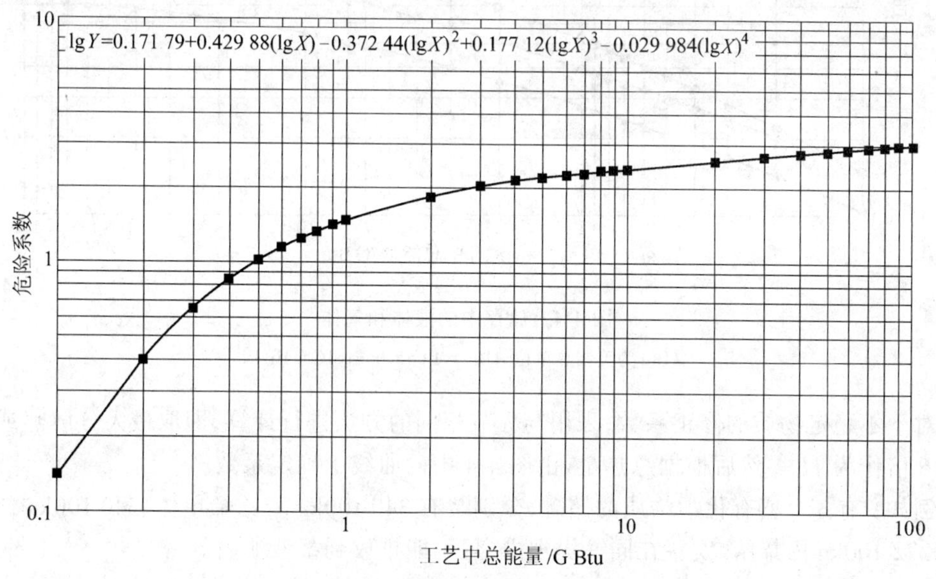

图 4-3 工艺中的液体或气体危险系数图

(Btu 为英制热单位,1Btu = 1 055.056J,1G = 10^9)

对于 $N_R = 2$ 或 N_R 值更大的不稳定物质,其 H_c 值可取 6 倍于分解热或燃烧热中的较大值。分解热也可从化学反应试验数据中查得。

在火灾、爆炸指数计算表的特殊工艺危险"G"栏有关空格处填入燃烧热 H_c(J)值。

由图 4-3 工艺单元能量值查得所对应的危险系数。该曲线中总能量值(X)与危险系数

(Y)的曲线方程❶为：

$$\lg Y=0.17179+0.42988(\lg X)-0.37244(\lg X)^2+0.17712(\lg X)^3-0.029984(\lg X)^4$$

b　储存的液体或气体(工艺操作场所之外)

在工艺操作场所之外储存的易燃和可燃液体、气体或液化气的危险系数比"工艺中的"要小。这是因为它不包含工艺过程,工艺过程有产生事故的可能。本项包括桶或储罐中的原料、罐区中的物料以及可移动式容器和桶中的物料。

对单个储存容器可用总能量值(储存物料量乘以燃烧热而得)查图4-4确定其危险系数。对于若干个可移动容器,用所有容器中的物料总量。

当两个或更多的容器安置在一个共同的堤坝内,不能将泄漏液排至适当大的蓄液池内时,用堤坝内所有储罐内的物料总热量值,由图4-4中的曲线查取危险系数。

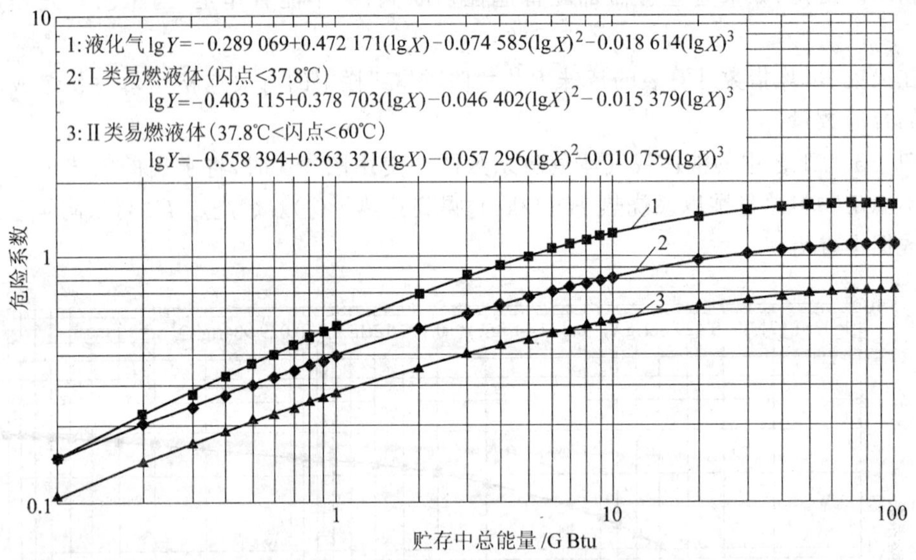

图4-4　储存中的液体和气体

(Btu为英制热单位,1Btu=1 055.056J,1G=10^9)

对于不稳定物质的修正系数,采用与a节相同的方法进行计算,即取最大分解热或燃烧热的6倍作为H_c。然后根据总热量,由图4-4中的曲线1确定系数。

例如:有3个盛有化学物质的储罐,分别装有340 100kg苯乙烯单体、340 100kg二乙基苯和272 100kg丙烯腈,安置在同一堤坝内,且不能排放到蓄液池内。

假定储存的环境温度为38℃,所有的H_c取燃烧热值,其总能量计算如下:

苯乙烯:340 100kg×40.5×10^6J/kg=13.8×10^{12}J

二乙基苯:340 100kg×41.9×10^6J/kg=14.1×10^{12}J

丙烯腈:272 100kg×31.9×10^6J/kg=8.7×10^{12}J

总能量=36.6×10^{12}J

根据物质种类确定曲线:

---

❶　原文公式,总能量值(即X)的单位为Btu,1Btu=1 055.056J。

苯乙烯——Ⅰ类易燃液体(图 4-4 曲线 1)

丙烯脂——Ⅰ类易燃液体(图 4-4 曲线 2)

二乙基苯——Ⅱ类可燃液体(图 4-4 曲线 3)

如果单元中的物质有几种,则查图 4-4 时,要找出总能量与每种物质对应的曲线中最高的一条曲线的交点,然后再查出与交点对应的系数值,即为所求危险系数。

在本例中总能量与各物质对应的最高曲线是曲线 2,其对应的危险系数是 1.00。(注:美国消防协会 NFPA30 要求用堤坝将这些易燃物质分开存放。)

图 4-4 曲线 1～3 的总能量(X)与危险系数(Y)的对应方程❶ 分别为:

曲线 1:

$$\lg Y = -0.289\,069 + 0.472\,171(\lg X) - 0.074\,585(\lg X)^2 - 0.018\,641(\lg X)^3$$

曲线 2:

$$\lg Y = -0.403\,115 + 0.378\,703(\lg X) - 0.046\,402(\lg X)^2 - 0.015\,379(\lg X)^3$$

曲线 3:

$$\lg Y = -0.558\,394 + 0.363\,321(\lg X) - 0.057\,296(\lg X)^2 - 0.010\,759(\lg X)^3$$

c 储存的可燃固体和工艺中的粉尘

本项包括了储存的固体和工艺单元中粉尘的危险系数,涉及的固体或粉尘即是确定物质系数的基本物质。根据物质密度、点火难易程度以及维持燃烧的能力来确定危险系数。

用储存固体总量(kg)或工艺单元中粉尘总量(kg),由图 4-5 查取危险系数。如果物质的松密度小于 160.2kg/m^2,用曲线 1;松密度大于 160.2kg/m^2,用曲线 2。

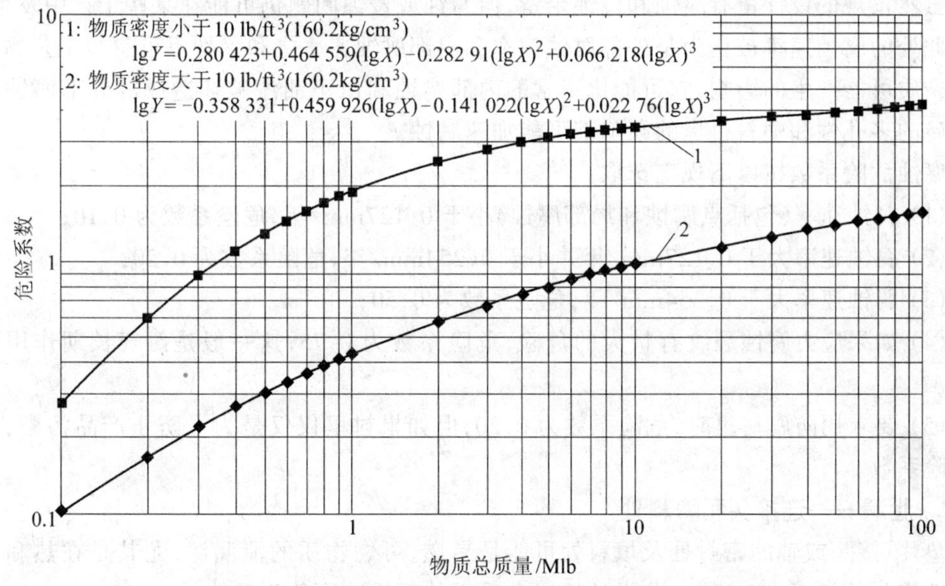

图 4-5 储存的可燃固体/工艺中的粉尘

(1lb = 0.453 592 37kg, 1M = 10^6)

对于 $N_R = 2$ 或更高的不稳定物质用单元中的物质实际质量的 6 倍,查曲线 1 来确定危

❶ 原文公式,总能量值(即 X)的单位为 Btu,1Btu = 1 055.056J。

险系数,参见下例:

一座仓库,不计通道时面积为1 860m^2,货物堆放高度为4.6m,即容积为8 500m^3。

如储存物品(苯乙烯桶装的多孔泡沫材料和纸板箱)的平均密度为35.2kg/m^3,则总质量为:

$$35.2kg/m^3 \times 8\,500m^3 = 299\,000kg$$

由于平均密度小于160.2kg/m^3,故查曲线1,得危险系数为1.54。

假如在此场所存放的货物是袋装的聚乙烯颗粒或甲基纤维素粉末(其平均密度为449kg/m^3),则质量为:

$$449kg/m^3 \times 8\,500m^3 = 3\,820\,000kg$$

由于平均密度大于160.2kg/m^3,故用曲线2查得危险系数为0.92。

泡沫或纸箱的火灾负荷(依据总热量和密度)比袋装聚乙烯颗粒和甲基纤维素粉末要小得多,但与较重的物质相比,它们更容易被点燃并维持燃烧。总之,较轻物质比较重物质具有更大的火灾危险,即使是存储量较少,也应有较大的危险系数。

图4-5曲线1、2的方程式[1] 分别为:

曲线1:

$$\lg Y = 0.280\,423 + 0.464\,559(\lg X) - 0.282\,91(\lg X)^2 + 0.066\,218(\lg X)^3$$

曲线2:

$$\lg Y = -0.358\,311 + 0.459\,926(\lg X) - 0.141\,022(\lg X)^2 + 0.022\,76(\lg X)^3$$

H 腐蚀

虽然正规的设计留有腐蚀和侵蚀余量,但腐蚀或侵蚀问题仍可能在某些工艺中发生。

此处的腐蚀速率被认为是外部腐蚀速率和内部腐蚀速率之和。切不可忽视工艺物流中少量杂质可能产生的影响,它可能比正常的内部腐蚀和由于油漆破坏造成的外部腐蚀强得多。砖的多孔性和塑料衬里的缺陷都可能加速腐蚀。

腐蚀危险系数按以下规定选取:

(1) 腐蚀速率(包括点腐蚀和局部腐蚀)小于0.127mm/年,危险系数为0.10;

(2) 腐蚀速率大于0.127mm/年并小于0.254mm/年,危险系数为0.20;

(3) 腐蚀速率大于0.254mm/年,危险系数为0.50;

(4) 如果应力腐蚀裂纹有扩大的危险,危险系数为0.75,这一般是氯气长期作用的结果;

(5) 要求用防腐衬里时,危险系数为0.20,但如果衬里仅仅是为了防止产品污染,则不取危险系数。

I 泄漏——连接头和填料处

垫片、接头或轴的密封处及填料处可能是易燃、可燃物质的泄漏源,尤其是在热和压力周期性变化的场所,应该按工艺设计情况和采用的物质选取危险系数。

按下列原则选取危险系数:

(1) 泵和压益密封处可能产生轻度泄漏时,危险系数为0.10;

(2) 泵、压缩机和法兰连接处产生正常的一般泄漏时,危险系数为0.30;

---

[1] 原文公式,物质总质量(即 X)的单位为lb,1lb = 0.453 592 37kg。

(3) 承受热和压力周期性变化的场合，危险系数为 0.30；

(4) 如果工艺单元的物料是有渗透性或腐蚀性的浆液，则可能引起密封失效，或者工艺单元使用转动轴封或填料函时，危险系数为 0.40；

(5) 单元中有玻璃视镜、波纹管或膨胀节时，危险系数为 1.50。

J 明火设备的使用

当易燃液体、蒸气或可燃性粉尘泄漏时，工艺中明火设备的存在额外增加了起引燃烧的可能性。

分为以下两种情况取危险系数：一是明火设备设置在评价单元中；二是明火设备附近有各种工艺单元。从评价单元可能发生泄漏点到明火设备的空气进口的距离就是图 4-6 中要采取的距离。

图 4-6 中曲线 1 用于：

(1) 确定物质系数的物质可能在其闪点以上泄漏的任何工艺单元；

(2) 确定物质系数的物质是可燃性粉尘的任何工艺单元。

图 4-6 中曲线 2 用于确定物质系数的物质可能在其沸点以上泄漏的任何工艺单元。

危险系数确定方法：按照图 4-6 用潜在泄漏源到明火设备空气进口的距离与相对应曲线(1 或 2)的交点即可得到危险系数值。

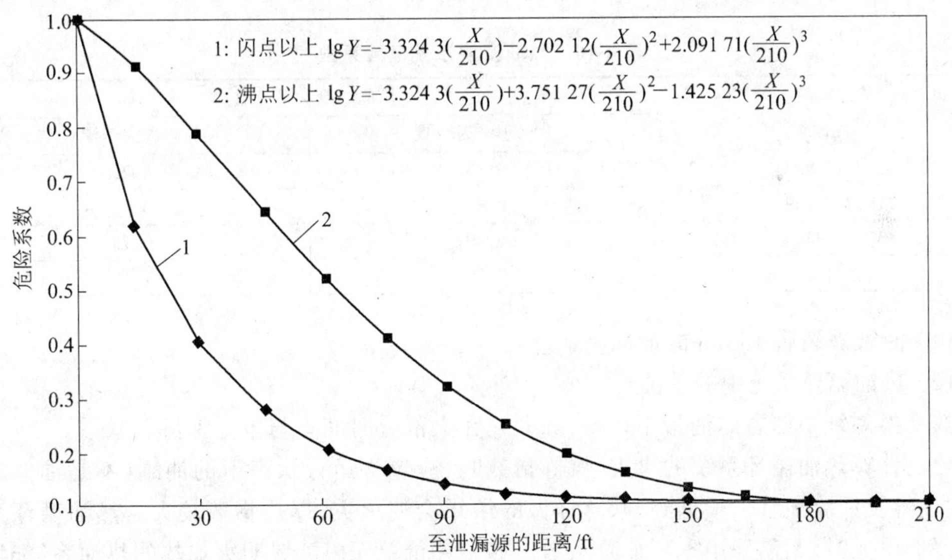

图 4-6 明火设备的危险系数

(1ft = 0.304 8m)

曲线 1、2 中，至泄漏源的距离(X)与危险系数(Y)对应的方程式[1] 为：

曲线 1：

$$\lg Y = -3.324\,3\left(\frac{X}{210}\right) + 3.751\,27\left(\frac{X}{210}\right)^2 - 1.425\,23\left(\frac{X}{210}\right)^3$$

曲线 2：

[1] 原文公式，至泄漏源的距离(即 X)的单位为 ft，1ft = 0.304 8m。

$$\lg Y = -0.3745\left(\frac{X}{210}\right) - \left(\frac{X}{210}\right)^2 + \left(\frac{X}{210}\right)^3$$

如果明火设备本身就是评价工艺单元,则到潜在泄漏源的距离为0;如果明火设备加热易燃或可燃物质,即使物质的温度不高于其闪点,危险系数也取1.00。

本项不适用于明火炉。

本项所涉及的任何其他情况,包括所处理的物质低于其闪点都不取用危险系数。

如果明火设备在工艺单元内,并且单元中选作物质系数的物质的泄漏温度可能高于沸点,则不管距离多少,危险系数至少取0.10。

对于带有"压力燃烧器"的明火设备,如果空气进气孔直径为3m或更大,且不靠近排放口之类的潜在泄漏源时,危险系数仅取标准燃烧器所确定危险系数的50%。但是,当明火加热器本身就是评价单元时,则危险系数不能乘50%。

K　热油交换系统

大多数交换介质可燃且操作温度经常在闪点或沸点之上,因此增加了危险性。此项危险系数是根据热交换介质的使用温度和数量来确定的。交换介质为不可燃物或虽为可燃物但使用温度总是低于闪点时不用考虑此危险系数,但应对生成油雾的可能性加以考虑(详见4.1.3节)。

按照表4-10确定危险系数时,其油量可取下列两者中较小者:

表4-10　热油交换系统危险系数

油量 /m^3	危险系数	
	大于闪点	等于或大于沸点
<18.9	0.15	0.25
18.9~37.9	0.30	0.45
37.9~94.6	0.50	0.75
>94.6	0.75	1.15

(1) 油管破裂后15min的泄漏量;

(2) 热油循环系统中的总油量。

热交换系统中储备的油量不计入,除非它在大部分时间里与单元保持着联系。

建议计算热油循环系统的火灾、爆炸指数时,应包含运行状态下的油罐(不是油储罐)、泵、输油管及回流油管。根据经验,这样做的结果会使火灾、爆炸指数较大。热油循环系统作为评价单元时,无需采用本项危险系数。如果评价单元内配置明火加热的热油系统时,则按本节规定选取危险系数。

L　转动设备

单元内大容量的转动设备会带来危险,虽然还没有确定一个公式来表征各种类型和尺寸转动设备的危险性,但统计资料表明超过一定规格的泵和压缩机很可能引起事故。

评价单元中使用或评价单元本身是如下转动设备的,危险系数可取0.50:

(1) 大于600马力(44.13kW)压缩机;

(2) 大于75马力(55 162.5W)的泵;

(3) 发生故障后因混合不均、冷却不足或终止等原因引起反应温度升高的搅拌器和循环泵;

(4) 其他曾发生过事故的大型高速转动设备,如离心机等。

所有的特殊工艺危险评价完毕,计算基本系数与所涉及的特殊工艺危险系数的总和,并将它填入火灾、爆炸指数计算表中的"特殊工艺危险系数 F_2"的栏中。

4.1.4.3 工艺单元危险系数 F_3

工艺单元危险系数(F_3)是一般工艺危险系数(F_1)和特殊工艺危险系数(F_2)的乘积。之所以采用乘积而不用和,是因为一般工艺危险系数 F_1 和特殊工艺危险系数 F_2 中的有关危险区素有相互合成的效应。例如,F_1 中的"排放不良"掺有 F_2 中的"物量因素"。

工艺单元危险系数(F_3)的正常值范围为 1~8,它被用来确定 $F\&EI$ 值以及计算危害系数(见 4.1.7.5 节)。

针对各工艺危险准确地确定危险系数后,F_3 的值一般不超过 8.0。如果 F_3 的值大于 8.0,也按最大值 8.0 计,单元危险系数填入火灾、爆炸指数计算表中的相应栏目中。

4.1.5 火灾、爆炸指数

火灾、爆炸危险指数被用来估计生产过程中的事故可能造成的破坏。各种危险因素如反应类型、操作温度、压力和可燃物的数量等表征了事故发生概率、可燃物的潜能以及由工艺控制故障、设备故障、振动或应力疲劳等导致的潜能释放的大小。

根据直接原因,易燃物泄漏并点燃后引起的火灾或燃料混合物爆炸的破坏情况分为如下几类:

(1) 冲击波或燃爆;

(2) 初始泄漏引起的火灾暴露;

(3) 容器爆炸引起的对管道与设备的撞击;

(4) 引起二次事故——其他可燃物的释放。随着工艺单元危险系数和物质系数的增大,二次事故变得愈加严重。

火灾、爆炸危险指数($F\&EI$)是工艺单元危险系数(F_3)和物质系数(MF)的乘积,它与后面的暴露半径有关(见 4.1.7.2 节)。

表 4-11 是 $F\&EI$ 值与危险程度之间的关系,它使人们对火灾、爆炸的严重程度有一个相对的认识。

表 4-11 F&EI 及危险等级

F&EI 值	危险等级	F&EI 值	危险等级
1~60	最轻	128~158	很大
61~96	较轻	>159	非常大
97~127	中等		

$F\&EI$ 被汇总记入火灾、爆炸指数计算表中。建议保存有关 $F\&EI$ 的计算和文件,以备日后检查和核对。

4.1.6 安全措施补偿系数

建造一个化工装置(或化工厂)时,应该考虑一些基本设计要点(参见附录Ⅲ)要符合各种规范和标准,如建筑规范和美国机械工程师学会(ASME)、美国消防协会(NFPA)、美国材料试验学会(ASTM)、美国国家标准所(ANSI)的规范以及地方政府的要求。

除了这些基本的设计规定之外,根据经验提出的安全措施也已证明是有效的。它不仅能预防严重事故的发生,也能降低事故的发生概率和危害。安全措施可以分为以下3类:

C_1——工艺控制

C_2——物质隔离

C_3——防火措施

安全措施补偿系数按下列程序进行计算,并汇总于安全措施补偿系数表中:

(1) 直接把合适的补偿系数填入表4-2中该安全措施的右边;

(2) 没有采取的安全措施,补偿系数记为1;

(3) 每一类安全措施的补偿系数是该类别中所有选取系数的乘积;

(4) 计算 C_1、C_2、C_3 乘积便得到总补偿系数;

(5) 将补偿系数填入单元危险分析汇总表中的第7行。

所选择的安全措施应能切实地减少或控制评价单元的危险。选择安全措施以提高安全可靠性不是本危险分析方法的最终结果,其最终结果是确定损失减少的美元数或使最大可能财产损失降至一个更为实际的数值。当地的损失预防专家能帮助我们选择各种合适的安全措施。下面列出安全措施及相应的补偿系数并加以说明。

4.1.6.1　工艺控制补偿系数 C_1

A　应急电源——$C_1=0.98$

本补偿系数适用于基本设施(仪表电源、控制仪表、搅拌和泵等)具有应急电源且能从正常状态自动切换到应急状态。只有当应急电源与评价单元中事故的控制有关时才考虑这个系数。例如,在某一反应过程中维持正常搅拌是避免失控反应的重要手段,如为搅拌器配备应急电源就有明显的保护功能,因此,应予以补偿。

在另一种情况下,如聚苯乙烯生产中胶浆罐的搅拌,就不必设置应急电源来防止或控制可能出现的火灾、爆炸事故。虽然它能在正常电源中断时保证连续作业,也不给予补偿。配备了应急电源,其补偿系数为0.98,否则补偿系数为1。

B　冷却——$C_1=0.97\sim0.99$

如果冷却系统能保证在出现故障时维持正常的冷却10min以上,补偿系数为0.99;如果有备用冷却系统,冷却能力为正常需要量的1.5倍且至少维持10min时,补偿系数为0.97。

C　抑爆装置——$C_1=0.84\sim0.98$

粉体设备或蒸气处理设备上安有抑爆装置或设备本身有抑爆作用时,补偿系数为0.84;针对可能的异常条件,采用防爆膜或泄爆口防止设备发生意外时,补偿系数为0.98。只有在突然超压(如爆轰)时能防止设备或建筑物遭受破坏的释放装置才能给予补偿系数。对于那些在所有压力容器上都配备的安全阀、储罐的紧急排放口之类常规超压释放装置则不考虑补偿系数。

D　紧急停车装置——$C_1=0.96\sim0.99$

情况出现异常时能紧急停车并转换到备用系统,补偿系数为0.98;重要的转动设备如压缩机、透平和鼓风机等装有振动测定仪时,如振动仪只能报警,补偿系数为0.99;如振动仪能使设备自动停车,补偿系数为0.96。

E　计算机控制——$C_1=0.93\sim0.99$

设置了在线计算机以帮助操作者,但它不直接控制关键设备或经常不用计算机操作时,补偿系数为0.99;具有失效保护功能的计算机直接控制工艺操作时,补偿系数为0.97;采用下列3项措施之一者,补偿系数为0.93:

(1) 关键现场数据输入的冗余技术;

(2) 关键输入的异常中止功能;

(3) 备用的控制系统。

F 惰性气体保护——$C_1=0.94\sim0.96$

盛装易爆气体的设备有连续的惰性气体保护时,补偿系数为0.96;如果惰性气体系统有足够的容量并自动吹扫整个单元时,补偿系数为0.94。但是,惰性吹扫系统必须人工启动或控制时,不取补偿系数。

G 操作指南或操作规程——$C_1=0.91\sim0.99$

正常的操作指南、完整的操作规程是保证正常作业的重要因素,下面列出最重要的条款并规定分值:

(1) 开车——0.5;

(2) 正常停车——0.5;

(3) 正常操作条件——0.5;

(4) 低负荷操作条件——0.5;

(5) 备用装置启动条件(单元全循环或全回流)——0.5;

(6) 超负荷操作条件——1.0;

(7) 短时间停车后再开车规程——1.0;

(8) 检修后的重新开车——1.0;

(9) 检修程序(批准手续、清除污物、隔离、系统清扫)——1.5;

(10) 紧急停车——1.5;

(11) 设备、管线的更换和增加——2.0;

(12) 发生故障时的应急方案——3.0。

将已经具备的操作规程各项的分值相加作为下式中 X,并按下式计算补偿系数:

$$1.0-\frac{X}{150}$$

如果上面列出的操作规程均已具备,则补偿系数为:

$$1.0-\frac{13.5}{150}=0.91$$

此外,也可以根据操作规程的完善程度,在0.91~0.99的范围内确定补偿系数。

H 活性化学物质检查——$C_1=0.91\sim0.98$

用活性化学物质大纲检查现行工艺和新工艺(包括工艺条件的改变、化学物质的储存和处理等),是一项重要的安全措施。

如果按大纲进行检查是整个操作的一部分,补偿系数为0.91;如果只是在需要时才进行检查,补偿系数为0.98。

采用此项补偿系数的最低要求是:至少每年操作人员应获得一份应用于本职工作的活性化学物质指南,如不能定期地提供,则不能选取补偿系数。

I　**其他工艺过程危险分析——$C_1=0.91\sim0.98$**

几种其他的工艺过程危险分析工具也可用来评价火灾、爆炸危险。这些方法是:定量风险评价(QRA),详尽的后果分析,故障树分析(FTA),危险和可操作性研究(HAZOP),故障类型和影响(FMEA),环境、健康、安全和损失预防审查,如果……怎么样分析,检查表评估以及工艺、物质等变更的审查管理。

相应的补偿系数如下:

定量风险评价	0.91
详尽的后果分析	0.93
故障树分析(FTA)	0.93
危险和可操作性研究(HAZOP)	0.94
故障类型和影响分析(FMEA)	0.94
环境、健康、安全和损失预防审查	0.96
如果……怎么样	0.96
检查表评估	0.98
工艺、物质等变更的审查管理	0.98

定期开展上面所列的任一危险分析时,均可按规定取相应的补偿系数。如果只是在必要时才进行一些危险分析,可仔细斟酌后取较高一些的补偿系数。

4.1.6.2　*物质距离补偿系数 C_2*

A　**远距离控制阀——$C_2=0.96\sim0.98$**

如果单元备有遥控的切断阀,以便在紧急情况下迅速地将储罐、容器及主要输送管线隔离时,补偿系数为0.98;如果阀门至少每年更换一次,则补偿系数为0.96。

B　**备用泄料装置——$C_2=0.96\sim0.98$**

如果备用储槽能安全的(有适当的冷却和通风)直接接受单元内的物料时,补偿系数为0.98;如果备用储槽安置在单元外,则补偿系数为0.96;对于应急通风系统,如果应急通风管能将气体、蒸气排放至火炬系统或密闭的受槽,补偿系数为0.96。正常的排气系统减少了周围设备暴露于泄漏出的气体、液体中的可能性,因而也给予补偿。与火炬系统或受槽连接的正常排气系统的补偿系数为0.98,连接聚苯乙烯器反应器和储槽的排风系统即为一例。

C　**排放系统——$C_2=0.91\sim0.97$**

为了从生产和储存单元中移走大量的泄漏物,地面斜度至少要保持2%(硬质地面1%),以便使泄漏物流至尺寸合适的排放沟。排放沟应能容纳最大储罐内所有的物料再加上第二大储罐10%的物料以及消防水1h的喷洒量。满足上述条件时,补偿系数为0.91。只要排放设施完善,能把储罐和设备下以及附近的泄漏物排放净,就可采用补偿系数0.91。

如果排放装置能汇集大量泄漏物料,但只能处理少量物料(约为最大储罐容量的一半)时,补偿系数为0.97;许多排放装置能处理中等数量的物料时,则补偿系数为0.95。

储罐四周有堤坝以容纳泄漏物时不予补偿。倘若能将泄漏物引至一蓄液池,蓄液池的距离至少要大于15m,蓄液池的蓄液能力要能容纳区域内最大储罐的所有物料再加上第二大储罐盛装物料的10%以及消防水,此时补偿系数取0.95。倘若地面斜度不理想或蓄液池距离小于15m时不予补偿。

D　**连锁装置——$C_2=0.98$**

装有连锁系统以避免出现错误的物料流向及由此而引起不需要的反应时,补偿系数为

0.98。此系数也能适用于符合标准的燃烧器。

4.1.6.3 防火措施补偿系数 C_3

A **泄漏检测装置——$C_3=0.94\sim0.98$**

安装了可燃气体检测器,但只能报警和确定危险范围时,补偿系数为0.98;如既能报警又能在达到爆炸下限之前使保护系统动作,此时补偿系数为0.94。

B **钢质结构——$C_3=0.95\sim0.98$**

防火涂层应达到的耐火时间取决于可燃物的数量及排放装置的设计情况。

如果采用防火涂层,则所有的承重钢结构都要涂覆,且涂覆高度至少为5m,这时取补偿系数为0.98;涂覆高度大于5m而小于10m时,补偿系数为0.97;如果有必要,涂覆高度大于10m时,补偿系数为0.95。防火涂层必须及时维护,否则不能取补偿系数。

钢筋混凝土结构采用和防火涂层一样的补偿系数。从防火角度出发,应优先考虑钢筋混凝土结构。另外,单独安装大容量水喷洒系统来冷却钢结构,这时取补偿系数为0.98,而不是按照4.1.6.3E节的规定取0.97。

C **消防水供应——$C_3=0.94\sim0.97$**

消防水压力为690kPa(表压)或更高时,补偿系数为0.94;压力低于690kPa(表压)时补偿系数为0.97。

工厂消防水的供应要保证按计算的最大需水量连续供应4h。对危险性不大的装置,供水时间少于4h可能是合适的。满足上述条件的话,补偿系数为0.97。

在保证消防水的供应上,除非有独立于正常电源之外的其他电源且能提供最大水量(按计算结果),否则不取补偿系数。柴油机驱动的消防水泵即为一例。

D **特殊系统——$C_3=0.91$**

特殊系统包括二氧化碳、卤代烷灭火及烟火探测器、防爆墙或防爆小屋等。由于对环境存在潜在的危害,不推荐安装新的卤代烷灭火设施。对现有的卤代烷灭火设施,如认为它适合于某些特定的场所或有助于保障生命安全,可以取补偿系数。

重要的是要确保为评价单元选择的安全措施适合于该单元的具体情况。特殊系统的补偿系数为0.91。

地上储罐如果设计成夹层壁结构,当内壁发生泄漏时外壁能承受所有的负荷,此时采用0.91的补偿系数。可是,双层壁结构常常不是最为有效的,减小风险的最好办法是设法加固内壁。

以往,地下埋设储罐和夹层储罐都给予补偿系数,从防火的观点看,地下储罐更安全是毫无疑问的。可是,更为重要的一点是:地下储罐可能泄漏,而且对泄漏的检测和控制都有困难,出于这种保护环境的考虑,不推荐设置新的地下储罐。

E **喷洒系统——$C_3=0.74\sim0.97$**

洒水灭火系统的补偿系数为0.97。对洒水灭火系统给予最小的补偿,是由于它由许多部件组成,其中任一部件的故障都可能完全或部分地影响整个系统的功能。喷洒水灭火系统经常与其他损失预防措施结合起来应用于较危险的场合,这就意味着单独的喷洒水灭火系统的效果欠佳。

室内生产区和仓库使用的湿管、干管喷洒灭火系统的补偿系数按表4-12选取:

表 4-12　湿管、干管喷洒水灭火系统的补偿系数

危险程度	设计参数/(L/(min·m²))	补偿系数	
		湿管	干管
低危险	6.11～8.15	0.87	0.87
中等危险	8.56～13.6	0.81	0.84
非常危险	≥14.3	0.74	0.81

湿管、干管自动喷水灭火系统(闭式喷头)的可靠性高达99.9%以上,易发生故障的调节阀很少采用。

实际的补偿系数应用表4-12的补偿系数乘以面积修正系数。面积修正系数按防火墙内的面积计:

面积大于930m^2　　1.06

面积大于1 860m^2　　1.09

面积大于2 800m^2　　1.12

可以看出,可能着火的面积增大时(如仓库),面积修正系数增大,这使补偿系数增加,从而增大了最大可能财产损失。这是因为面积增大时会有更多的机会暴露在燃烧环境中。

F　**水幕——$C_3=0.97\sim0.98$**

在点火源和可能泄漏的气体之间设置自动喷水幕,可以有效地减少点燃可燃气体的危险。为保证良好的效果,水幕到泄漏源之间的距离至少要为23m,以便有充裕的时间检测并自动启动水幕。最大高度为5m的单排喷嘴,补偿系数为0.98;在第一层喷嘴之上2m内设置第二层喷嘴的双排喷嘴,其补偿系数为0.97。

G　**泡沫装置——$C_3=0.92\sim0.97$**

如果设置了远距离手动控制的将泡沫注入标准喷洒系统的装置,补偿系数为0.94,这个系数是对喷洒灭火系统补偿系数的补充;全自动泡沫喷洒系统的补偿系数为0.92。所谓全自动意味着当检测到着火后泡沫阀自动地开启。

为保护浮顶罐的密封圈设置的手动泡沫灭火系统的补偿系数为0.97;当采用火焰探测器控制泡沫系统时,补偿系数为0.94。

锥形顶罐配备有地下泡沫系统和泡沫室时,补偿系数为0.95;可燃液体储罐外壁配有泡沫灭火系统时,如为手动其补偿系数为0.97,如为自动控制则补偿系数为0.94。

H　**手提式灭火器/水枪——$C_3=0.93\sim0.98$**

如果配备了与火灾危险相适应的手提式或移动式灭火器,补偿系数为0.98。如果单元内有大量泄漏可燃物的可能,而手提式灭火器又不可能有效地控制,这时不取补偿系数。

如果安装了水枪,补偿系数为0.97;如果能在安全地点远距离控制它则补偿系数为0.95;带有泡沫喷射能力的水枪,其补偿系数为0.93。

I　**电缆保护——$C_3=0.94\sim0.98$**

仪表和电缆支架均为火灾时非常容易遭受损坏的部位。如采用带有喷水装置,其下有14～16号钢板金属罩加以保护时,补偿系数为0.98;如金属罩上涂以耐火涂料以取代喷水装置时,其补偿系数也是0.98。如电缆管埋在地下的电缆沟内(不管沟内是否干燥),补偿系数为0.94。

C_1、C_2、C_3的乘积$C_1C_2C_3$即为单元的安全补偿系数,记入单元分析汇总表的第7行。

4.1.7 工艺单元危险分析汇总

工艺单元危险分析汇总表汇集了所有重要单元危险分析的资料。它首先列出了 *F&EI* 及由 *F&EI* 确定的数据、单元的安全补偿系数、暴露区域、危害系数及月计生产总值等。

工艺单元危险分析汇总表以及 *F&EI* 是用来制定生产装置风险管理程序的有效的工具。它另外的作用是提供了一种识别单元中其他危险因素的方法，这可使所有单元的危险因素都能被发现。

4.1.7.1 火灾、爆炸指数

火灾、爆炸指数 *F&EI* 被用来估计生产事故可能造成的破坏。有关火灾、爆炸指数的内容已在前面给出。表 4-11 还给出了按不同的火灾、爆炸指数值划分危险等级的规定。确定 *F&EI* 的所有关键数据和计算均列在表 4-1 中。*F&EI* 值填入工艺单元危险分析汇总表中的第 1 行和生产装置危险分析汇总表相应的栏目中。

4.1.7.2 暴露半径

对业已计算出来的 *F&EI*，可以用它按图 4-7 转换成暴露半径。暴露半径表明了生产装置危险区域的平面分布，它是一个以工艺设备的关键部位为中心，以暴露半径为半径的圆。每一个被评价的工艺单元都可画出这样一个圆。暴露半径的值填入工艺单元危险分析汇总表的第 2 行。

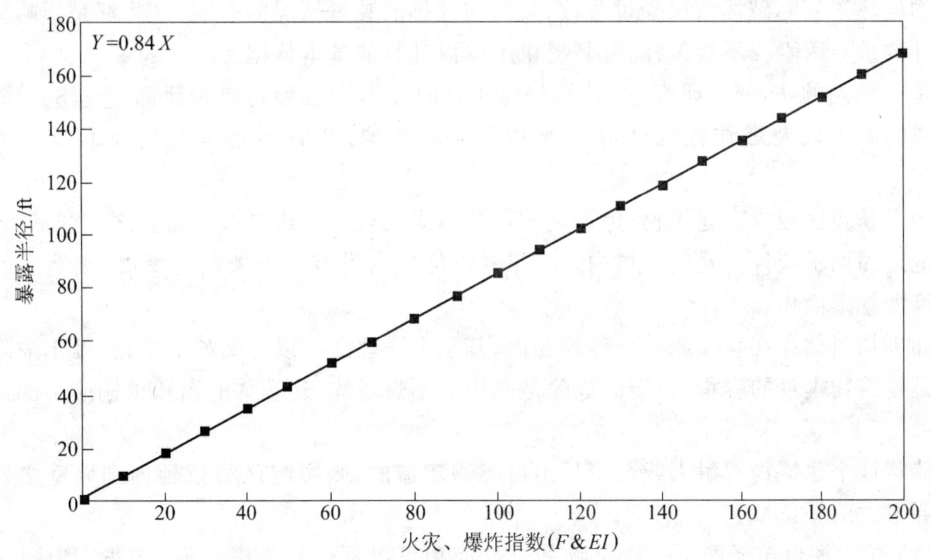

图 4-7 暴露区域半径计算图

(1ft = 0.304 8m)

如果被评价工艺单元是一个小设备，就可以该设备的中心为圆心，以暴露半径为半径画圆。如果设备较大，则以从设备表面向外量取暴露半径，暴露区域加上评价单元的面积才是实际暴露区域的面积。在实际情况下，暴露区域的中心常常是泄漏点，经常发生泄漏的点是排气口、膨胀节和装卸料连接处等部位，它们均可作为暴露区域的圆心。

4.1.7.3　暴露区域

暴露半径决定了暴露区域的大小。按下式计算暴露区域:

暴露区域面积$=\pi R^2$

暴露区域的数值填入工艺单元危险分析汇总表的第3行。

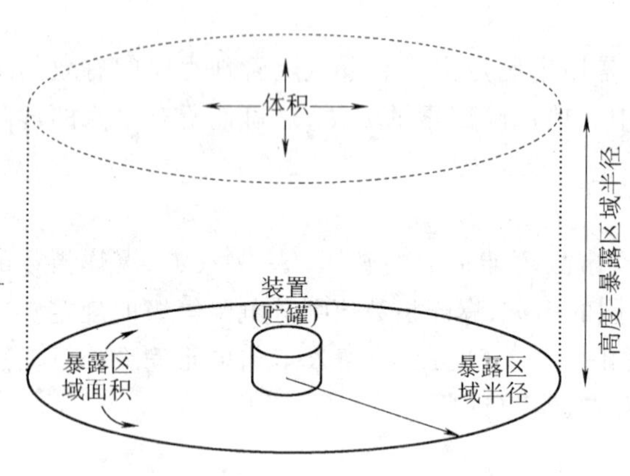

图4-8　暴露区域

暴露区域意味着其内的设备将会暴露在本单元发生的火灾或爆炸环境中。为了评价这些设备在火灾、爆炸中遭受的损坏,要考虑实际影响的体积。该体积是一个围绕着工艺单元的圆柱体的体积,其面积是暴露区域,高度相当于暴露半径。有时用球体的体积来表示也是合理的。该体积表征了发生火灾、爆炸事故时生产装置所承受风险的大小。

图4-8为一示例:单元是立式储罐,图中显示了暴露半径、暴露区域及影响体积。

众所周知,火灾、爆炸的蔓延并不是一个理想的圆,不会在所有各个方向造成同等的破坏。实际破坏情况受设备位置、风向及排放装置情况的影响,这些都是影响损失预防设计的重要因素。不管怎样,"圆"提供了赖以计算的基本依据。

是在早期的*F&EI*研究中,计算暴露半径时要考虑各种易燃物泄漏量达8cm深时可能造成的后果以及爆炸性气体混合物和火灾的影响,同时还要考虑几种不同的环境状况。

如果暴露区域内有建筑物,但该建筑物的墙耐火或防爆或二者兼而有之,此时该建筑物没有危险因而不应计入暴露区域内。如果暴露区域内设有防火墙或防爆墙,则墙后的面积也不算做暴露面积。

如果物料储存在仓库或其他建筑物内,基于上述理由可以得到如下结论:处于危险状态的仅是建筑物本身的容积,可能的危险是燃烧而不是爆炸,建筑物的墙和顶棚应不能传播火焰。

倘若这个建筑物不耐火或至少是由可燃物建造的,则影响区域就延伸到墙壁之外。另外还要考虑的是:

(1) 包含评价单元的单层建筑物的全部面积可以看作是暴露区域,除非它用耐火墙分隔成几个独立的部分。如果有爆炸危险,即使各部分用防火墙隔开,整个建筑面积都要看成是暴露区域。

(2) 多层建筑具有耐火楼板时,其暴露区域按楼层划分。

(3) 如果火源在建筑物的外部,则防火墙具有良好的防止建筑物暴露于火灾危害中的作用。但如果有爆炸危险,它就丧失了隔离功能。

(4) 防爆墙可以看作是暴露区域的界限。

$F\&EI$ 对最终评价结果的影响可以从下例看出：

单元 A	单元 B
单元危险系数 = 4.0	单元危险系数 = 4.0
物质系数 = 16	物质系数 = 24
危害系数 = 0.45	危害系数 = 0.74
$F\&EI$ = 64	$F\&EI$ = 96
暴露半径 = 16.4m	暴露半径 = 24.6m
暴露区域 = 845m^2	暴露区域 = 1 901m^2

虽然上述两个单元的单元危险系数均为 4.0，但其最终的可能损失还必须考虑所处理物料的危险性。

单元 A 的情况表明周围 845m^2 的区域将有 45% 遭到破坏，而单元 B 的情况则表明周围 1 901m^2 的区域将有 74% 遭受破坏。

如果单元 B 的危险系数是 2.7 而不是 4.0，则它和单元 A 将有相同的 $F\&EI$ 值(64)。可是根据物质系数 = 24 来确定，单元 B 的危害系数将变为 0.64；而单元 A 根据物质系数 = 16 来确定，其危害系数为 0.45。

4.1.7.4 暴露区域内财产价值

暴露区域内财产价值可由区域内含有的财产(包括在存的物料)的更换价值来确定：

$$更换价值 = 原来成本 \times 0.82 \times 增长系数$$

上式中的系数 0.82 是考虑到事故发生时有些成本不会遭受损失或无需更换，如场地平整、道路、地下管线和地基、工程费等，如能做更精确的计算，这个系数可以改变。

增长系数由工程预算专家确定，他们掌握着最新的公认的数据。

暴露区域内财产价值填入工艺单元危险分析汇总表中第 4 行及生产装置危险分析汇总表中。

更换价值可按以下几种方法计算：

(1) 采用暴露区域内设备的更换价值。现行价值可按上述原则确定。在理想情况下，会计的统计资料可提供这些信息。

注意：会计统计中可能有保险金额或实际的现金值，它们是从现行的更换价值算出的。当赔偿金额是按保险值来确定的时，估计风险的最好办法是依据现行的更换价值。

(2) 用现行的工程成本来估算暴露区域内所有财产的更换价值(地基和其他一些不会遭受损失的项目除外)。这几乎像估算一个新装置那样费时，为简化起见，可只用主要设备成本来估算，然后用工程预算安装系数核定安装费用。工艺技术中心可以提供已有装置和新建装置的最新成本数据。

(3) 从整个装置的更换价值推算每平方米的设备费，再用暴露区域的面积与之相乘就得到更换价值。这种方法的精确度可能最差，但对老厂最适用。

计算暴露区域内财产的更换价值时，必须采用在存物料的价值及设备价值。对于储罐的物料量可按其容量的 80% 计算；对于塔器、泵、反应器等采用在存量或与之相连的物料储罐的物料量。不论其量是否偏小，都可用 15min 物流量或其有效容积计算。

物料的价值要根据制造成本、可销售产品的销售价及废料的损失等来确定，暴露区域内所有的物料都要包括在内。

注意：当一个暴露区域包含另一个暴露区域的一部分时，不能重复计算。

4.1.7.5　危害系数的确定

危害系数是由单元危险系数 F_3 和物质系数 MF 按图 4-9 来确定的,它代表了单元中物料泄漏或反应能量释放所引起的火灾、爆炸事故的综合效应。确定危害系数时,如果 F_3 数值超过 8.0,不能按图 4-9 外推,应按 $F_3=8.0$ 来确定危害系数。

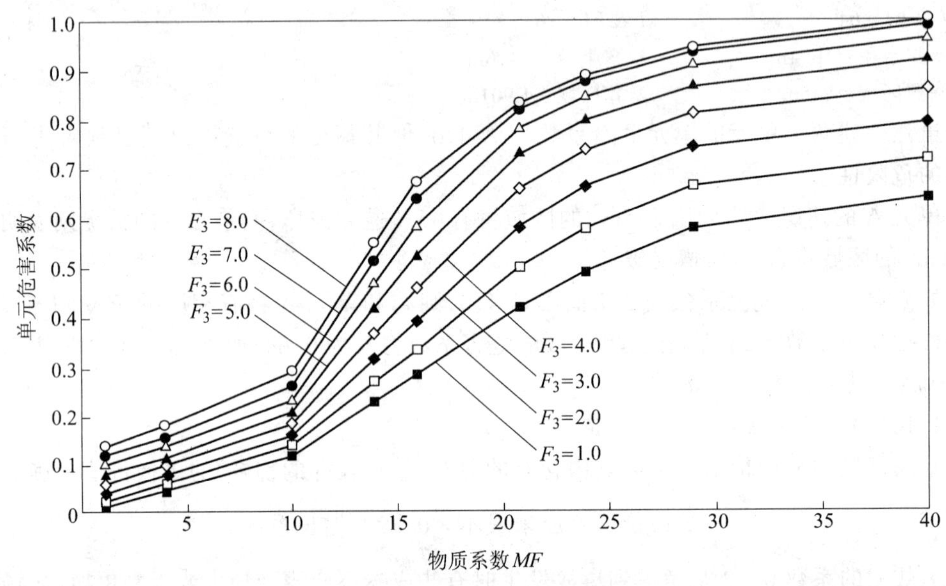

图 4-9　单元危害系数计算图

随着物质系数 MF 和单元危险系数 F_3 的增加,单元危害系数从 0.01 增至 1.00。危害系数填在工艺单元危险分析汇总表的第 5 行。

例如:有两个单元 A 和 B,它们的单元危险系数 F_3 均为 4.00,单元 A 的物质系数为 16,而单元 B 的物质系数为 24,根据图 4-8 可以得到单元 A 的危害系数为 0.45,单元 B 的危害系数为 0.74。

附录Ⅴ有图 4-9 的计算方程式,只对应物质系数分别为 1、4、10、14、16、21、24、29 与 40 定义 9 个计算方程式。介于上述物质系数之间的未列方程,请参考附录Ⅴ的说明。

4.1.7.6　基本最大可能财产损失

确定了暴露区域、暴露区域内财产和危害系数之后,有必要计算按理论推断的暴露面积(实质上是暴露体积)内有关设备价值的数据。暴露面积代表了基本最大可能财产损失(Base *MPPD*)。基本最大可能财产损失是由工艺单元危险分析汇总表中的第 4 行和第 5 行的数据相乘得到的。基本最大可能财产损失是根据多年来开展损失预防积累的数据来确定的。

基本最大可能财产损失填入工艺单元危险分析汇总表中第 6 行和生产装置危险分析汇总表中。基本最大可能财产损失是假定没有任何一种安全措施来降低损失。

4.1.7.7　安全措施补偿系数

安全措施补偿系数用表 4-2 加以确定,安全措施补偿系数也填入单元危险分析汇总表相应的栏目中。安全措施补偿系数是若干项目的乘积,有关具体内容在前面已经说明。

4.1.7.8　实际最大可能财产损失

基本最大可能财产损失与安全措施补偿系数的乘积就是实际最大可能财产损失(Actual *MPPD*),它表示在采取适当的(但不完全理想)防护措施后事故所造成的财产损失。如果这些防护装置出现故障,其损失应接近于基本最大可能财产损失。

实际最大可能财产损失填入工艺单元危险分析汇总表的第8行和生产装置危险分析汇总表相应的栏目中。

4.1.7.9 最大可能工作日损失

估计最大可能工作日损失(*MPDO*)是评价停产损失(*BI*)必需的一个步骤。停产损失常常等于或超过财产损失,这取决于物料储量和产品的需求状况。一些不同的情况可以导致最大可能工作日损失 *MPDO* 与财产损失的关系发生变化。例如:

(1) 修理电缆支架上损坏的电缆所花费的时间与修理或更换小电动机、泵及仪表的时间差不多,但其财产损失要小得多。

(2) 关键原料供应管的故障(如盐水管、碳氢化合物输送管等)的财产损失小,但最大可能工作日损失大。

(3) 需更换部件或是单机系统难以买到,对停工天数有影响,会拖延修复日期。

(4) 需要从遥远的生产厂家购置损失的产品。

(5) 工厂之间的依赖关系:由于原材料生产厂的问题而致原材料供应困难,使收益和连续成本受到损失。

为了求得 *MPDO*,必须首先确定 *MPPD*,然后按图4-10查取 *MPDO*。

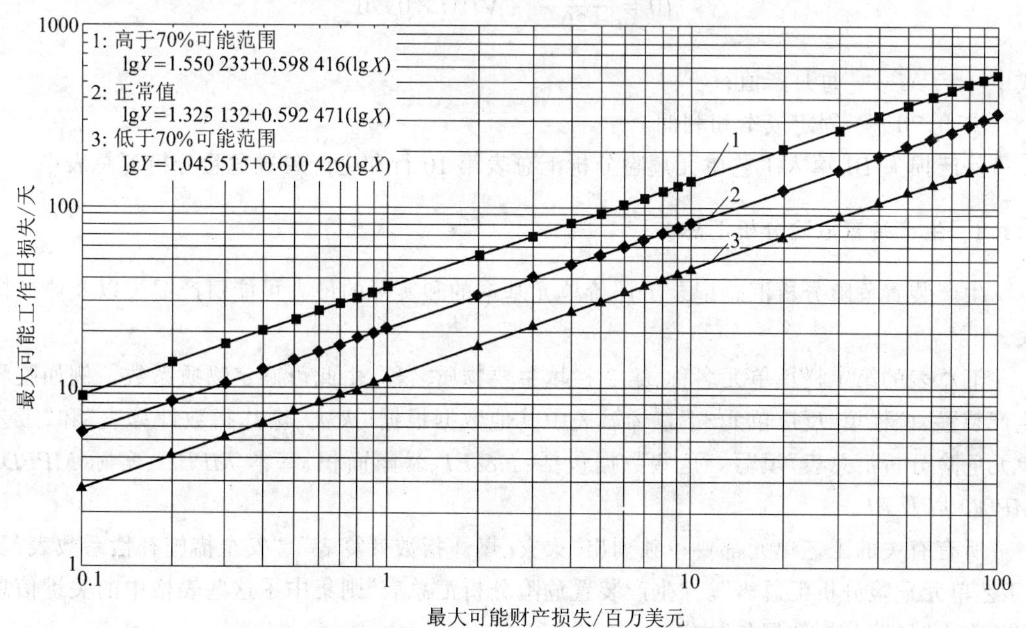

图4-10 最大可能工作日损失(*MPDO*)计算图

(实际 *MPPD* 以1986年为基准;按照化学工程装置价格指数,到1993年,基准乘以359.9/318.4=1.130)

图4-10表明了 *MPDO* 与实际 *MPPD* 之间的关系。根据以往的火灾、爆炸事故得到的数据,也为确定危害系数提供了基础。由于对数据做了大量的推演,*MPDO* 与 *MPPD* 之间的关系不够精确。通常,人们可直接从中间斜线读出 *MPDO* 的值。值得注意的是,在确定 *MPDO* 时要做恰当的判断。如果能做出精确的判断,*MPDO* 的值可能在70%上下范围内

波动。可是,如有确凿的证据,*MPDO* 之值也可远远偏离 70%,如果根据供应时间和工程进度较精确地确定停产日期,就可采用它而不用按图 4-10 来确定。

有些情况下,*MPDO* 值可能与通常的情况不尽符合。如压缩机的关键部件可能有备品,备用泵和整流器也有储备。在这种情况下利用图 4-10 中 70%可能范围最下面的线来查取 *MPDO* 是合理的。反之,部件或单机系统采购困难时,一般利用图 4-10 中上面的线来确定 *MPDO*。换言之,专门的火灾、爆炸后果分析可用来代替图 4-10 以确定 *MPDO*。

图 4-10 中 *MPPD*(*X*)与 *MPDO*(*Y*)之间的方程式为:

曲线 1:

$$\lg Y = 1.550\,233 + 0.598\,416(\lg X)$$

曲线 2:

$$\lg Y = 1.325\,132 + 0.592\,471(\lg X)$$

曲线 3:

$$\lg Y = 1.045\,515 + 0.610\,426(\lg X)$$

得到的 *MPDO* 值填入工艺单元危险分析汇总表的第 7 行及生产装置危险分析汇总表中。

4.1.7.10 停产损失

停产损失(*BI*)按下式计算:

$$BI = \frac{MPDO}{30} \times VPM \times 0.70$$

式中 *VPM*——每月产值;

0.70——固定成本和利润。

停产损失 *BI* 填入工艺单元危险分析汇总表第 10 行和生产装置危险分析汇总表中。

4.1.8 生产装置危险分析汇总

生产装置危险分析汇总记录了评价单元基本的和实际的最大可能财产损失以及停产损失。

汇总表的第 1 栏填单元名称,第 2 栏填主要物质名称,由此可确定物质系数。例如胶乳生产装置,该栏填“反应单元/丁二烯”,表中其他数据根据“火灾、爆炸指数计算表”和“工艺单元危险分析汇总表”填写。这些数据包括:*F&EI*、暴露面积、基本 *MPPD*、实际 *MPPD*、*MPDO* 以及 *BI*。

所有有关的工艺单元都要单独列出“火灾、爆炸指数计算表”、“安全措施补偿系数表”及“工艺单元危险分析汇总表”。“生产装置危险分析汇总表”则集中了这些表格中的关键信息并被收入“风险分析数据包”中。

4.2 应用实例

4.2.1 评价项目概述

本书选取某化学工业公司年产 12 万 t 聚苯乙烯项目作为评价对象,该公司的 12 万 t 聚苯乙烯项目由三套聚苯乙烯生产装置组成。聚苯乙烯生产工艺流程包括配料、预聚合、聚合、脱挥、造粒等工序和循环真空、导热油等辅助系统。

聚苯乙烯工艺流程示意图如图4-11所示。

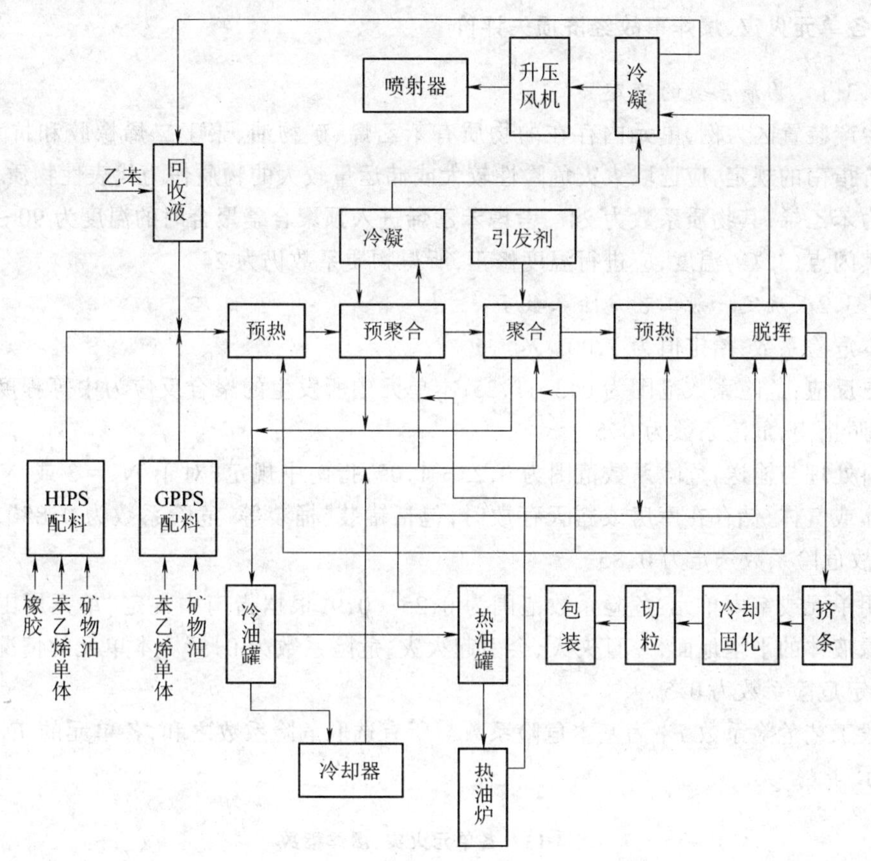

图4-11　聚苯乙烯工艺流程简图

4.2.2　选择评价单元

该公司主要分为生产区和贮罐区两大部分，现有的12万t聚苯乙烯项目共有3条生产线，每条生产线均由多个工艺系统组成，包括配料、聚合、脱挥、循环回收、真空、造粒和粉末脱除等部分。依据对聚苯乙烯生产工艺过程的分析，可初步确定苯乙烯聚合阶段是整个生产过程中最具危险性的阶段，因此，生产主装置区应选取预聚合车间为代表性工艺单元。此外，苯乙烯罐区和日用罐区也是该公司内主要的火灾、爆炸危险场所，应以此为危险单元进行事故后果评价。各评价单元基本情况如下：

(1) 聚苯乙烯生产装置区：由于3条生产线的布置相对独立，可选取其中一条生产线为代表性评价单元，本书选取3号生产线进行评价。评价时考虑苯乙烯(SM)进入预聚釜进行聚合时的情况。

(2) 贮罐区：该公司球罐区有两组贮罐，其中一组包含2个6 000m^{3}的液化石油气球罐、1个600m^{3}的柴油贮罐和1个864m^{3}的矿物油贮罐；另一组为2个1 000m^{3}的乙二醇贮罐，两组贮罐用防火堤隔开。罐区的火灾爆炸危险主要来自苯乙烯，故选取苯乙烯罐组为单元进行评价,考虑罐内填充系数为0.85时的情况。

(3) 日用罐区:罐区内的主要危险物质是苯乙烯,一般存放量约为150t。

4.2.3　各单元火灾、爆炸事故经济损失评价

4.2.3.1　物质系数的确定

以生产装置区为例,单元内存在的物质有苯乙烯、矿物油、聚丁二烯橡胶和抗氧剂等。根据评价指南的规定,应选取火灾危险性较大或储运量较大的物质作为代表性物质,故代表物选定为苯乙烯,其物质系数为24。考虑苯乙烯进入预聚合釜聚合时的温度为90～200℃,远超过其闪点(32℃)温度,应进行温度修正,所得物质系数仍为24。

4.2.3.2　确定一般工艺危险系数 F_1

基本危险系数:给定值为1.00。

放热反应:危险系数范围为0.3～1.25,本单元中所发生的聚合反应为中等程度的放热反应,对照指南,危险系数为0.5。

物料处理与输送:危险系数范围为0.25～1.05,指南中规定"对于 $N_F=3$ 或 $N_F=4$ 的易燃液体或气体,储存在库房或露天存放时,包括罐装、桶装等,危险系数为0.85",苯乙烯 $N_F=3$,故危险系数选定为0.85。

封闭单元或室内单元:危险系数范围为0.25～0.9,根据指南中规定"单元周围为一可排放泄漏液体的平坦地面,一旦失火,会引起火灾,危险系数为0.5"。本单元的情况与此相符,故选定危险系数为0.5。

一般工艺危险系数 F_1 为基本危险系数与所有选取危险系数之和,各单元的 F_1 值如表4-13所示。

表4-13　各单元火灾、爆炸指数

项　　目	聚苯乙烯生产装置区	苯乙烯贮罐区	日用罐区
选取代表性物质	苯　乙　烯	苯　乙　烯	苯　乙　烯
1. 物质系数 *MF*	24	24	24
2. 一般工艺危险系数 F_1			
(1) 基本系数	1.00	1.00	1.00
(2) 放热化学反应(0.3～1.25)	0.30		
(3) 吸热反应(0.20～0.40)			
(4) 物料处理与输送(0.25～1.05)	0.85	0.85	0.85
(5) 密闭式或室内工艺单元(0.25～0.90)	0.45		
(6) 通道(0.20～0.35)			
(7) 排放和泄漏控制(0.25～0.50)	0.50	0.5	0.5
确定一般工艺危险系数 F_1	3.10	2.35	2.35
3. 特殊工艺危险系数 F_2			
(1) 基本系数	1.00	1.00	1.00
(2) 毒性物质(0.20～0.80)	0.40	0.40	0.4
(3) 负压(<500mmHg,66.661kPa)(0.50)	0.50		
(4) 易燃范围及接近易燃范围的操作			

续表 4-13

项 目	聚苯乙烯生产装置区	苯乙烯贮罐区	日用罐区
惰性化—— 未惰性化——			
1) 罐装易燃液体(0.50)			
2) 过程失常或吹扫故障(0.30)		0.30	0.30
3) 一直在燃烧范围内(0.80)			
(5) 粉尘爆炸(0.25~2.00)			
(6) 压力			
(7) 低温(0.20~0.30)			
(8) 易燃及不稳定物质的质量物质质量——kg 物质燃烧热 H_c——J/kg			
1) 工艺中的液体及气体	1.66		
2) 贮存中的液体及气体	1.00	1.00	0.7
3) 贮存中的可燃固体及工艺中的粉尘			
(9) 腐蚀及磨蚀(0.10~0.75)	0.10	0.10	0.10
(10) 泄漏——接头和填料(0.10~1.50)	0.10	0.10	0.10
(11) 使用明火设备			
(12) 热油热交换系统(0.15~1.15)	0.50		
(13) 转动设备(0.50)	0.50		
确定特殊工艺危险系数 F_2	5.76	2.90	2.60
4. 工艺单元危险系数($F_3=F_1F_2$)	17.86	6.82	6.11
5. 火灾、爆炸指数($F\&EI=F_3MF$)	428.64	163.68	146.64

注：无危险时危险系数用 0.00。

4.2.3.3 确定特殊工艺危险性系数 F_2

基本危险系数:1.00。

毒性物质:毒性物质的危险系数为 $0.2N_H$,混合物中取最大的 N_H 值,N_H 是美国消防协会在 NFPA704 中定义的物质毒性系数。苯乙烯的 $N_H=2$,故该项危险系数为 0.4。

负压:该项危险系数用于绝对压力小于 500mmHg(66.661kPa)的情况,本单元所发生的聚合反应在真空条件下进行,故选取危险系数为 0.50。

工艺中的液体及气体:在生产过程中,3 号生产线上每批投入预聚合釜的苯乙烯的数量为 35t,其总能量 $=35\times10^3\times17.4\times10^3/0.454=1.341\times10^9$Btu,对照指南中相应的曲线,得出危险系数为 1.66。

贮存中的液体和气体:在生产区内有一组配料罐,配料罐组内的最危险物质是苯乙烯,按每批配料约 1 000t 计,其总能量 $=1\,000\times10^3\times17.4\times10^3/0.454=38.33\times10^9$Btu,对照指南中的曲线查图,得出危险系数为 1.00。

腐蚀:危险系数范围为 0.10~0.75。本工程尽管在设计中已考虑了腐蚀余量,但因腐蚀引起的事故仍有可能发生。依据指南中“腐蚀速率(包括点腐蚀和局部腐蚀)小于 0.5mm/年时危险系数为 0.10”,该单元应选取危险系数为 0.10。

泄漏——连接头和填料处:危险系数范围为 0.10~1.50。指南中规定“泵和压盖密封处可能产生轻微泄漏时,危险系数为 0.10”,本单元符合这一情形,危险系数选取为 0.10。

热油交换系统:在本单元中,热油交换系统内为柴油,其闪点约为43℃,而热油使用温度在90～200℃范围内,超过柴油的闪点温度,对照指南应选取危险系数。本单元内热油总量约为40/0.8=50m^3,应选取危险系数为0.50。

转动设备:本单元中使用了多台压缩机和多种类型的泵,这些转动设备有的使用功率超过了指南中规定,应选取危险系数为0.50。

特殊工艺危险系数 F_2 等于基本危险系数与各项选取危险系数之和,各单元的 F_2 值如表4-13所示。

4.2.3.4　计算单元工艺危险系数 F_3

单元工艺危险系数 F_3 是一般工艺危险系数 F_1 和特殊工艺危险系数 F_2 的乘积,即 $F_3=F_1F_2$,各单元的 F_3 值如表4-13所示。

4.2.3.5　计算火灾、爆炸指数 $F\&EI$

火灾、爆炸指数用来估计生产过程中事故可能造成的破坏程度,该指数是单元工艺危险系数 F_3 和物质系数 MF 的乘积,即 $F\&EI=F_3MF$。表4-13中给出了各单元的火灾、爆炸指数。

4.2.3.6　确定单元危害系数 DF

单元危害系数的确定是由物质系数 MF 和单元工艺危害系数 F_3 决定的,它代表了单元中燃料泄漏或反应能量释放所引起的火灾、爆炸事故的综合效应,即危害系数。由 F_3 值和物质系数查图4-9求取。

各单元的危害系数值列于单元危害分析、汇总表中,如表4-14所示。

表4-14　各工艺单元危险分析汇总表

项　目	聚苯乙烯生产装置区	苯乙烯贮罐区	日用罐区
物质系数 MF	24	24	24
火灾、爆炸指数 $F\&EI$	428.64	163.68	146.64
暴露半径/m	111.5	42.56	38.2
暴露区内财产价值/万元	6 823.43	7 123.1	224.93
危害系数 DF	0.88	0.86	0.84
基本最大可能财产损失,基本 $MPPD$/万元	6 004.62	6 125.84	188.95
安全措施补偿系数	0.52	0.51	0.55
实际最大可能财产损失,实际 $MPPD$/万元	3 122.41	3 124.18	104
最大可能停工天数 $MPDO$/天	76	78	10

4.2.3.7　确定暴露半径

暴露半径在一定程度上表明了影响区域的大小,在这个区域内的设施、设备会在火灾、爆炸中遭受破坏。火灾、爆炸事故视为全方位扩散的立体圆柱形破坏。根据 $F\&EI$ 查图4-7得暴露半径。暴露半径从评价单元的中心位置算起,各单元的暴露半径如表4-14所示。

4.2.3.8　计算暴露区域的财产价值

暴露区域内的财产价值可由区域内含有的财产(包括在线物料)的更换价值来确定,但事故发生时有些成本不会遭受损失或无需更换,如场地平整、道路、地下管线和地基、工程费等。

A 3号聚苯乙烯生产装置区

更换价值：聚苯乙烯生产区的固定资产为1 000万美元，其更换价值计算如下：

$$更换价值 = 1\,000 \times 0.82 = 820(万美元)$$

折合人民币6 808万元(按1美元兑换8.3元人民币计算)。上式中的系数0.82是考虑到事故发生时有些成本不会遭受损失或无需更换，如场地平整、道路、地下管线和地基、工程费等。

在线物料价值：在3号生产线上，每批间歇生产投料35tSM，按SM的市场价为4 980元/t计算，其价值为17.43万元。

以上两项合计为6 823.43万元。

B 苯乙烯罐区

更换价值：整个罐区的财产价值约为321万美元，其中苯乙烯储罐区内主要有2个6 000m^3的苯乙烯储罐，1个600m^3的柴油罐和1个964m^3的矿物油罐，约价值250万美元，折合人民币2 077.5万元。

储存物料价值：苯乙烯、柴油和矿物油的市场价格分别为4 980元/t、2 200元/t和6 600元/t，按填充系数为0.85计算，其价值为：

SM：$2 \times 6\,000m^3 \times 0.85 \times 0.905\,9t/m^3 \times 4\,980$ 元/t $= 4.6 \times 10^3$ 万元

柴油：$600m^3 \times 0.85 \times 0.8t/m^3 \times 2\,200$ 元/t $= 89.8$ 万元

矿物油：$864m^3 \times 0.85 \times 0.8t/m^3 \times 6\,600$ 元/t $= 3.65 \times 10^2$ 万元

合计5 054万元。

两项合计7 131.5万元，将上述各单元影响区域内财产价值估算结果填入表4-14中。

4.2.3.9 计算基本最大可能财产损失(基本 *MPPD*)

各单元最大可能财产损失为影响区域财产价值数与该单元危害系数 *DF* 的乘积，即：

$$基本\ MPPD = 暴露区域内财产损失 \times DF$$

按照上述计算，将结果写入表4-14中。

4.2.3.10 确定安全措施补偿系数

建立任何一个化工装置(或化工厂)时，应该考虑一些基本设计要点，符合各种规范，除此以外，有效的安全措施，不仅能预防严重事故的发生，也能降低事故的发生概率和危害。安全措施可以分为以下3类：

C_1：工艺控制

C_2：物质隔离

C_3：防火措施

安全措施补偿系数按下列程序进行计算并汇总于安全措施补偿系数表中(见表4-15)：

(1) 直接把合适的安全措施补偿系数填入该安全措施的右边；

(2) 没有采取的安全措施，补偿系数记为1；

(3) 每一类安全措施的补偿系数是该类别中所有补偿系数的乘积；

(4) 计算 C_1、C_2、C_3 乘积，便得到总补偿系数；

(5) 将补偿系数填入单元危险分析汇总表——表4-14中。

现以聚苯乙烯生产装置区为例，对安全措施补偿系数的确定过程做简要介绍。

A　工艺控制补偿系数 C_1

工艺控制包括8项内容，表4-15中给出了与聚苯乙烯生产装置区有关的各项内容所对应的补偿系数。

表4-15　各单元安全补偿系数表

项　　目	聚苯乙烯生产装置区	苯乙烯贮罐区	日用罐区
1. 工艺控制安全补偿系数 C_1			
(1) 应急电源(0.98)	0.98	0.98	0.98
(2) 冷却装置(0.97～0.99)	0.97	0.97	0.97
(3) 抑爆装置(0.84～0.98)	0.98		
(4) 紧急切断装置(0.96～0.99)	0.98	0.98	0.98
(5) 计算机控制(0.93～0.99)	0.93	0.99	0.99
(6) 惰性气体保护(0.94～0.96)	0.94	0.96	0.96
(7) 操作规程/程序(0.91～0.99)	0.93	0.93	0.93
(8) 化学活泼性物质检查(0.91～0.98)			
(9) 其他工艺危险分析(0.91～0.98)			
C_1=(1)～(9)各系数的乘积	0.75	0.81	0.81
2. 物质隔离安全补偿系数 C_2			
(1) 遥控阀(0.96～0.98)	0.98	0.98	0.98
(2) 卸料/排空装置(0.96～0.98)	0.98	0.98	0.98
(3) 排放系统(0.91～0.97)	0.97	0.97	0.97
(4) 连锁装置(0.98)	0.98	0.98	0.98
C_2=(1)～(4)各系数的乘积	0.92	0.92	0.92
3. 防火设施安全补偿系数 C_3			
(1) 泄漏检测装置(0.94～0.98)	0.94	0.94	0.94
(2) 结构钢(0.95～0.98)	0.98	0.95	0.98
(3) 消防水供应系统(0.94～0.97)	0.97	0.97	0.97
(4) 特殊灭火系统(0.91)	0.91	0.91	0.91
(5) 计算机控制洒水灭火系统(0.74～0.97)		0.97	
(6) 水幕(0.97～0.98)			
(7) 泡沫灭火装置(0.92～0.97)		0.94	
(8) 手提式灭火器材/喷水枪(0.93～0.98)	0.98	0.95	0.95
(9) 电缆防护(0.94～0.98)	0.94	0.94	0.94
C_3=(1)～(4)各系数的乘积	0.75	0.65	0.73
安全措施补偿系数 $C=C_1C_2C_3$	0.52	0.51	0.55

a　应急电源

本补偿系数适用于基本设施(仪表电源、控制仪表、搅拌和泵等)具有应急电源且能从正常状态自动切换到应急状态。只有当应急电源与评价单元中事故的控制有关时才考虑这个系数，指南中给定补偿系数为0.98。聚苯乙烯生产装置区具备应急电源，故选取补偿系数0.98。

b　冷却装置

本单元在生产出现故障时有维持正常状态的冷却系统，且冷却能力为正常需要量的

1.5 倍且至少维持 10min，故补偿系数为 0.97。

c 抑爆装置

本装置区内的设备严格遵照有关的设计规范，采用了防爆膜等释放装置防止突然超压时对设备或建筑物所产生的破坏，故该项补偿系数为 0.97。

d 紧急停车装置

聚苯乙烯生产装置区内装备有高精度的温度、压力、液位、物料流量等测量系统，当出现异常情况时，能及时发出报警信号，可使操作人员采取紧急停车措施，并转换到备用系统，对此，指南中规定补偿系数为 0.98。

e 计算机控制

生产装置内所有操作条件均采用自动控制以帮助操作者，并采用了关键数据输入的冗余技术，故对照指南，补偿系数应选定为 0.93。

f 惰性气体保护

盛装易燃液体的设备有连续的惰性气体保护时，应给予补偿系数，生产装置区盛装易燃液体的设备采用了氮气保护，并且氮气的容量充足（现有生产能力为 $150m^2/h$(标态)，目前最大用量为 $80m^2/h$(标态))，能对生产单元实行自动吹扫，故选取补偿系数 0.94。

g 操作规程/程序

正常的操作规程、完整的操作指南是保证正常作业的重要因素。对本生产，本生产单元各环节都制定了严格、完善的操作规程，包括正常开/停车、紧急停车、检修及事故应急处理等方面的内容，故选取一个较为合适的补偿系数 0.93。

工艺控制补偿系数 C_1 等于以上各项系数的乘积，为 0.75。

B 物质隔离补偿系数 C_2

物质隔离包含 4 项内容，在聚苯乙烯生产装置区内均有所采用。

远距离控制阀：本单元在容器或泵的吸入侧设有远距离控制阀，以便在紧急情况下迅速地将贮罐、容器及主要输送管线隔离，故选取补偿系数 0.98。

备用泄料装置：本单元内有备用贮槽直接接受单元内的物料，对此，指南中建议给予补偿系数为 0.98。

排放系统：生产装置内工艺管线或阀门一旦出现泄漏，可通过排放装置汇集大量物料，但只能处理少量（通过沉淀隔油池），故补偿系数选为 0.97。

连锁装置：单元内装备有连锁系统，以避免出现错误的物料流向及由此而引起的不需要的反应，补偿系数给定为 0.98。

物质隔离系数 C_2 等于 4 项系数的乘积，即 0.92。

C 防火措施补偿系数 C_3

防火措施有 10 项内容，在本单元中各项补偿系数的选取如下。

泄漏检测装置：本单元在有可能泄漏苯乙烯的部位均设有可燃气体检测器，既能报警又能在达到燃烧下限之前使保护系统动作，此时补偿系数为 0.94。

钢质结构：在生产装置区的所有承重钢结构均进行了涂覆，其耐火极限不低于 1.5h，涂覆高度在 5m 左右，故选取补偿系数 0.98。

消防水系统：本厂内有消防水池一座（容量 3 800m^3），供水量按一次灭火用水量 $108m^3/h$ 计，消防水的供应量能满足按计算的最大量连续供应 4h，故选取补偿系数 0.97。

特殊灭火系统：生产区除安装有室内消火栓外，生产车间控制室装有“1301”自动灭火装置，放置了烟雾检测器等，进一步增强消防灭火能力，故选取补偿系数为0.91。

手提式灭火器/水枪：本单元配备了与灭火危险相适应的手提式灭火器以及消火栓，故补偿系数为0.98。

电缆保护：仪表和电缆支架均为火灾时非常容易遭受破坏的部位。从此类工程电缆防护情况来看，电缆管道通常埋在电缆沟内，相应的补偿系数为0.94。

防火设施补偿系数 C_3 为上述各项系数的乘积，为0.75。

这样，聚苯乙烯生产装置区内的安全措施补偿系数为0.52。其他评价单元安全措施补偿系数的选取采用同样的办法，其结果如表4-15所示。

4.2.3.11　计算实际最大可能财产损失(实际 *MPPD*)

基本最大可能财产损失与安全措施补偿系数 C 的乘积就是实际最大可能财产损失，用公式表示为：

$$\text{实际 } MPPD = \text{基本 } MPPD \times C$$

它表示在采取适当的防护措施后事故造成的财产损失。各单元的实际最大可能财产损失的计算结果填入单元分析评价汇总表中，如表4-14所示。

4.2.3.12　确定最大可能工作日损失 *MPDO*

估算最大可能工作日损失 *MPDO* 是评价停产损失 *BI* 必需的一个步骤，停产损失常常等于或超过财产损失，这取决于物料贮量和产品的需求状况。最大可能工作日损失可根据实际 *MPPD* 从指南中查图4-10得到，或根据公式求得。各单元的最大可能工作日损失的结果填入分析评价汇总表中，如表4-14所示。

4.2.3.13　停产损失 *BI*

受工程资料所限，难以对各单元的停产损失进行计算，而且，一般来说，因事故而导致的停产损失相对于财产损失而言，通常要小得多。各单元火灾、爆炸所造成的经济损失主要是财产损失，故本书对停产损失不进行估算。

附录Ⅰ 物质系数和特性表

化合物	物质系数 MF	燃烧热 H_c/(kBtu/lb)	NFPA分级			闪点/℉	沸点/℉
			N_H	N_F	N_R		
乙醛	24	10.5	3	4	2	-36	69
醋酸	14	5.6	3	2	1	103	244
醋酐	14	7.1	3	2	1	126	282
丙酮	16	12.3	1	3	0	-4	133
丙酮合氰化氢	24	11.2	4	2	2	165	203
乙腈	16	12.6	3	3	0	42	179
乙酰氯	24	2.5	3	3	2	40	124
乙炔	29	20.7	0	4	3	气	-118
乙酰基乙醇氨	14	9.4	1	1	1	355	304～308
过氧化乙酰	40	6.4	1	2	4	—	[4]
乙酰水杨酸[8]	16	8.9	1	1	0	—	—
乙酰基柠檬酸三丁酯	4	10.9	0	1	0	400	343[1]
丙烯醛	19	11.8	4	3	3	-15	127
丙烯酰胺	24	9.5	3	2	2	—	257[1]
丙烯酸	24	7.6	3	2	2	124	286
丙烯腈	24	13.7	4	3	2	32	171
烯丙醇	16	13.7	4	3	1	72	207
烯丙胺	16	15.4	4	3	1	-4	128
烯丙基溴	16	5.9	3	3	1	28	160
烯丙基氯	16	9.7	3	3	1	-20	113
烯丙醚	24	16.0	3	3	2	20	203
氯化铝	24	[2]	3	0	2	—	[3]
氨	4	8.0	3	1	0		-28
硝酸胺	29	12.4[7]	0	0	3	—	410
醋酸戊酯	16	14.6	1	3	0	60	300
硝酸戊酯	10	11.5	2	2	0	118	306～315
苯胺	10	15.0	3	2	0	158	364
氯酸钡	14	[2]	2	0	1	—	—
硬酯酸钡	4	8.9	0	1	0	—	—
苯甲醛	10	13.7	2	2	0	148	354
苯	16	17.3	2	3	0	12	176
苯甲酸	14	11.0	2	3	1	250	482
醋酸苄酯	4	12.3	1	1	0	195	417
苄醇	4	13.8	2	1	0	200	403
苄基氯	14	12.6	2	2	1	162	387
过氧化苯甲酰	40	12.0	1	3	4	—	—
双酚A	14	14.1	2	1	1	175	428

续附录Ⅰ

化合物	物质系数 MF	燃烧热 H_c/(kBtu/lb)	NFPA分级 N_H	N_F	N_R	闪点/°F	沸点/°F
溴	1	0.0	3	0	0	—	138
溴苯	10	8.1	2	2	0	124	313
邻-溴甲苯	10	8.5	2	2	0	174	359
1,3-丁二烯	24	19.2	2	4	2	-105	24
丁烷	21	19.7	1	4	0	-76	31
1-丁醇	16	14.3	1	3	0	84	243
1-丁烯	21	19.5	1	4	0	气	21
醋酸丁酯	16	12.2	1	3	0	72	260
丙烯酸丁酯	24	14.2	2	2	2	103	300
(正)丁胺	16	16.3	3	3	0	10	171
溴代丁烷	16	7.6	2	3	0	65	215
氯丁烷	16	11.4	2	3	0	15	170
2,3-环氧丁烷	24	14.3	2	3	2	5	149
丁基醚	16	16.3	2	3	1	92	288
特丁基过氧化氢	40	11.9	1	4	4	<80或更高	[9]
硝酸丁酯	29	11.1	1	3	3	97	277
过氧化乙酸特丁酯	40	10.6	2	3	4	<80	[4]
过氧化苯甲酸特丁酯	40	12.2	1	3	4	>190	[4]
过氧化特丁酯	29	14.5	1	3	3	64	176
碳化钙	24	9.1	3	3	2	—	—
硬脂酸钙[6]	4		0	1	0		
一硫化碳	1	6.1	3	4	0	-22	115
一氧化碳	21	4.3	3	4	0	气	-313
氯气	1	0.0	4	0	0	气	-29
二氧化氯	40	0.7	3	1	4	气	50
氯乙酰氯	14	2.5	3	0	1	—	223
氯苯	16	10.9	2	3	0	84	270
三氯甲烷	1	1.5	2	0	0	—	143
氯甲基乙基醚	14	5.7	2	1	1	—	—
1-氯1硝基乙烷	29	3.5	3	2	3	133	344
邻-氯酚	10	9.2	3	2	0	147	47
三氯硝基甲烷	29	5.8[7]	4	0	3	—	234
2-氯丙烷	21	10.1	2	4	0	-26	95
氯苯乙烯	24	12.5	2	1	2	165	372
氯杂萘邻酮	24	12.0	2	1	2	—	554
异丙基苯	16	18.0	2	3	1	96	306
异丙基过氧化氢	40	13.7	1	2	4	175	[4]
氨基氰	29	7.0	4	1	3	286	500
环丁烷	21	19.1	1	4	0	气	55
环己烷	16	18.7	1	3	0	-4	179

续附录Ⅰ

化合物	物质系数 MF	燃烧热 H_c/(kBtu/lb)	NFPA 分级 N_H	N_F	N_R	闪点/°F	沸点/°F
环己醇	10	15.0	1	2	0	154	322
环丙烷	21	21.3	1	4	0	气	-29
DER * 331	14	13.7	1	1	1	485	878
二氯苯	10	8.1	2	2	0	151	357
1,2-二氯乙烯	24	6.9	2	3	2	36～39	140
1,3-二氯丙烯	16	6.0	3	3	0	95	219
2,3-二氯丙烯	16	5.9	2	3	0	59	201
3,5-二氯代水杨酸	24	5.3	0	1	2	—	—
二氯苯乙烯	24	9.3	2	1	2	225	—
过氧化二枯基	29	15.4	0	1	3	—	—
二聚环戊二烯	16	17.9	1	3	1	90	342
柴油	10	18.7	0	2	0	100～130	315
二乙醇胺	4	10.0	1	1	0	342	514
二乙胺	16	16.5	3	3	0	-18	132
间-二乙基苯	10	18.0	2	2	0	133	358
碳酸二乙酯	16	9.1	2	3	1	77	259
二甘醇	4	8.7	1	1	0	255	472
二乙醚	21	14.5	2	4	1	-49	94
二乙基过氧化物	40	12.2	—	4	4	[4]	[4]
二异丁烯	16	19.0	1	3	0	23	214
二异丙基苯	10	17.9	0	2	9	170	401
二甲胺	21	15.2	3	4	0	气	44
2,2-二甲基1丙醇	16	14.8	2	3	0	98	237
1,2-二硝基苯	40	7.2	3	1	4	302	606
2,4-二硝基苯酚	40	6.1	3	1	4	—	—
1,4-二恶烷	16	10.5	2	3	1	54	214
二氧戊环	24	9.1	2	3	2	35	165
二苯醚	4	14.9	1	1	0	239	496
二丙二醇	4	10.8	0	1	0	250	449
二特丁基过氧化物	40	14.5	3	2	4	65	231
二乙烯基乙炔	29	18.2	—	3	3	<-4	183
二乙烯基苯	24	17.4	2	2	2	157	392
二乙烯基醚	24	14.5	2	3	2	<-22	102
DOWANOL * DM	10	10.0	2	2	0	197[Seta]	381
DOWANOL * EB	10	12.9	1	2	0	15	340
DOWANOL * PM	16	11.1	0	3	0	90[Seta]	248
DOWANOL * PnB	10	—	0	2	0	138	338
DOWICIL * 75	24	7.0	2	2	2	—	—
DOWICIL * 200	24	9.3	2	2	2	—	—
DOWFROST *	4	9.1	0	1	0	215[Toc]	370

续附录 I

化 合 物	物质系数 MF	燃烧热 H_c/(kBtu/lb)	NFPA 分级			闪点/°F	沸点/°F
			N_H	N_F	N_R		
DOWFROST * HD	1	—	0	0	0	None	
DOWFROST * 250	1	—	0	0	0	300[Seta]	
DOWTHERM * 4000	4	7.0	1	1	0	252[Seta]	
DOWTHERM * A	4	15.5	2	1	0	232	495
DOWTHERM * G	4	15.5	1	1	0	266[Seta]	551
DOWTHERM * HT	4	—	1	1	0	322[TOC]	650
DOWTHERM * J	10	17.8	1	2	0	136[Seta]	358
DOWTHERM * LF	4	16.0	1	1	0	240	550～558
DOWTHERM * Q	4	17.3	1	1	0	249[Seta]	513
DOWTHERM * SR-1	14	7.0	1	1	0	232	325
DURSBAN *	14	19.8	1	2	1	81～110	—
3-氯-1,2-环氧丙烷	24	7.2	3	3	2	88	241
乙　烷	21	20.4	1	4	0	气	-128
乙醇胺	10	9.5	2	2	0	185	339
醋酸乙酯	16	10.1	1	3	0	24	171
丙烯酸乙酯	24	11.0	2	3	2	48	211
乙　醇	16	11.5	0	3	0	55	173
乙　胺	21	16.3	3	4	0	<0	62
乙　苯	16	17.6	2	3	0	70	277
苯甲酸乙酯	4	12.2	1	1	0	190	414
溴乙烷	4	5.6	2	1	0	None	100
乙基丁基胺	16	17.0	3	3	0	64	232
乙基丁基碳酸酯	14	10.6	2	2	1	122	275
丁酸乙酯	16	12.2	0	3	0	75	248
氯乙烷	21	8.2	1	4	0	-58	54
氯甲酸乙酯	16	5.2	3	3	1	61	203
乙　烯	24	20.8	1	4	2	气	-155
碳酸乙酯	14	5.3	2	1	1	290	351
乙二胺	10	12.4	3	2	0	110	239
1,2-二氯乙烷	16	4.6	2	3	0	56	181～183
乙二醇	4	7.3	1	1	0	232	387
乙二醇二甲酸	10	11.6	2	2	0	29	174
乙二醇单醋酸酯	4	8.0	0	1	0	215	347
氮丙啶	29	13.0	4	3	3	12	135
环氧乙烷	29	11.7	3	4	3	-4	51
乙　醚	21	14.4	2	4	1	-49	94
甲酸乙酯	16	8.7	2	3	0	-4	130
2-乙基已醛	14	16.2	2	2	1	112	325
1,1-二氯乙烷	16	4.5	2	3	0	2	135～138
乙硫醇	21	12.7	2	4	0	<0	95

续附录Ⅰ

化合物	物质系数 MF	燃烧热 H_c/(kBtu/lb)	NFPA分级 N_H	N_F	N_R	闪点/°F	沸点/°F
硝酸乙酯	40	6.4	2	3	4	50	19
乙氧基丙烷	16	15.2	1	3	0	<-4	147
对一乙基甲苯	10	17.7	3	2	0	887	324
氟	40	—	4	0	4	气	-307
氟(代)苯	16	13.4	3	3	0	5	185
甲醛(无水气体)	21	8.0	3	4	0	气	-6
甲醛,液体(37%~56%)	10	—	3	2	0	140~181	206~212
甲酸	10	3.0	3	2	0	122	213
1号燃料油	10	18.7	0	2	0	100~162	304~574
2号燃料油	10	18.7	0	2	0	126~204	—
4号燃料油	10	18.7	0	2	0	142~240	—
6号燃料油	10	18.7	0	2	0	150~270	—
呋喃	21	12.6	1	4	1	<32	88
汽油	16	18.8	1	3	0	-45	100~400
甘油	4	6.9	1	1	0	390	554
乙醇腈	14	7.6	1	1	1	—	—
(正)庚烷	16	19.2	1	3	0	25	209
六氯丁二烯	14	2.0	2	1	1	—	—
六氯二苯醚	14	5.5	2	1	1	—	—
己醛	16	15.5	2	3	1	90	268
己烷	16	19.2	1	3	0	-7	156
无水肼	29	7.7	3	3	3	100	236
氢	21	51.6	0	4	0	气	-423
氰化氢	24	10.3	4	4	2	0	79
过氧化氢(40%~60%)	14	[2]	2	0	1	—	226~237
硫化氢	21	6.5	4	4	0	气	-76
羟胺	29	3.2	2	0	3	[4]	158
2-羟乙基丙烯酸酯	24	8.9	2	1	2	214	410
羟丙基丙烯酸酯	24	10.4	3	1	2	207	410
异丁烷	21	19.4	1	4	0	气	11
异丁醇	16	14.2	1	3	0	82	225
异丁胺	16	16.2	2	3	0	15	150
异丁基氯	16	11.4	2	3	0	<70	156
异戊烷	21	21.0	1	4	0	<-60	82
异戊间二烯	24	18.9	2	4	2	-65	93
异丙醇	16	13.1	1	3	0	53	181
异丙基乙炔	24	—	2	4	2	<19	92
醋酸异丙醇	16	11.2	1	3	0	34	194
异丙胺	21	15.5	3	4	0	-15	93
异丙基氯	21	10.0	2	4	0	-26	95

续附录Ⅰ

化合物	物质系数 MF	燃烧热 H_c/(kBtu/lb)	NFPA分级 N_H	N_F	N_R	闪点/°F	沸点/°F
异丙醚	16	15.6	2	3	1	-28	400~550
喷气式发动机燃料A&A-1	10	21.7	0	2	0	110~150	—
喷气式发动机燃料B	16	21.7	1	3	0	-10~+30	304~574
煤油	10	18.7	0	2	0	100~162	356
十二烷基溴	4	12.9	1	1	0	291	289
十二烷基硫醇	4	16.8	2	1	0	262	—
十二烷基过氧化物	40	15.0	0	1	4	—	165
LORSBAN * 4E	14	3.0	1	2	1	85	680
润滑油	4	19.0	0	1	0	300~450	2025
镁	14	10.6	0	1	1	—	395
马来酸酐	14	5.9	3	1	1	215	325
甲基丙烯酸	24	9.3	3	2	2	171	-258
甲烷	21	21.5	1	4	0	气	140
醋酸甲酯	16	8.5	1	3	0	14	-10
甲基乙炔	24	20.0	2	4	2	气	177
丙烯酸甲酯	24	18.7	3	3	2	27	147
甲醇	16	8.6	1	3	0	52	21
甲胺	21	13.2	3	4	0	气	302
甲基戊基甲酮	10	15.4	1	2	0	102	156
硼酸甲酯	16	—	2	3	1	<80	192
碳酸二甲酯	16	6.2	2	3	1	66	—
甲基纤维素(袋装)	4	6.5	0	1	0	—	—
甲基纤维素粉[8]	16	6.5	0	1	0	—	-12
氯甲烷	21	5.5	1	4	0	-50	266
氯醋酸甲酯	14	5.1	2	2	1	135	214
甲基环己烷	16	19.0	2	3	0	25	163
甲基环戊二烯	14	17.4	1	2	1	120	104
二氯甲烷	4	2.3	2	1	0	—	
氰酸盐							
甲撑二苯基二异氰酸盐	14	12.6	2	1	1	460	[9]
甲醚	21	12.4	2	4	1	气	-11
甲基乙基甲酮	16	13.5	1	3	0	16	176
甲酸甲酯	21	6.4	2	4	0	-2	89
甲肼	24	10.9	4	3	2	21	190
甲基乙丁基甲酮	16	16.6	2	3	1	64	242
甲硫醇	21	10.0	4	4	0	气	43
甲基丙烯酸甲酯	24	11.9	2	3	2	50	213
2-甲基丙烯醛	24	15.4	3	3	2	35	154
甲基乙烯基甲酮	24	13.4	4	3	2	20	179
石油	4	17.0	0	1	0	380	680

续附录Ⅰ

化 合 物	物质系数 MF	燃烧热 H_c/(kBtu/lb)	NFPA 分级 N_H	N_F	N_R	闪点/℉	沸点/℉
重质灯油	10	17.6	0	2	0	275	480～680
氯 苯	16	11.3	2	3	0	84	270
一氨基乙醇	10	9.6	2	2	0	185	339
石 脑 油	16	18.0	1	3	0	28	212～320
萘	10	16.7	2	2	0	174	424
硝 基 苯	14	10.4	3	2	1	190	411
硝基联苯	4	12.7	2	1	0	290	626
硝基氯苯	4	7.8	3	1	0	216	457～475
硝基乙烷	29	7.7	1	3	3	82	237
硝化甘油	40	7.8	2	2	4	[4]	[4]
硝基甲烷	40	5.0	1	3	4	95	213
硝基丙烷	24	9.7	1	3	2	75～93	249～269
对一硝基甲苯	14	11.2	3	1	1	223	460
N-SERV *	14	15.0	2	2	1	102	300
(正)辛烷	16	20.5	0	3	0	56	258
辛 硫 醇	10	16.5	2	2	0	115	318～329
油 酸	4	16.8	0	1	0	372	547
氧 己 环	16	13.7	2	3	1	－4	178
戊 烷	21	19.4	1	4	0	＜－40	97
过 醋 酸	40	4.8	3	2	4	105	221
高 氯 酸	29	[2]	3	0	3	—	66[9]
原 油	16	21.3	1	3	0	20～90	—
苯 酚	10	13.4	4	2	0	175	358
2-皮考啉	10	15.0	2	2	0	102	262
聚 乙 烯	10	18.7	—	—	—	NA	NA
发泡聚苯乙烯	16	17.1	—	—	—	NA	NA
聚苯乙烯片料	10	—	—	—	—	NA	NA
钾(金属)	24	—	3	3	2	—	1 410
氯 酸 钾	14	[2]	1	0	1	—	752
硝 酸 钾	29	[2]	1	0	3	—	752
高氯酸钾	14	—	1	0	1	—	—
过四氧化二钾	14	—	3	0	1	—	[9]
丙 醛	16	12.5	2	3	1	－22	120
丙 烷	21	19.9	1	4	0	气	－44
1,3-二胺基丙烷	66	13.6	2	3	0	75	276
炔 丙 醇	29	12.6	4	3	3	97	237～239
炔丙基溴	40	13.7[7]	4	3	4	50	192
丙 腈	16	15.0	4	3	1	36	207
醋酸丙酯	16	11.2	1	3	0	35	215
丙 醇	16	12.4	1	3	0	74	207

续附录Ⅰ

化　合　物	物质系数 MF	燃烧热 H_c/(kBtu/lb)	NFPA分级 N_H	N_F	N_R	闪点/℉	沸点/℉
正丙胺	16	15.8	3	3	0	-35	120
丙　苯	16	17.3	2	3	0	86	319
1-氯丙烷	16	10.0	2	3	0	<0	115
丙　烯	21	19.7	1	4	1	-162	-52
二氯丙烯	16	6.3	2	3	0	60	205
丙二醇	4	9.3	0	1	0	210	370
氧化丙烯	24	13.2	3	4	2	-35	94
n-丙醚	16	15.7	1	3	0	70	194
n-硝酸丙酯	29	7.4	2	3	3	68	230
吡啶	16	5.9	2	3	0	68	240
钠	24	—	3	3	2	—	1619
氯酸钠	24	—	1	0	2	—	[4]
重铬酸钠	14	—	1	0	1	—	[4]
氢化钠	24	—	3	3	2	—	[4]
次硫酸钠	24	—	2	1	2	—	[4]
高氯酸钠	14	—	2	0	1	—	[4]
过氧化钾	14	—	3	0	1	—	[4]
硬脂酸	4	15.9	1	1	0	385	726
苯乙烯	24	17.4	2	3	2	88	293
氯化硫	14	1.8	3	1	1[5]	245	280
二氧化硫	1	0.0	3	0	0	气	14
SYLTHERM * 800	4	12.3	1	1	0	>32[10]	398
SYLTHERM * XLT	10	14.1	1	2	0	108	345
TEL ONE * 11	16	3.2	2	3	0	83	220
TEL ONE * C-17	16	2.7	3	3	1	79	200
甲　苯	16	17.4	2	3	0	40	232
甲苯-2,4-二异氰酸盐	24	10.6	3	1	2	270	484
三丁胺	10	17.8	3	2	0	145	417
1,2,4-三氯化苯	4	6.2	2	1	0	222	415
1,1,1-三氯乙烷	4	3.1	2	1	0	None	165
三氯乙烯	10	2.7	2	1	0	None	189
1,2,3-三氯丙烷	10	4.3	3	2	0	160	313
三乙醇胺	14	10.1	2	1	1	354	650
三乙基铝	29	16.9	3	4	3	—	365
三乙胺	16	17.8	3	3	0	16	193
三甘醇	4	9.3	1	1	0	350	546
三异丁基铝	29	18.9	3	4	3	32	414
三异丙基苯	4	18.1	0	1	0	207	495
三甲基铝	29	16.5	—	3	3	—	
三丙胺	10	17.8	2	2	0	105	313

续附录Ⅰ

化 合 物	物质系数 MF	燃烧热 H_c/(kBtu/lb)	NFPA 分级			闪点/℉	沸点/℉
			N_H	N_F	N_R		
乙烯基醋酸酯	24	9.7	2	3	2	18	163
乙烯基乙炔	29	19.5	2	4	3	气	41
乙烯基烯丙醚	24	15.5	2	3	2	<68	153
乙烯基丁基醚	24	15.4	2	3	2	15	202
氯 乙 烯	24	8.0	2	4	2	-108	7
4-乙烯基环己烯	24	19.0	0	3	2	61	266
乙烯基·乙基醚	24	14.0	2	4	2	<-50	96
1,1-二氯乙烯	24	4.2	2	4	2	0	89
乙烯基·甲苯	24	17.5	2	2	2	125	334
对二甲苯	16	17.6	2	3	0	77	279
氯 酸 锌	14	[2]	1	0	1	—	—
硬脂酸锌[8]	4	10.1	0	1	0	530	—

注：1. 燃烧热 H_c 是燃烧所生成的水处于气态时测得的值，1Btu = 1 055.056J，1lb = 0.453 592 37kg，(Btu/lb = 2 326J/kg，1k = 10^3)

2. ℉为华氏度，摄氏度与华氏度之间的换算关系为：

$$t=\frac{5}{9}(t_F-32)$$

[1]真空蒸馏；
[2]具有强氧化性的氧化剂；
[3]升华；
[4]加热爆炸；
[5]在水中分解；
[6]*MF* 是经过包装的物质的值；
[7]H_c 相当于 6 倍分解热(H_d)的值；
[8]作为粉尘进行评价；
[9]分解；
[10]在高于 600℉下长期使用，闪点可能降至 95℉；
Seta——Seta 闪点测定法(参考 NFPA321)；
None——不适合；
TOC——特征开杯法；
由特征闭杯法测得的其他闪点(TCC)；
* 道化学公司的注册商标。

附录Ⅱ 混合物物质系数的确定

物质系数(*MF*)包括燃烧性和反应性两部分内容,它代表了两种危险性,一旦确定了燃烧性和反应性,就可按本附录规定或表 4-5 确定物质系数。

在确定物质系数时,代表性物质的选择可能是一个问题。单一的物质是很明了的,但对于混合物就会出现问题,尤其是在那些要进行一系列反应的间歇式反应器中。例如,在一个物料组分随反应的进行而不断变化的间歇式反应中,正确的作法是选择过程中可能出现的最苛刻的条件。

如某工艺单元中同时存在 3 种物质,其物质系数分别是 10、16 和 24,一般情况下把最大的物质系数(它具有一定的浓度,约 5%),作为确定单元物质系数的基础。确定混合物物质系数的最好方法是:通过活性化学物质试验或可靠的数据求取该类物质的闪点、沸点、DTA/DSC 放热峰值温度、热感度、机械撞击感度和与水反应性,再按表 4-5 确定 *MF*。活性化学物质管理程序要求在进行扩试以前要具备闪点、DTA/DSC 和其他相关数据。

对一些特殊物质系数举例如下:

(1) 乙烯和氯气在反应器中生成二氯乙烷:*MF* 应取二氯乙烷的值而不是乙烯和氯气的值。这是因为乙烯与氯气反应非常快,雾化成液态二氯乙烷,反应器内只有二氯乙烷,危险来自二氯乙烷。

(2) 在裂解炉中由乙烷制备乙烯:*MF* 应取乙烯的值。最可能的泄漏物是乙烷和乙烯的混合物,而其中乙烯的含量高到足以使混合物的反应性十分像乙烯。

(3) 连续的苯烷基化反应:向反应器连续添加的是乙烯($MF=24$)和苯($MF=16$),而反应器中大量储存的是乙苯($MF=16$)。反应器中只有少量的未反应的乙烯,因此推荐物质系数取 16。尽管在这个过程中可能会有乙烯蒸气泄漏于反应器外部,但它和反应器单元的危险性因素之间没有关系。合适的做法是将乙烯加料系统作为一个单独的工艺单元,计算该单元的 *F&EI*,以便对危险的情况作出估计。

(4) 多元醇反应器(间歇工艺):最初加入反应器的是甘油($MF=4$),然后逐步加入氧化丙烯($MF=24$)和氧化乙烯($MF=29$),它们与甘油反应生成多元醇($MF=4$)。这个反应取决于催化剂的作用。如果反应过程有明显的改变,即没有加催化剂或催化剂失效,物质系数取 29 是合适的。如果只使用氧化乙烯,有催化剂存在时,反应进行很快,其结果是在任何时候,反应器中仅有少量未反应的氧化乙烯,这时的物质系数应取 4。可是,氧化丙烯与甘油的反应进行得很慢,在一些情况下反应器中的未反应氧化丙烯的浓度可高达 15%,因此,在计算 *F&EI* 时,要按最危险状态(氧化丙烯含量 15%)确定物质系数为 24。

这是一个不能用各组分的质量平均因子来确定混合物物质系数的典型例子,由于各组分性质有很大差异以及多元醇具有高分子量,必须考虑混合物具体特性,它的危险性相当于 $N_F=3$、$N_F=2$、$MF=24$。但如果按其质量平均因子计算,则得到错误的值 $MF=6.6$。当混合物的性质未知时,可按例 3 的方法求取混合物的 *MF* 值,同时还可等待混合物的活性化学特性试验的结果。

(5) 电解生产氯:此类过程表明需要一种不规范的方法来确定物质系数。该过程是吸热的,在理论上没有危险,其危险是由于存在着易燃气体氢气和活泼的氯。这时,选取氢的 MF 为单元的 MF 是正确的,因为氢的 MF 值较大。

(6)"燃烧型"反应器:两种反应物料连续地加入,类似于燃烧器作用的反应器称之为"燃烧型"反应器。例如氯化氢合成反应器,在该单元为氢和氯的反应,但在正常情况下只含有氯化氢,它是一种既无化学活性又无燃烧性的气体($MF=1$)。可是,偶尔的失误会造成熄火,反应过程中止,导致使工艺单元中充满了反应物,这就可能造成众所周知的氯化氢合成反应器的爆炸危险,而反应器必须设计爆炸卸压装置。物质系数应取两种反应物中较高的一个,氢的 $MF=21$,氯的 $MF=14$,那么混合物的 MF 值应是21。

(7) 主要组分为水的混合器:如果混合物主要是水,在确定 MF 时,应仔细考虑该含水体系,以避免出现不切实际的、过低的 MF 值。如丁二烯的饱和水溶液具有和丁二烯相同的闪点,但却没有 DTA/DSC 放热峰。水上的蒸气几乎全是丁二烯,所以气相的 $N_F=4$,$N_F=0$,$MF=21$。

总之,要研究工艺单元中所有的操作环节以确定危险状况,最危险的状态为开车、操作和停车过程中最危险物质的泄漏或存在于工艺设备中。

附录Ⅲ　基本预防和安全措施

不管操作类型如何,也不管火灾、爆炸指数的大小,下面的一些措施均应加以考虑。如果不具备下列要求,则其现实危险性要比 *F&EI* 显示的结果高得多。下面所列条款并不十分全面,在一些特定的场合,还要求一些其他的措施:

(1) 消防水供应充足,消防水量的确定方法是所需水量与可能需要的最长持续时间的乘积,消防水的供应量要求依不同的管理部门而有所不同,消防水供水时间从2min到8min;

(2) 容器的结构设计、管路、钢质结构等;

(3) 超压泄放装置;

(4) 耐腐蚀性及腐蚀裕量;

(5) 工艺设备和管道中活性化学物质的隔离;

(6) 电气设备接地;

(7) 辅助电气设施的安全配置(变压器、断路器等);

(8) 公用设施故障的正常预防(备用供电设备、备用仪表压缩空气机);

(9) 符合有关规定(美国机械工程标准、美国材料试验标准、美国国家标准协会标准、建筑规范、防火规范等);

(10) 故障保护装置;

(11) 应急车辆进出区域的通道、人员疏散通道;

(12) 排放装置:安全地处理可能发生的泄漏并能容纳喷洒设备、消防喷嘴喷出的消防水或其他化学灭火物质;

(13) 隔离炽热表面,使区域内任一可燃物的温度在其自燃温度的80%以下;

(14) 遵守国家电气规程,除非不符合之处已提出申请并得到批准,否则要执行规程要求;

(15) 在可燃性或危险性物质的设施上限制使用玻璃装置和膨胀节,除非绝对需要时是例外,使用这类装置时必须要登记,得到领导部门的批准并按照道化学公司的标准和要求进行配置;

(16) 构筑物和设备的平面布置,应当了解高危险区域的间距对财产损失和停业损失都有很大影响,储罐间距至少要符合NFPA30(美国消防协会规范)的要求;

(17) 管架、仪表电缆架及其支撑的防火;

(18) 配备易操作的电磁限位截止阀;

(19) 冷却塔故障的预防及防护;

(20) 偶然的爆炸及引起火灾时明火设备的保护;

(21) 电气设备分类:二类电气设备用于室外处理易燃液体的场合,气体不易积聚,自然通风良好;一类电气设备只用于处理特殊化学品的过程或特殊建筑或通风不良者;

(22) 工艺控制室应用防火墙(耐火1h)与工艺控制试验室、电气开关装置及变压器隔开;

(23) 工艺过程复查应确定需要做哪些活性化学物质试验;

(24) 建议在高危险单元进行HAZOP(可操作性危险性分析)。

附录Ⅳ 安全措施检查表

一、范围

本检查表给出了满足损失预防要求所必需的主要工程项目,包括总图布置、构筑物、消防、电器、排水道、储存、惰性气体保护、物料处理、机械、工艺、控制计算机和通用安全设备。

二、引言

本检查表将作为评价火灾危险和检查化工厂损失预防要求的指南,在规划新装置方面也特别有用。这类检查表不可能完全满足各类具体情况的需要,在使用时应十分注意,确保不要遗漏本表不包括的但又是适当的其他措施。

三、总图布置

1. 设备平面布置、危险单元的间距;
2. 操作、维修方面;
3. 交通——车辆和人;
4. 停车区——进、出口、排水、照明、围栏;
5. 间隙——铁路运输构筑物与运输机车之间;
6. 排水、蓄水池面积;
7. 道路布置、路标;
8. 进口和出口——行人、车辆和铁路;
9. 火源——窑炉布置、火炬烟囱、锅炉和燃烧器的管理;
10. 主导风向;
11. 地下公用设施管道;
12. 洪水的控制与预防;
13. 装、卸料设备,避免在主要交通区进行该项操作。

四、构筑物

1. 基本防火结构;
2. 风压、雪载荷、屋顶载荷及抗地震设计;
3. 屋顶材料及固定;
4. 顶部排风、排水及排烟;
5. 楼梯间、楼梯转弯及采光;
6. 电梯及升降机;
7. 防火墙、通道及防火门;
8. 泄压和抗爆设计;
9. 出口——应急疏散通道、标志及安全楼梯;

10. 资料库;

11. 通风——风扇、鼓风机、空气调节、毒性气体的洗涤、气体进出口的配置、排烟和散热的调节装置以及防火幕;

12. 防雷设施、接地保护的结构及装置;

13. 采暖与通风;

14. 可存放工作服与常用衣服单锁衣柜的更衣室及通风;

15. 室内外排水及适当的收集;

16. 钢结构及设备的防火;

17. 登房顶及其他部位用的梯子、应急疏散用的梯子;

18. 地基的承载能力;

19. 热和烟的检测;

20. 标高——洪水泛滥时的保卫;

21. 轿式起重机轮子的负荷。

五、防火系统

1. 消防给水,包括补充供水、水泵、储水池及水槽;

2. 干管——适当的环形管供水、阴极保护、必要的涂层和管外包覆、分段阀;

3. 消火栓——配置、间距及监视装置;

4. 自动喷水消防系统——作业场所分类、湿系统、干系统和集水系统;

5. 稳压用水塔和水槽;

6. 灭火器的类型、规格、位置及数目;

7. 固定式自动灭火系统、CO_2、泡沫和干粉;

8. 特殊消防系统——温度报警、带报警的喷水系统、光电式烟和火焰报警、蒸汽灭火;

9. 管道系统——结构及材料,可能发生爆炸的场所不能使用铸铁管。

六、电气

1. 电气危险区域分类、本质安全设备;

2. 重要的断路继电器和开关的操作、维护要方便;

3. 输出线的极性和接地;

4. 关键设备、机械的开关和断电器。

5. 照明——区域分类、亮度、设备的认可及应急灯;

6. 电话系统和对讲装置——1区、2区或标准区域;

7. 配电系统的类型——电压、接地与否、架空、地下;

8. 电缆管道、密闭性、耐腐蚀性;

9. 电动机和线路的保护;

10. 变压器的配置和类型;

11. 自动启动设施的失效保护装置;

12. 关键负荷线路的备件;

13. 安全和专用程序的连锁、双电源;

14. 防雷电设施；

15. 电缆支架在火灾中暴露的危险；

16. 不间断电源(UPS)和应急动力系统；

17. 对接地方法、设备及检测周期的要求。

七、排污

1. 化学物质的排污——收集、方便的清理口、通风、分布状况、处理、爆炸的可能性、收集槽、强制排风、可燃气体的检测与报警、冻结及由此引起的堵塞；

2. 卫生排污系统——处理、收集、存水弯管、堵塞的可能性、方便的清理口及通风；

3. 暴雨的排放；

4. 废水处理、蒸气污染的可能以及溢流至小溪或湖泊中引起火灾的危险；

5. 排污沟——敞开式、闭式、易清理性、需要的调节装置、在工艺中的暴露情况；

6. 防止地下水污染、保护空气和地表水、适当收集废水；

7. 排污沟与工艺排放系统的连接。

八、仓库

1. 一般要求：

(1) 易管理性——进口、出口、大小；

(2) 喷洒水装置；

(3) 通道；

(4) 楼板负荷；

(5) 货架和间距；

(6) 垛高；

(7) 顶部通风；

(8) 物料漏出造成的污染；

(9) 正、负压操作的储槽的通风。

2. 易燃液体、气体、粉体和气溶胶：

(1) 密闭系统；

(2) 全系统的安全环境气氛；

(3) 喷洒水设备及喷水设施所能保护的面积；

(4) 应急通风、灭火器、卸压阀、带有闪光标志的安全通道；

(5) 各楼层的排放管与化学物质排污总管相连以便收集；

(6) 通风——压力调节及设备；

(7) 储罐、料仓、地下仓库——安全间距、防火支撑和局部喷水装置、围堤和排液设施、惰性气体保护、地下储罐(不推荐采用)；

(8) 特殊灭火系统和抑爆——泡沫、化学干粉、二氧化碳；

(9) 用于重要化学物质的单独的冷冻系统；

(10) 泵、压缩机等的布置,要远离泄漏源；

(11) 符合美国石油学会(API)“储罐”要求的易断型屋顶接缝结构；

(12) 仓库储罐和生产储罐之间放空管的交叉。

3. 原材料:

(1) 物质的危险分类(包括冲击感度);

(2) 进料与储料装置;

(3) 原料鉴定和杂质分析;

(4) 防止物料装错罐或防止物料自罐内溢出等的规定;

4. 成品:

(1) 成品检验和标签;

(2) 符合货运规范的要求;

(3) 危险物质的隔离;

(4) 避免沾污,特别是油罐车加料时;

(5) 货运设备的标志;

(6) 危险货物运输路线;

(7) 为顾主提供"物质安全数据卡(MSDS)"等安全信息资料;

(8) 美国消防协会(NFPA)的危险分类;

(9) 温度检测;

(10) 生产区内运输设备和它们的位置;

(11) 易燃液体的储存——油漆、油品、溶剂;

(12) 反应性或爆炸性物品的储存——数量、间距、特别通道;

(13) 废水处理——焚烧炉、防止水和空气被污染;

(14) 防止泄漏;

(15) 安全运输受槽。

九、所有易燃性物品用惰性气体保护层保护

1. 要考虑原料、中间产品和成品;

2. 要考虑储存、物料处理及工艺。

十、物料处理

1. 货运汽车的装、卸料装置;

2. 火车的装、卸料装置;

3. 生产用汽车和拖运设备——汽油发动机、柴油机、以液化石油气和蓄电池为动力的运输工具;

4. 铁路和汽车槽车的装、卸料站台以及运输易燃液体的载重拖车的接地系统;

5. 起重机——可移动性、额定载荷、过载保护、限位开关、检查程序;

6. 库区——楼板负荷和布局、水喷洒设备、垛高、通风、烟及温度检测;

7. 生产区内运输设备和它们的位置;

8. 易燃液体的储存——油漆、油品及溶剂;

9. 活性化学物质及爆炸性物品的储存——储量、间距、特殊通道;

10. 废水处理——焚烧炉、防止空气和地下水的污染;

11. 泄漏控制。

十一、机械与设备

1. 易于操作和维修；
2. 遥控的紧急切断开关；
3. 振动的检测或紧急停车装置；
4. 润滑情况的检测；
5. 过速保护；
6. 噪声评价；
7. 在下列场合不得使用铸铁和其他脆性材料：
(1) 处理危险性物料；
(2) 承载设备(泵轴承座)。

十二、工艺

1. 化学物质——火灾危险及健康危害性(经皮肤或吸入)、仪表检测、操作规程、维修保管、配件性能、稳定性、管道及设备的标志等；
2. 重要的压力、温度参数；
3. 卸压装置和灭火器,严格地登记；
4. 标准化的容器,结构和材料要合理；
5. 管路要符合规范和有关要求,选材和结构要合理；
6. 控制失控反应的措施；
7. 固定式灭火系统——二氧化碳、泡沫、水喷洒装置；
8. 容器要适当通风、处于安全位置,泵空载时的保护；
9. 常设的真空清洗系统；
10. 防爆墙和隔爆；
11. 惰性气体保护系统——需惰性气体保护的设备一览表；
12. 紧急切断阀和开关——距离关键区域的位置、响应时间、紧急切断阀；
13. 钢结构框架的防火(或水喷洒)；
14. 热交换设备的安全装置——通风、阀门及排液设施；
15. 蒸汽管线的膨胀节；
16. 别无选择的话确要用膨胀节——登记、保养；
17. 不使用玻璃视镜——如确需必须要做好登记和保养；
18. 蒸汽和电力系统的故障探测——加热管道热膨胀的对策；
19. 人与过热环境的隔离——加热工艺、蒸汽管线及故障探测,预防物料过热；
20. 容器和管道的静电接地和防护装置；
21. 容器和储罐的清理与维护——合适的人孔、操作平台、梯子、清理通道及安全进入容器的批准手续；
22. 腐蚀的检测与控制；
23. 管线的检查和鉴定；

24．射线防护(包括消防人员防护)——同位素、X射线等的工艺及测量仪器；
25．带有报警、失效保护功能的仪表的冗余技术；
26．重要仪表的设计和保养；
27．固定式可燃气体检测和报警系统。

十三、工艺控制计算机

1．控制室：
(1) 空气质量——温度、湿度、粉尘、正压等；
(2) 位置——优先考虑一楼、不燃结构；
(3) 地面处理——采用聚乙烯或层压塑料以防止静电；
(4) 要有易于操作和维修的充分的空间；
(5) 室内不要存放纸张及其他可燃物；
(6) 照明和电源插座；
(7) 防火——使用二氧化碳、烟探测器、温度探测器；
(8) 保持控制室的清洁。
2．供电电缆及接地：
(1) 单独的配电盘供电；
(2) 双电源；
(3) 计算机控制系统在电源端(即降压变压器端)接地；
(4) 控制室接线盒与建筑物地基相连。
3．信号传输线：
(1) 与控制接线盒或其他接口装置相连的现场接线；
(2) 由电缆架、金属导线管和电缆管保护的传输线或在楼板下敷设的线路；
(3) 扁型电缆或其他易损坏电缆敷设在单独的导管中，以便与现场信号传输线区别。
4．控制系统：
(1) 常规的失效保护；
(2) 参数变化以及手动控制输入或输出参数的策略；
(3) 控制方案改变时的对策及备用的控制方案；
(4) 文件资料——输入和输出数据、操作规程及控制逻辑图；
(5) 公用工程发生故障时的停车程序；
(6) 培训；
(7) 报警系统；
(8) 定期检查；
(9) 控制室的完善程度及位置；
(10) 工艺控制系统的电源；
(11) 备用控制系统。

十四、安全设施的一般要求

1．医疗机构及设备；

2. 救护车；

3. 消防车；

4. 应急报警系统——报警信号、气体泄放、撤离等；

5. 火灾报警——区域内外及范围；

6. 铲除积雪和冰的设施；

7. 安全淋浴和眼冲洗设施——生产用报警器、标志；

8. 安全用梯和升降装置；

9. 应急设备的配置——面罩、防护服、内部消防水软管、担架、阻燃服、自供氧式呼吸器等；

10. 实验室安全防护；

11. 检测仪表——连续式、袖珍式可燃气体、氧气、毒性气体检测等；

12. 通讯——应急电话、无线电联络、有线广播、呼唤系统、通信中心的位置及日常人员的配备；

13. 转动设备的防护；

14. 窑炉的安全管理；

15. 燃料气体的切断阀；

16. 泄漏或蒸气释放的报警；

17. 酸管道法兰的保护。

附录Ⅴ 确定危害系数的方程式

单元危害系数可由图4-9确定。该数据与本附录给出的方程式的结果有些差异,这是因为该方程式是针对不同的物质给出的。由于有9种不同的物质系数(1,4,10,14,16,21,24,29和40),故有9个不同的方程。

值得注意的是,实际上物质系数只有9种情况而没有中间值。根据图4-9,其危害系数的确定仅仅是由物质系数和单元危险系数曲线的交点求出的。本附录方程则是由不同单元危险系数的内插值来求出危害系数的。

按不同的物质系数给出的9个方程式如下:

当物质系数 X 为1时,与不同的单元危险系数(1~8)对应的危害系数 Y 为:

$$Y = 0.003\,907 + 0.002\,957(X) + 0.004\,031(X^2) - 0.000\,29(X^3)$$

当物质系数 X 为4时,与不同的单元危险系数(1~8)对应的危害系数 Y 为:

$$Y = 0.025\,817 + 0.019\,017(X) - 0.000\,81(X^2) + 0.000\,108(X^3)$$

当物质系数 X 为10时,与不同的单元危险系数(1~8)对应的危害系数 Y 为:

$$Y = 0.098\,582 + 0.017\,596(X) + 0.000\,809(X^2) - 0.000\,013(X^3)$$

当物质系数 X 为14时,与不同的单元危险系数(1~8)对应的危害系数 Y 为:

$$Y = 0.205\,92 + 0.018\,938(X) + 0.007\,628(X^2) - 0.000\,57(X^3)$$

当物质系数 X 为16时,与不同的单元危险系数(1~8)对应的危害系数 Y 为:

$$Y = 0.256\,741 + 0.019\,886(X) + 0.011\,055(X^2) - 0.000\,88(X^3)$$

当物质系数 X 为21时,与不同的单元危险系数(1~8)对应的危害系数 Y 为:

$$Y = 0.340\,314 + 0.076\,531(X) + 0.003\,912(X^2) - 0.000\,73(X^3)$$

当物质系数 X 为24时,与不同的单元危险系数(1~8)对应的危害系数 Y 为:

$$Y = 0.395\,755 + 0.096\,443(X) - 0.001\,35(X^2) - 0.000\,38(X^3)$$

当物质系数 X 为29时,与不同的单元危险系数(1~8)对应的危害系数 Y 为:

$$Y = 0.484\,766 + 0.094\,288(X) - 0.002\,16(X^2) - 0.000\,31(X^3)$$

当物质系数 X 为40时,与不同的单元危险系数(1~8)相对应的危害系数 Y 为:

$$Y = 0.554\,175 + 0.080\,772(X) + 0.000\,332(X^2) - 0.000\,44(X^3)$$

上述方程式分别以标准格式和计算机处理格式给出。理解本评价指南只用到标准格式的方程式,不必考虑计算机处理格式的方程。确定单元危害系数将用标准格式的方程。

第5章

易燃、易爆、有毒重大危险源评价法

重大危险源是指长期地或临时地生产、加工、搬运、使用或贮存危险物质，且危险物质的数量等于或超过临界量的单元。单元指一个(套)生产装置、设施或场所，或同属一个工厂的且边缘距离小于500m的几个(套)生产装置、设施或场所。

易燃、易爆、有毒重大危险源评价法是“八五”国家科技攻关专题《易燃、易爆、有毒重大危险源辨识评价技术研究》提出的分析评价方法，是在大量重大火灾、爆炸、毒物泄漏中毒事故资料的统计分析基础上，从物质危险性、工艺危险性入手，分析重大事故发生的原因、条件，评价事故的影响范围、伤亡人数和经济损失，提出应采取的预防、控制措施。

该方法用于对重大危险源的安全评价，能较准确地评价出系统内危险物质、工艺过程的危险程度、危险性等级，较精确地计算出事故后果的严重程度(危险区域范围、人员伤亡和经济损失)，提出工艺设备、人员素质以及安全管理三方面的107个指标组成的评价指标集。

5.1 评价方法简介

5.1.1 评价单元的划分

重大危险源评价以单元作为评价对象。

一般把装置的一个独立部分称为单元，并以此来划分单元。每个单元都有一定的功能特点，例如原料供应区、反应区、产品蒸馏区、吸收或洗涤区、成品或半成品贮存区、运输装卸区、催化剂处理区、副产品处理区、废液处理区、配管桥区等。在一个共同厂房内的装置可以划分为一个单元；在一个共同堤坝内的全部贮罐也可划分为一个单元；散设地上的管道不作为独立的单元处理，但配管桥区例外。

5.1.2 评价模型的层次结构

根据安全工程学的一般原理，危险性定义为事故频率和事故后果严重程度的乘积，即危险性评价一方面取决于事故的易发性，另一方面取决于事故一旦发生后后果的严重性。现实的危险性不仅取决于由生产物质的特定物质危险性和生产工艺的特定工艺过程危险性所决定的生产单元的固有危险性，而且还同各种人为管理因素及防灾措施的综合效果有密切关系。

重大危险源的评价模型具有如图5-1所示的层次结构。

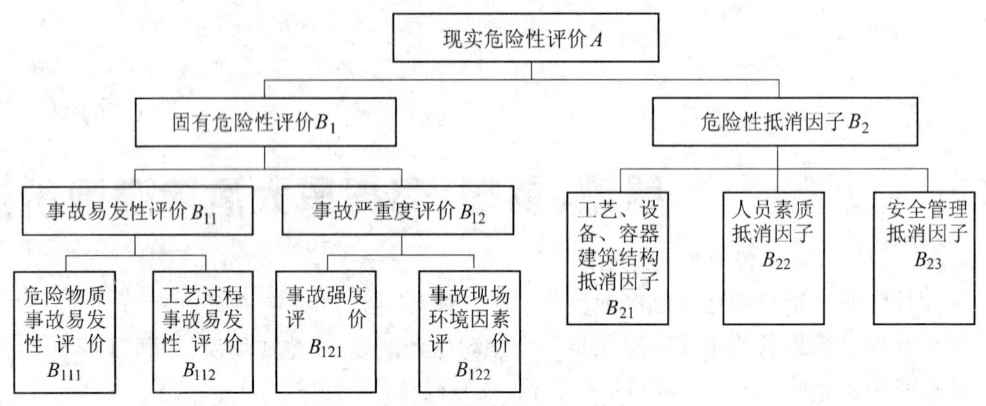

图5-1　重大危险源评价指标体系框图

5.1.3　评价的数学模型

重大危险源的评价分为固有危险性评价与现实危险性评价，后者是在前者的基础上考虑各种危险性的抵消因子，它们反映了人在控制事故发生和控制事故后果扩大方面的主观能动作用。固有危险性评价主要反映了物质的固有特性、危险物质生产过程的特点和危险单元内部、外部环境状况。

固有危险性评价分为事故易发性评价和事故严重度评价。事故易发性取决于危险物质事故易发性与工艺过程危险性的耦合。

评价的数学模型如下

$$A=\left\{\sum_{i=1}^{n}\sum_{j=1}^{m}(B_{111})_i W_{ij}(B_{112})_j\right\}B_{12}\prod_{k=1}^{3}(1-B_{2k}) \tag{5-1}$$

式中　$(B_{111})_i$——第i种物质危险性的评价值；

$(B_{112})_j$——第j种工艺危险性的评价值；

W_{ij}——第j项工艺与第i种物质危险性的相关系数；

B_{12}——事故严重度评价值；

B_{21}——工艺、设备、容器、建筑结构抵消因子；

B_{22}——人员素质抵消因子；

B_{23}——安全管理抵消因子。

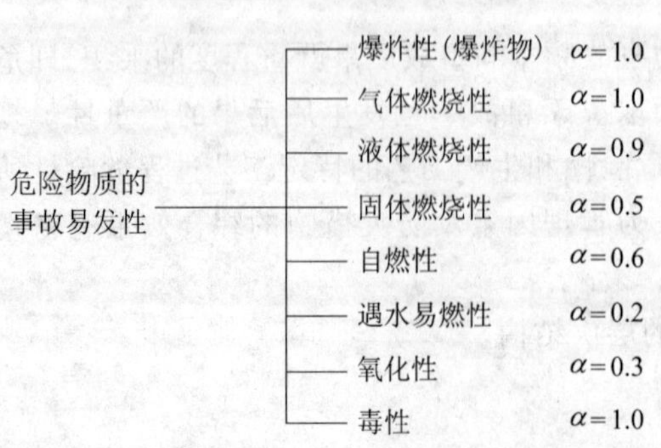

图5-2　危险物质事故易发性分类分级框图

5.1.3.1　危险物质事故易发性的评价

具有燃烧、爆炸、有毒危险物质的事故易发性分为8类，如图5-2所示。

每类物质根据其总体危险感度给出权重分$(B_{111})_i=\alpha_i G_i$；每种物质根据其与反应感度有关的理化参数值给出状态分G；每一大类物质下面分若干小类，共计19个子类。对每一大类或子类，分别给出状态分的评价标

准。权重分与状态分的乘积即为该类物质危险感度的评价值,即危险物质事故易发性的评分值 B_{111},即:

$$(B_{111})_i = \alpha_i G_i \tag{5-2}$$

为了考虑毒物扩散危险性,在危险物质分类中定义毒性物质为第 8 种危险物质,一种危险物质可以同时属于易燃、易爆 7 大类中的一类,又属于第 8 类。对于毒性物质,其危险物质事故易发性主要取决于下列 4 个参数:

(1) 毒性等级;

(2) 物质的状态;

(3) 气味;

(4) 重度。

毒性大小不仅影响事故后果,而且影响事故易发性。毒性大的物质,即使微量扩散也能酿成事故,而毒性小的物质不具有这种特点。对不同的物质状态,毒物泄漏和扩散的难易程度有很大不同。物质危险性的最大分值定为 100 分。

A 第 1 类:爆炸性(爆炸物)

爆炸物一般指受到摩擦、撞击、震动、高热或冲击波等因素的激发,能产生激烈的化学反应,在极短时间内放出大量的能量和气体,同时伴有光、声等效应的物质和物品,如炸药及其制品、烟火药剂及其制品等。其事故易发性主要取决于所需最小起爆能,起爆能越小,敏感度越高,爆炸危险性越大。在分类时又按其敏感度及其制品的燃烧、爆炸特性分成 5 级,如表 5-1 所示。

表 5-1 按爆炸物敏感度及其制品的燃烧、爆炸特性分类

级 别	物质性质及其说明
1.1 级	有整体爆炸危险的物质,一般指在瞬间影响到全部装入量的爆炸,如炸药生产单元、炸药贮存库房等
1.2 级	有迸射但无整体爆炸危险的物质和物品,如弹药生产单元
1.3 级	有燃烧危险并兼有局部爆炸或局部迸射危险之一,或兼而有之,有燃烧转爆轰危险的物质和物品,一般指火药生产单元、烟火药剂生产单元、烟花、爆竹生产单元等
1.4 级	有剧烈燃烧危险的物质和物品,如湿硝化棉等
1.5 级	非常不敏感但有整体爆炸危险的物质,如硝酸铵等

对于有整体爆炸危险(即 1.1 级和 1.5 级)及有燃烧危险并兼有局部爆炸危险(即 1.3 级)的物质的分级主要依据物质对热、机械、电、冲击波的敏感程度,其分级判据由下式计算确定:

$$G = K_{th} + K_e + K_m + K_d \tag{5-3}$$

式中 K_{th}, K_e, K_m, K_d——分别为爆炸物对热、机械、电及冲击波的敏感程度。

G 总值为 100 分。根据 G 的大小,可以对爆炸物的敏感程度进行分类。当 $G<40$ 时,为低敏感爆炸物;当 $G\geqslant 40$ 而 $G<70$ 时,为中敏感爆炸物;当 $G\geqslant 70$ 时,为高敏感爆炸物。

式 5-3 中各参数的选择如下。

a　对热(温度)的敏感度 K_{th}

对热(温度)的敏感度总值为30分。按表5-2给出的爆发点进行选择。

表5-2　热(温度)的敏感度 K_{th} 分级判据

爆发点/℃	≤200	200～300	>300
敏　感　度	热敏感爆炸物	中敏感爆炸物	低敏感爆炸物
K_{th}取值/分	30	20	10

b　对电火花(含静电火花)敏感度 K_e

对电火花(含静电火花)敏感度,总值为25分。按最小引爆电火花能量的大小取值,如表5-3所示。

表5-3　电火花(含静电火花)敏感度 K_e 分级判据

最小引爆电火花能量/mJ	≤2	2～15	>15
敏　感　度	高敏感爆炸物	中敏感爆炸物	低敏感爆炸物
K_e取值/分	25	15	5

c　对机械能作用(包括撞击、摩擦)的敏感度 K_m

对机械能作用(包括撞击、摩擦)的敏感度总值为30分,分级判据如表5-4所示。

表5-4　机械敏感度 K_m 分级判据

危险等级	撞击感度		摩擦感度	K_m取值/分
	H_{50}	爆炸百分数/%	爆炸百分数/%	
1级	>50	<5	<5	5
2级	30～50	5～25	5～20	10
3级	20～30	25～45	20～40	15
4级	10～20	45～70	40～60	20
5级	5～10	70～90	60～80	25
6级	≤5	≥90	≥80	30

注:1. 爆炸百分数指在100次实验中爆炸的次数;

2. H_{50}指10kg落锤自50cm高处落下使爆炸物爆炸;

3. 撞击感度爆炸百分数指10kg落锤自50cm高处落下引爆爆炸物频率;

4. 当撞击感度和摩擦感度值不在同一等级时,按能量最小准则取值。

d　对冲击波的敏感度 K_d

对冲击波的敏感度总值为15分,其分级判据用隔板厚度 δ_{50} 或临界压强值表示。分级判据如表5-5所示。

表 5-5 冲击波敏感度 K_d 分级判据

危险等级	分级判据		K_d 取值/分
	δ_{50}/mm	p_C/GPa	
Ⅰ	>25	≤1.5	15
Ⅱ	20～25	1.5～10	10
Ⅲ	≤20	>10	5

注：1. δ_{50}是以塑料粘结黑索金为主发装药，药柱直径 20mm，长度为 40mm，装药密度为 $1.727\pm0.002g/cm^3$，以 LY12 铝为隔板测定的临界隔板值；

2. p_C 是以直径 40mm，高 100mm 的梯恩梯与黑索金按 1 比 1 的比例做主发装药，以 5～30mm 铜板做隔板所测得的冲击波起爆临界压强值。

对于有迸射危险的物品(即 1.2 级危险物品)可按弹药口径及药剂敏感程度来进行评价，该类物品总分值为 80 分。按口径大小分为 3 级，总分为 50 分，如表 5-6 所示；药剂对抛射物的敏感度，用起爆炸药的子弹临界速度来进行分级评价，总分为 30 分，如表 5-7 所示。

表 5-6 有迸射危险的物品按弹药口径评价的分值

危险等级	弹药口径	评分/分
Ⅰ级	口径≥122mm	50
Ⅱ级	122mm>口径>35mm	30
Ⅲ级	口径≤35mm	10

表 5-7 有迸射危险的物品按药剂敏感程度评价的分值

敏感度	临界速度/(m/s)	评分/分
高敏感爆炸物品	<100	30
中敏感爆炸物品	1000～100	20
低敏感爆炸物品	>1000	10

对于有剧烈燃烧危险(1.4 级)的物品可按其燃烧速度及自燃点进行分级评价，总分值为 60 分，分级判据如表 5-8 和表 5-9 所示。

表 5-8 有剧烈燃烧危险的物品按燃烧速度评价的分值

评价依据	评分/分
药剂燃烧速度≥3m/s	20
10mm/s≤药剂燃烧速度<3m/s	15
药剂燃烧速度<10mm/s	6

表 5-9 有剧烈燃烧危险物品按自燃点评价的分值

评价依据	评分/分
药剂自燃点<120℃	40
120℃≤药剂自燃点≤280℃	30
药剂自燃点>280℃	20

B 第 2 类：气体燃烧性

可燃性气体按其危险性质可分为爆炸性气体(如 H_2、C_2H_2、液化石油气等)和助燃性气体(如 O_2、压缩空气等)两类。

爆炸性气体的分级判据分别如图 5-3 所示。爆炸性气体总分值为 90 分。其中,最大安全缝隙为 10 分,爆炸极限、最小点燃电流、最小点燃能量和引燃温度 4 个判据各为 20 分。

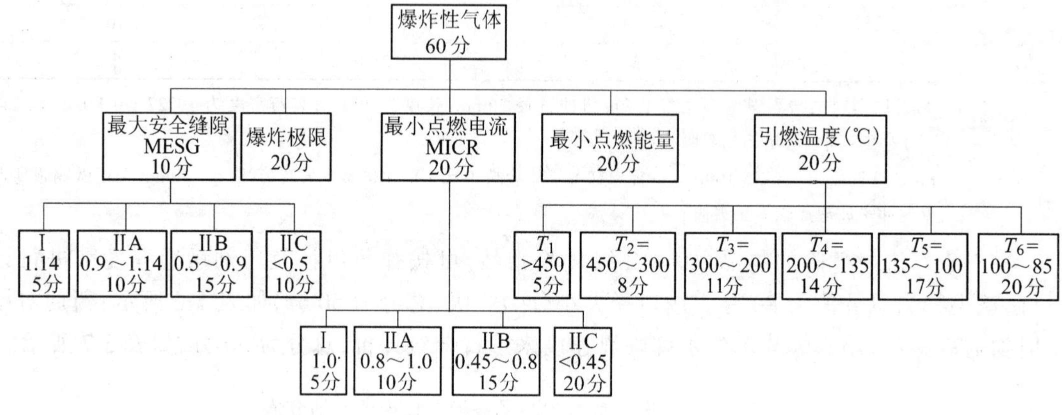

图 5-3　爆炸性气体分级判据

爆炸极限的分级可根据危险度 H 进行:

$$H=\frac{C_{上}-C_{下}}{C_{下}} \tag{5-4}$$

式中　$C_{上}$——表示爆炸上限;

$C_{下}$——表示爆炸下限。

MICR 是按 IEC 79-3 方法测得的最小点燃电流与甲烷测得的最小点燃电流的比值,分级判据如表 5-10 所示。最小点燃能量的分级判据如表 5-11 所示。

表 5-10　爆炸极限分级判据

危险等级	1 级	2 级	3 级	4 级	5 级	6 级
分级判据 H/%	$H\geqslant 20$	$15\leqslant H<20$	$10\leqslant H<15$	$5\leqslant H<10$	$1\leqslant H<5$	$H\leqslant 1$
评分/分	20	17	14	11	8	5

表 5-11　最小点燃能量 E_{min} 的分级判据

危 险 等 级	1 级	2 级	3 级	4 级	5 级	6 级
分级判据 E_{min}/mJ	<0.1	0.1～0.3	0.3～0.5	0.5～0.7	0.7～0.9	≥0.9
评分/分	20	17	14	11	8	5

关于助燃气体的评价在国际上尚无评价助燃性的方法,主要是因为压缩气体容器爆炸的危险,可考虑用临界压力及临界温度来进行分类评价。助燃气体的临界温度越低,对热作用越敏感,蒸发越快,形成的压力也越大,造成压力容器爆炸的可能性也就越大。分级判据为:

当临界温度<21℃时,评分为 10 分;当 21℃≤临界温度<50℃时,评分为 6 分。

C 第3类:液体燃烧性

燃烧性液体指易燃液体、液体混合物及含有固体物质的液体。其闭环试验闪点≤61℃。按表5-12给出的闪点、沸点对其进行分级。

表5-12 易燃液体、液体混合物及含有固体物质的液体的评价

类别	分级判据		评分/分
	闪点/℃	沸点/℃	
一级易燃液体(国标称为低闪点液体)	≤-18	≤35℃	80
二级易燃液体(国标称为中闪点液体)	-18~23	>35	60
三级易燃液体(国标称为高闪点液体)	23~61		40

如果考虑可燃性气体和液体的化学活泼性,可在原危险系数 B_{111} 基础上进行修正,修正系数 K 值如表5-13所示。

表5-13 危险系数 B_{111} 的修正系数 K

化学活泼性	4	3	2	1
修正系数 K	0.20	0.12	0.06	0.02

修正后的危险系数用下式计算:

$$B_{111}=B'_{111}(1+K) \tag{5-5}$$

式中 B'_{111}——修正前的危险系数。

D 第4类:固体燃烧性

燃烧性固体指爆炸物以外的固体物质,包括易燃固体和爆炸性粉尘。易燃固体为4.1级,爆炸性粉尘为4.2级。

a 4.1级:易燃固体

根据易燃固体的着火性及燃烧剧烈程度分级,总分值为20分。其中着火点占10分,燃烧速度占10分,分级评价判据如表5-14所示。

表5-14 易燃固体分级判据

项目	类别	判据	评分/分
着火性	一级易燃固体	在3s内着火的物质	10
	二级易燃固体	3~10s内着火的物质	5
	难燃固体	>10s着火的物质	3
燃烧速度	一级易燃固体	燃速>10mm/s	10
	二级易燃固体	10mm/s≥燃速>3mm/s	5
	难燃固体	燃速≤3mm/s	3

b 4.2级:爆炸性粉尘

爆炸性粉尘在生产过程中经常形成并造成事故,所以在评价中必须加以考虑。粉尘可归纳为一般工业粉尘(需外界供氧)及自供氧粉尘(火炸药粉尘等),其分级判据如图5-4和

图5-5所示。对于一般工业粉尘，评价总分值为60分，其中比电阻10分，下限浓度20分，粉尘最小点火能量15分，粉尘云着火温度或粉尘层着火温度占15分。在实际评价时，可以取粉尘云着火温度，也可以取粉尘层着火温度，只能取其一。对于自供氧粉尘，总分值为60分，其中着火温度占20分，最小点火能量占20分，下限浓度占20分。

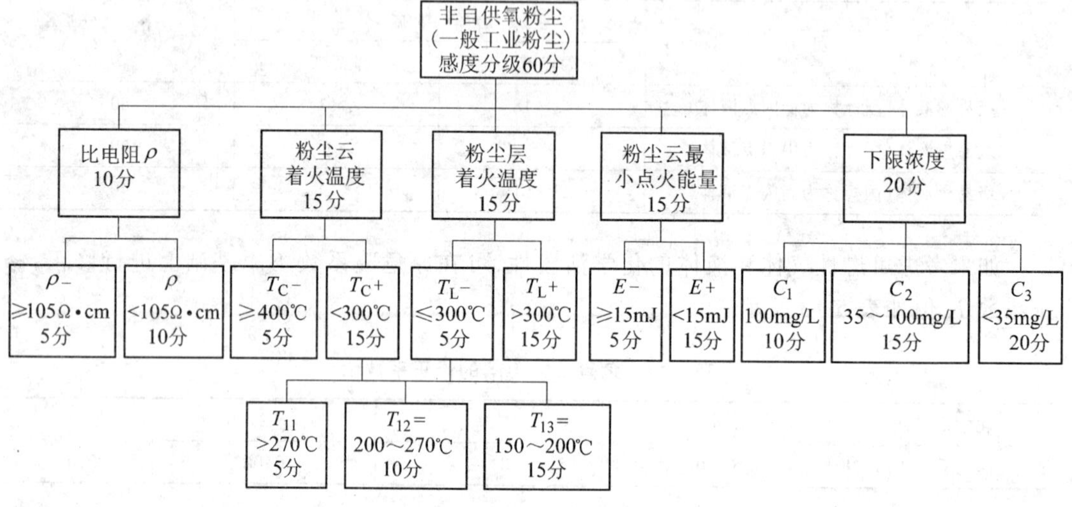

图5-4　非供氧爆炸性粉尘分级框图及分级判据

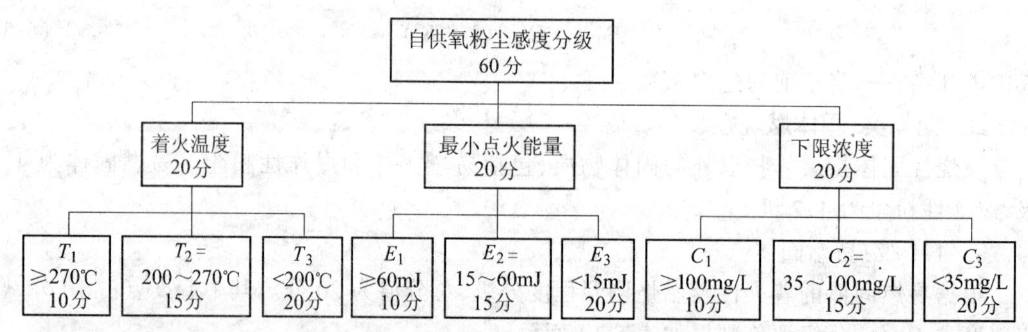

图5-5　自供氧粉尘分级框图

E　第5类：自燃性

自燃性物质指不需要外界火源的作用，本身与空气氧化或受外界温、湿度影响，发热、蓄热达到自燃点而引起自燃的物质。按其自燃性可分为：一级自燃性物质和二级自燃性物质。自燃性物质的评分为60分，评价判据如表5-15所示。

表5-15　自燃性物质的评价依据及得分

评价判据		评分/分
自燃形式	自燃点	
在常温下自燃的物质	一级自燃性物质，自燃点在200℃以下	60
在空气中缓慢氧化蓄热	二级自燃性物质，自燃点＜120℃，危险性大	40
	二级自燃性物质，120℃≤自燃点≤280℃，危险性中	30
	二级自燃性物质，自燃点＞280℃，危险性小	20

F 第6类:遇水燃烧性

该类物质遇水反应放热,释放可燃性气体,不经点火自燃或可燃性气体经点火燃烧爆炸,如钾、钠、锂等碱金属及氢化物、有机金属化合物等。

在实际应用是,把产生的气体可以自燃发火或产生的气体靠近小火焰可以发火或1kg试样产生可燃性气体最大量为0.12m^3/h以上的均作为遇水燃烧物质。

遇水燃烧物质分为两类:

(1) 一级遇水燃烧物:反应剧烈,产生易燃、易爆气体及大量热,引起自燃或爆炸的物质;

(2) 二级遇水燃烧物:反应缓慢,产生可燃气体遇火而燃烧或爆炸的物质。

在评价时,遇水燃烧物质的总分值为60分。如为一级遇水燃烧物评分为60分,如为二级遇水燃烧物评分为40分。

G 第7类:氧化性

氧化物可分为无机氧化物(又称氧化剂)和有机过氧化物。氧化性总分值60分,如为无机氧化物评分为40分,如为有机过氧化物评分60分。

a 无机氧化物

无机氧化物指处于高氧化态、具有强氧化性、易分解并放出氧和热量的物质。该类物质在混合过程是危险的,或经摩擦、撞击迅速分解,有燃烧、爆炸危险。按氧化性强度分为:一级无机氧化物和二级无机氧化物。含有过氧基或高价态的氯、氮、锰等元素,易获得电子,释放大量氧和热的物质定义为一级无机氧化物,评分为40分;硝酸盐、过硫酸钠、重铬酸钠等,稍稳定、氧化性能稍弱的物质定义为二级无机氧化物,评分为20分。

b 有机过氧化物

有机过氧化物极易分解,对热、振动、摩擦极为敏感,分级判据及评分如图5-6所示。

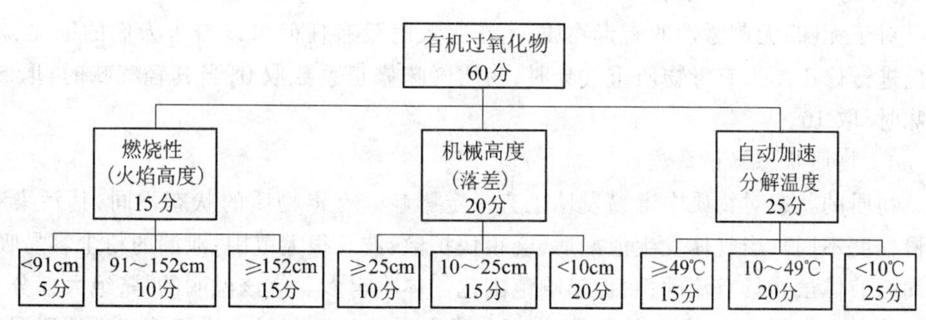

图5-6 有机过氧化物分级

H 第8类:毒性

中毒事故易发性用下式计算:

$$B_{1118} = B_{1118\text{-}1} + B_{1118\text{-}2} + B_{1118\text{-}3} + B_{1118\text{-}4} \tag{5-6}$$

式中 B_{1118}——物质中毒事故易发性系数;

$B_{1118\text{-}1}$——物质毒性系数;

$B_{1118\text{-}2}$——物质重度修正系数;

$B_{1118\text{-}3}$——物质气味修正系数;

$B_{1118\text{-}4}$——物质状态修正系数。

a 物质毒性系数

参照美国消防协会的分类标准(NFPA 704,NFPA 325),将物质毒性分为4级,以健康危险系数指数 N_h 来表征物质毒性,如表5-16所示。

表5-16 健康危险系数指数 N_h 与物质毒性系数

健康危险系数指数	1	2	3	4
物质毒性系数	15	30	45	60

b 物质密度修正系数

物质密度大于空气密度时,容易在地面附近集聚,不容易散发,增大了中毒的可能性。因此,密度比空气大的物质,其毒性系数按表5-17加以修正。对液体,挥发性大、密度比水轻时,增大了中毒可能性,可按挥发性或与水的相对密度比值进行修正。物质密度修正系数的取值如表5-17所示。

表5-17 物质密度修正系数的取值

气体判据	液体或固体判据	密度修正系数
气体密度/空气密度>1.3	极易挥发(物质密度/水密度<1)	15
1.0<气体密度/空气密度≤1.3	易挥发	10
0.5<气体密度/空气密度≤1.0	能挥发	5
气体密度/空气密度≤0.5	难挥发	0

c 物质气味修正系数

对于无味、无刺激性的有毒物质,由于吸入时没有任何可以警告人们的征兆,对毒性系数应进行修正。当有毒物质重气味时,物质气味修正系数取0;当其轻气味时,取5;当其无气味时,取10。

d 物质状态修正系数

物质的状态对物质中毒易发性也有一定影响。有毒物质的状态不同,其污染和中毒的快慢程度不同。当气体发生泄漏后,会很快扩散,波及很大范围;泄漏的粉尘容易吸入体内;泄漏的液体虽然具有流动性,但影响范围比气体小得多。应该说明的是,绝大部分液化气体泄漏后会迅速气化,具备气体的特性,故液化气体应视为气体来进行修正。从泄漏后在同一时间内的污染范围来看,气体最大,粉尘次之,液体较小,固体最小。根据物质形态,物质状态修正系数按表5-18取值。

表5-18 物质状态修正系数的取值

物质形态	气体(含液化气)	粉尘(粒径<10μm)	液体	固体
物质状态修正系数	15	10	5	0

e 综合评价分析

按中毒事故易发性计算公式及对各种系数进行综合分析，可将物质毒性划分为 4 级，如表 5-19 所示。

表 5-19 按物质中毒事故易发性系数 B_{1118} 的物质分级

易发性系数	$75 < B_{1118} \leqslant 100$	$50 < B_{1118} \leqslant 75$	$25 < B_{1118} \leqslant 50$	$B_{1118} \leqslant 25$
物质分级	剧毒物质	高毒物质	中毒物质	轻毒物质

5.1.3.2 工艺过程事故易发性的评价

工艺过程事故易发性与过程中的反应形式、物料处理过程、操作方式、工作环境和工艺过程等有关。确定 21 项因素为工艺过程事故易发性的评价因素。这 21 项因素是：放热反应、吸热反应、物料处理、物料贮存、操作方式、粉尘生成、低温条件、高温条件、负压条件、特殊的操作条件、腐蚀、泄漏、设备因素、密闭单元、工艺布置、明火、摩擦与冲击、高温体、电器火花、静电、毒物出料及输送。最后一种工艺因素仅与含毒性物质有相关关系。对于一个工艺过程，可以从两方面进行评价，即火灾爆炸事故危险和工艺过程毒性。

A 火灾爆炸危险系数 B_{112}

a 放热反应系数 $B_{112\text{-}1}$

只有化学反应单元才选取此项危险系数：

(1) 轻微放热反应的放热反应系数为 30；

(2) 中等放热反应为 50；

(3) 剧烈放热反应为 100；

(4) 特别剧烈放热反应为 125；

(5) 能形成爆炸物及不安定化合物反应为 125。

轻微放热反应包括：加氢、水合、异构化、磺化、中和等。

中等放热反应包括：烷基化、酯化、加成、氧化、聚合、缩合等。

剧烈放热反应如卤化反应——有机化合物分子中引入卤素原子的反应。

特别剧烈放热反应如硝化反应。

能形成爆炸物及不安定化合物的反应如重氮化反应及重金属的离子反应等。

b 吸热反应系数 $B_{112\text{-}2}$

只有化学反应单元才采用吸热反应系数。反应器中发生的任何吸热反应，吸热反应系数均取 20。当吸热反应的能量是由固体、液体或气体燃料提供时，吸热反应系数增至 40。包括：

(1) 煅烧：加热物质以除去化合水和易挥发性物质的过程，$B_{112\text{-}2}$取 40。

(2) 电解：用电流离解离子的过程，$B_{112\text{-}2}$取 20。

(3) 热解或裂解：在高温、高压和触媒存在的条件下大分子裂解的过程，$B_{112\text{-}2}$取 40。当用电加热或高温气体间接加热时，$B_{112\text{-}2}$取 20。

(4) 热解或裂解：直接火加热时，$B_{112\text{-}2}$取 40。

c 物料处理系数 $B_{112\text{-}3}$

物料处理系数 $B_{112\text{-}3}$的选取方法为：

(1) 封闭体系内进行的工艺操作，如蒸馏、气化等，$B_{112\text{-}3}$取 10；

(2) 离心机、间歇式反应器、混合器或过滤器等，采用人工加料或出料，由于空气导入会增大燃烧或发生反应的危险，$B_{112\text{-}3}$取20；

(3) 出现故障时可能引起高温或反应失控(如干燥等)、引起火灾爆炸，$B_{112\text{-}3}$取30；

(4) 混合危险：指工艺中两种或两种以上物质混合或相互接触时能引起火灾、爆炸或急剧反应的危险。$B_{112\text{-}3}$取30；

(5) 原材料质量：当固体物料中含有铁钉、砂石等杂质或物料纯度不合格时，能引起火灾、爆炸或急剧反应。在这种情况下，$B_{112\text{-}3}$取30。

d　物料贮存系数 $B_{112\text{-}4}$

物料贮存系数 $B_{112\text{-}4}$的选取方法为：

(1) 储存物品的火灾危险性分类分项存放不合防火规范要求，$B_{112\text{-}4}$取20～40；

(2) 库房耐火等级、层数、占地面积或防火间距不合防火规范，$B_{112\text{-}4}$取20～40；

(3) 贮罐、堆场的布置(包括单罐最大贮量、一组最大贮量等)不合防火规范，$B_{112\text{-}4}$取20～40；

(4) 贮罐、堆场防火间距不合防火规范，$B_{112\text{-}4}$取20～40；

(5) 露天、半露天堆场的布置不合防火规范，$B_{112\text{-}4}$取20～40；

(6) 露天、半露天堆场防火间距不合防火规范，$B_{112\text{-}4}$取20～40；

(7) 仓库、储罐区、堆场的布置及与铁路、道路的防火间距不合防火规范，$B_{112\text{-}4}$取20～40；

(8) 易燃、可燃液体装卸不合规范，$B_{112\text{-}4}$取20～40；

(9) 工房内料堆放不合要求，$B_{112\text{-}4}$取20～40。

e　操作方式系数 $B_{112\text{-}5}$

操作方式系数 $B_{112\text{-}5}$的选取方法为：

(1) 单一连续反应，$B_{112\text{-}5}$取0；

(2) 单一间歇反应，反应周期较短(1h以内)或较大(1天以上)，$B_{112\text{-}5}$取60；

(3) 单一间歇反应，反应周期在1h至1天范围内，$B_{112\text{-}5}$取40；

(4) 同一装置多种操作，同一设备内进行多种反应与操作，$B_{112\text{-}5}$取75；

(5) 炸药锯开及开孔，$B_{112\text{-}5}$取60；

(6) 装猛炸药，$B_{112\text{-}5}$取50；

(7) 装起爆药，$B_{112\text{-}5}$取60；

(8) 压猛炸药，$B_{112\text{-}5}$取50；

(9) 压起爆药，$B_{112\text{-}5}$取60；

(10) 压烟火药，$B_{112\text{-}5}$取40；

(11) 刮炸药、清螺扣，$B_{112\text{-}5}$取60；

(12) 火药切断及压伸，$B_{112\text{-}5}$取50；

(13) 火药筛选，$B_{112\text{-}5}$取45；

(14) 火药混同，$B_{112\text{-}5}$取40。

f　粉尘系数 $B_{112\text{-}6}$

发生故障时(操作失误或装置破裂)，装置内外可能形成爆炸性粉尘或烟雾，如高压的水压油、熔融硫磺等。在这种情况下，粉尘系数 $B_{112\text{-}6}$取100。

g 低温系数 B_{112-7}

碳钢或其他金属材料在低温下可能存在低温脆性,从而导致设备损坏。

对于碳钢:操作温度等于或低于转变温度时,B_{112-7}取 30;

对于其他材料:操作温度等于或低于转变温度时,B_{112-7}取 20。

h 高温系数 B_{112-8}

这里主要考虑高温对物质危险性的影响,对易燃液体影响最大,对可燃气体或蒸气也有很大影响。高温系数 B_{112-8}的选取方法为:

(1) 操作温度≈熔点,B_{112-8}取 15;

(2) 操作温度>熔点,B_{112-8}取 20;

(3) 操作温度>闪点,B_{112-8}取 25;

(4) 操作温度>沸点,B_{112-8}取 30;

(5) 操作温度>燃点,B_{112-8}取 75。

i 负压系数 B_{112-9}

此项内容适用于空气漏入系统会引起危险的场合。当空气与湿敏性物质或对氧敏感性物质接触时可能引起危险。在易燃混合物中引入空气也会导致危险。负压系数只用于真空度大于 500mmHg(66.661kPa)的情况。负压系数取 50。

j 高压系数 B_{112-10}

操作压力越高,危险性越大。高压系数与操作压力的关系如表 5-20 所示。

表 5-20 高压系数 B_{112-10}与操作压力 p 的关系

p/MPa	0.1~0.8	0.8~1.6	1.6~4.0	4.0~10	10~70	>70
B_{112-10}	30	45	75	90	130	150

按上述原则确定系数后,再做如下修正:

(1) 粘性物质,$B_{112-10}\times 0.7$;

(2) 压缩气体,$B_{112-10}\times 1.2$;

(3) 液化易燃气体,$B_{112-10}\times 1.3$。

k 燃烧范围内及附近的操作系数 B_{112-11}

燃烧范围内及附近的操作系数 B_{112-11}的选取方法为:

(1) 操作时处于燃烧范围内。如易燃液体储罐,由于突然冷却或溅出液体时,可能吸入空气;汽油储罐等放空时,也会形成可燃性气体。在此情况下,B_{112-11}取 50。

(2) 发生故障的位置处于燃烧范围内。如氮气密封的甲醇储罐,氮气泄漏后,其蒸气空间可能在燃烧极限之内。在此情况下,B_{112-11}取 40。

(3) 操作处于燃烧范围内或附近,如有惰性气体吹扫,B_{112-11}取 30。

(4) 操作处于燃烧范围内或附近,如无惰性气体吹扫,B_{112-11}取 80。

l 腐蚀系数 B_{112-12}

尽管设计已经考虑了腐蚀余量,但因腐蚀引发的事故仍不断发生。此处的腐蚀速率指内部腐蚀速率和外部腐蚀速率之和,漆膜脱落可能造成的外部腐蚀也包括在内。

腐蚀系数 B_{112-12}的选取方法为:

(1) 当腐蚀速率<0.5mm/年时,$B_{112\text{-}12}$取10。

(2) 0.5mm/年≤腐蚀速率<1.0mm/年时,$B_{112\text{-}12}$取20。

(3) 腐蚀速率≥1.0mm/年时,$B_{112\text{-}12}$取50。

(4) 应力腐蚀,如在湿气和氨气存在时黄铜的应力腐蚀和在有 Cl^- 的水溶液中不锈钢的应力腐蚀等。有应力腐蚀时,$B_{112\text{-}12}$取75。

(5) 有防腐衬里时,$B_{112\text{-}12}$取20。

m　泄漏系数 $B_{112\text{-}13}$

泄漏系数 $B_{112\text{-}13}$的选取方法为:

(1) 装置本身有缺陷或操作时可能使可燃气体逸出,如CO水封高度不够等。此时$B_{112\text{-}13}$取20。

(2) 在敞口容器内进行混合、过滤等操作时,有大量可燃气体外泄时,$B_{112\text{-}13}$取50。

(3) 玻璃视镜等脆性材料装置往往成为物料外泄的重要部位,橡胶管接头、波纹管等处也常引起泄漏,视采用数量的多少决定泄漏系数:

1) 1~2个时,$B_{112\text{-}13}$取50;

2) 3~5个时,$B_{112\text{-}13}$取70;

3) >5个时,$B_{112\text{-}13}$取100。

(4) 垫片、连接处的密封及轴封的填料处可能成为易燃物料的泄漏源,当它们承受温度和压力的周期性变化时,更是如此。此情况下的泄漏系数 $B_{112\text{-}13}$选取方法为:

1) 对于焊接接头和双端面机械密封可不取系数;

2) 轴封、法兰处泄漏轻微取10;

3) 轴封、法兰处一般泄漏取30;

4) 物料为渗透性流体或磨蚀性物料取40。

n　设备系数 $B_{112\text{-}14}$

按规范设计和制造的设备不取设备系数,非正规设计和加工的设备按下列规定选取系数 $B_{112\text{-}14}$:

(1) Ⅰ类压力容器非正规设计和加工的设备,$B_{112\text{-}14}$取70;

(2) Ⅱ、Ⅲ类压力容器非正规设计和加工的设备,$B_{112\text{-}14}$取100;

(3) 临近设备寿命周期和超过寿命周期,$B_{112\text{-}14}$取75;

(4) 设备存在缺陷或采用不符合工艺条件的代用品时,$B_{112\text{-}14}$取75;

(5) 在设备的负荷范围之外操作,如反应器装料量过大、机器超载及贮槽超装等,$B_{112\text{-}14}$取75;

(6) 压缩机等装置操作时会使相连的装置和管路产生振动,因发生疲劳而增大危险。在这种情况下,$B_{112\text{-}14}$取40。

o　密闭单元系数 $B_{112\text{-}15}$

密闭单元指有顶盖且三面或四面有墙的区域或者无顶盖但四周封闭的区域。在密闭式单元中易燃液体和可燃气体容易积聚,即使有通风,效果也不如敞开结构。在密闭单元$B_{112\text{-}15}$取40。

p　工艺布置系数 $B_{112\text{-}16}$

工艺布置系数 $B_{112\text{-}16}$的选取方法为:

(1) 单元内设备、阀门等的配置不合理,如阀门、仪表等控制装置在事故时不能方便地进行操作,会使事故规模扩大。此时,$B_{112\text{-}16}$取 40;

(2) 盛装氯、氧等氧化剂的设备、邻近易燃物料的设备,$B_{112\text{-}16}$取 30;

(3) 单元高度为 3~5m 时,$B_{112\text{-}16}$取 10;

(4) 单元高度为 5~10m 时,$B_{112\text{-}16}$取 20;

(5) 单元高度为 10~20m 时,$B_{112\text{-}16}$取 30;

(6) 单元高度为 20m 时,$B_{112\text{-}16}$取 40。

q 明火系数 $B_{112\text{-}17}$

明火主要指生产过程中的加热用火、维修用火及其他火源。明火是引起火灾、爆炸事故的一个主要原因。有明火时明火系数 $B_{112\text{-}17}$取 80。

r 摩擦、冲击系数 $B_{112\text{-}18}$

摩擦和冲击可能产生过热和火花。导致火灾的摩擦主要发生在轴承、滑轮、制动器、切削机械等,冲击主要指钢制工具的碰撞等。

当摩擦、冲击部位≤2 个时,$B_{112\text{-}18}$为 10;当摩擦、冲击部位>2 个时,$B_{112\text{-}18}$为 50。

s 高温体系数 $B_{112\text{-}19}$

高温体指未妥善处置的蒸汽管道、电热器等,高温体系数 $B_{112\text{-}19}$取 50。

t 电器火花系数 $B_{112\text{-}20}$

因设计缺陷或使用、维护不当,电动机、电灯、配线及开关等会成为火灾的原因。电器火花系数 $B_{112\text{-}20}$的选取方法为:

(1) 严重违反《爆炸和火灾危险场所电力装置设计规范》的 $B_{112\text{-}20}$取 50;

(2) 基本符合《爆炸和火灾危险场所电力装置设计规范》的 $B_{112\text{-}20}$取 20;

(3) 完全符合《爆炸和火灾危险场所电力装置设计规范》的 $B_{112\text{-}20}$取 0。

u 静电系数 $B_{112\text{-}21}$

静电的产生与物料性质及工艺条件和装置有关,静电系数 $B_{112\text{-}21}$选取如下:

(1) 可能发生粉尘摩擦及两相流体引起的静电时,$B_{112\text{-}21}$取 40;

(2) 可能发生气体自管子中喷出引起的静电时,$B_{112\text{-}21}$取 30;

(3) 可能发生液体在管子中流动引起的静电时,$B_{112\text{-}21}$取 30。

B 工艺过程毒性系数 b_{112}

工艺过程毒性由腐蚀系数、泄漏系数、介质影响系数、设备布置系数、出料系数、输送系数和分析系数给出,其中腐蚀系数、泄漏系数、设备布置系数等 3 个系数如果在火灾爆炸危险评价时已经涉及,在工艺过程毒性评价时将不再考虑。

a 腐蚀系数 $b_{112\text{-}1}$

尽管设计已经考虑了腐蚀余量,但因腐蚀引发的事故仍不断发生。此处的腐蚀速率指内部腐蚀和外部腐蚀之和,漆膜脱落可能造成的外部腐蚀也包括在内。腐蚀系数 $b_{112\text{-}1}$选取如下:

(1) 腐蚀速率<0.5mm/年时,$b_{112\text{-}1}$取 10。

(2) 0.5mm/年≤腐蚀速率<1.0mm/年时,$b_{112\text{-}1}$取 20。

(3) 腐蚀速率 ≥1.0mm/年时,$b_{112\text{-}1}$取 50。

(4) 应力腐蚀,如在湿气和氨气存在时黄铜的应力腐蚀和在有 Cl^- 的水溶液中不锈钢的应力腐蚀等。有应力腐蚀时，b_{112-1}取75。

(5) 有防腐衬里时，b_{112-1}取20。

b　泄漏系数 b_{112-2}

泄漏系数 b_{112-2}的选取方法为：

(1) 装置本身有缺陷或操作时有少量有毒气体逸出时，b_{112-2}取20。

(2) 在敞口容器内进行混合、过滤等操作有大量有毒气体外泄时，b_{112-2}取50。

(3) 玻璃视镜等脆性材料装置往往成为物料外泄的重要部位，橡胶管接头、波纹管等处也常常引起泄漏，视采用数量的多少决定泄漏系数：

1) 1～2个时 b_{112-2}取50；

2) 3～5个时 b_{112-2}取70；

3) >5个时 b_{112-2}取100。

(4) 垫片、连接处的密封及轴封的填料处可能成为有毒物料的泄漏源，当它们承受温度和压力的周期性变化时，更是如此。当连结和填料处泄漏时，泄漏系数为：

1) 对于焊接接头和双端面机械密封可不取系数，轴封、法兰处泄漏轻微时 b_{112-2}取10；

2) 轴封、法兰处一般泄漏时 b_{112-2}取30；

3) 物料为渗透性流体或磨蚀性物料时 b_{112-2}取40。

c　介质影响系数 b_{112-3}

盛装剧毒物质的管道、容器的冷却或加热夹套中的介质如可与剧毒物质发生剧烈反应或生成强腐蚀性的产物时，区分以下两种情况确定介质影响系数：

(1) 未采取任何措施时 b_{112-3}取30；

(2) 采取了某些安全措施时 b_{112-3}取10。

d　设备布置系数 b_{112-4}

如果盛有剧毒物质的贮槽、反应器等设备毗邻其他操作岗位，一旦发生泄漏，则会波及其他岗位，b_{112-4}取20。

剧毒物质贮槽、反应器等设备较多且布置拥挤时，根据设备台数确定设备布置系数 b_{112-4}：

(1) 设备台数为5～10台，b_{112-4}取20；

(2) 设备台数为10台以上，b_{112-4}取30。

e　出料系数 b_{112-5}

出料系数 b_{112-5}的选取方法为：

(1) 下出料：剧毒、腐蚀性强的液体物料的出料管如果是底接或侧接，一旦阀门失灵或接管泄漏，会造成毒物泄漏，出料系数 b_{112-5}取55；

(2) 下出料但有双阀：剧毒、腐蚀性强的液体物料的出料管虽然是底接或侧接，但设置了双阀门，降低了泄漏的危险，此时出料系数 b_{112-5}取45。

f　输送系数 b_{112-6}

输送系数 b_{112-6}的选取方法为：

(1) 气体压送：如果采用空气、氮气等压送剧毒物料，因压力不易控制等项原因，容易发生误操作，此时 b_{112-6}取60；

(2) 屏蔽泵：采用屏蔽泵之类的无泄漏泵输送剧毒物料时，b_{112-6}取20；

(3) 液下泵：采用液下泵输送剧毒物料时不存在毒物外泄的可能，$b_{112\text{-}6}$取 0。

g 分析系数 $b_{112\text{-}7}$

进行毒性物质的分析操作时，会因设备缺陷引起中毒事故，根据实际情况选取不同的系数：

(1) 无通风：无通风意指毒性物质的分析室内没有设置通风橱或有效的通风设施；或者虽安装了上述装置但排风管道配置不合理，有毒气体可能倒流入室内时，$b_{112\text{-}7}$取 30；

(2) 室内有取样管：主要指有毒物质通过管道直接引进分析室进行分析或引进控制室内进行监控的情况，此时会因取样管脱落、管道破裂以及法兰泄漏等项原因引起毒物外泄而导致人员中毒，$b_{112\text{-}7}$取 40。

C 工艺过程事故易发性的计算方法

工艺过程火灾爆炸事故易发性为：

$$B_{112} = \frac{100 + \sum_{i=1}^{m} B_{112\text{-}i}}{100} \tag{5-7}$$

式中 m——所涉及的火灾爆炸危险条款数目。

工艺过程中毒事故易发性为：

$$B_{112} = \frac{\left(100 + \sum_{i=1}^{m} B_{112\text{-}i}\right)\left(100 + \sum_{j=1}^{n} b_{112\text{-}j}\right)}{10000} \tag{5-8}$$

式中 n——所涉及的工艺过程毒性条款数目。

5.1.3.3 工艺—物质危险性相关系数 W_{ij} 的确定

同一种工艺条件对于不同类别的危险物质所体现的危险程度是各不相同的，因此必须确定相关系数。W_{ij}分为 6 级，如表 5-21 所示。

表 5-21 工艺—物质危险性相关系数的分级

级 别	相 关 性	工艺—物质危险性相关系数 W_{ij}
A级	关 系 密 切	0.9
B级	关 系 大	0.7
C级	关 系 一 般	0.5
D级	关 系 小	0.2
E级	没 有 关 系	0

W_{ij}定级根据专家的咨询意见，如表 5-22 所示。

5.1.3.4 事故严重度的评价方法

事故严重度用事故后果的经济损失表示。事故后果系指事故中人员伤亡以及房屋、设备、物资等的财产损失，不考虑停工损失。人员伤亡分为人员死亡数、重伤数、轻伤数。财产损失严格讲应分若干个破坏等级，在不同等级破坏区破坏程度是不相同的，总损失为全部破坏区损失的总和。在危险性评估中为了简化方法，用统一的财产损失区来描述。假定财产损失区内财产全部破坏，在损失区外全不受损，即认为财产损失区内未受损失部分的财产同损失区外受损失的财产相互抵消。死亡、重伤、轻伤、财产损失各自都用一当量圆半径描述。对于单纯毒物泄漏事故仅考虑人员伤亡，暂不考虑动植物死亡和生态破坏所受到的损失。

表 5-22　工艺—物质危险性相关系数表

工艺类 / 物质类	1	2	3	4	5	6	7	8	9	10	11	12	13	14	15	16	17	18	19	20	21
1.1	0.9	0.2	0.9	0.9	0.9	0.9	0	0.9	0.7	0.2	0.7	0.5	0.9	0.2	0.9	0.9	0.9	0.9	0.9	0.9	0
1.2	0.7	0	0.7	0.7	0.5	0.7	0	0.7	0.5	0	0.7	0.5	0.5	0.2	0.7	0.7	0.7	0.7	0.7	0.7	0
1.3	0.9	0.2	0.7	0.9	0.7	0.7	0	0.9	0.7	0.2	0.5	0.5	0.7	0.2	0.9	0.9	0.9	0.7	0.9	0.9	0
1.4	0.7	0	0.2	0.5	0.2	0.2	0	0.7	0	0	0.2	0.2	0.2	0	0.2	0.7	0.7	0.5	0.5	0.5	0
1.5	0.5	0	0	0.2	0	0.2	0	0.5	0.7	0	0.2	0.2	0.2	0	0.2	0.5	0.7	0.2	0.5	0.5	0
2.1	0.7	0.7	0.9	0.7	0.5	0.2	0.9	0.7	0.9	0.9	0.7	0.9	0.9	0.9	0.9	0.9	0.9	0.9	0.9	0.9	0
2.2	0	0	0.2	0	0	0.2	0	0.5	0.5	0.2	0.2	0.5	0.2	0.2	0.5	0.5	0.2	0.2	0.2	0.2	0
3.1	0.9	0.7	0.9	0.9	0.7	0.2	0.9	0.9	0.9	0.9	0.9	0.9	0.9	0.9	0.9	0.9	0.9	0.9	0.9	0.9	0
3.2	0.7	0.5	0.7	0.5	0.5	0.2	0.7	0.7	0.7	0.7	0.7	0.7	0.7	0.7	0.7	0.7	0.7	0.7	0.7	0.7	0
3.3	0.5	0.2	0.5	0.2	0.2	0.2	0.2	0.5	0.5	0.5	0.5	0.5	0.5	0.5	0.5	0.5	0.5	0.5	0.5	0.5	0
4.1	0.7	0.7	0.9	0.7	0.5	0.9	0	0.7	0.5	0.9	0.7	0.5	0.5	0.5	0.7	0.9	0.9	0.9	0.7	0.7	0
4.2	0.5	0.5	0.7	0.2	0.2	0.7	0	0.5	0.2	0.7	0.5	0.2	0.2	0.2	0.5	0.7	0.7	0.7	0.5	0.5	0
4.3	0.5	0.5	0.7	0.2	0.7	0.9	0	0.7	0.2	0.9	0.5	0.7	0.2	0.9	0.9	0.9	0.9	0.9	0.9	0.9	0
5.1	0.9	0.7	0.9	0.9	0.7	0.9	0.5	0.9	0.7	0.9	0.9	0.5	0.5	0.5	0.5	0.5	0.5	0.9	0.5	0.5	0
5.2	0.7	0.5	0.5	0.7	0.5	0.7	0.2	0.7	0.5	0.7	0.5	0.2	0.2	0.2	0.2	0.2	0.2	0.7	0.2	0.2	0
6.1	0.9	0	0.7	0.7	0.7	0.2	0.5	0.7	0.7	0.2	0.9	0.7	0.7	0.2	0.5	0.7	0.7	0.7	0.7	0.7	0
6.2	0.2	0	0.5	0.5	0.5	0.2	0.5	0.5	0.5	0	0.7	0.5	0.5	0.2	0.2	0.5	0.5	0.5	0.5	0.5	0
7.1	0.7	0.5	0.5	0.7	0.5	0.5	0.2	0.5	0.5	0.7	0.5	0.5	0.5	0.2	0.5	0.7	0.7	0.5	0.7	0.7	0
7.2	0.9	0.7	0.5	0.9	0.7	0.7	0.5	0.7	0.7	0.9	0.7	0.7	0.7	0.2	0.5	0.7	0.9	0.7	0.7	0.7	0
8.1	0	0	0	0	0	0	0	0	0	0	0	0	0	0	0	0	0	0	0	0	1

A　危险物与伤害模型之间的对应关系

不同的危险物具有不同的事故形态。事实上，即使是同一种类型的物质，甚至同一种物质，在不同的环境、条件下也可能表现出不同的事故形态。例如液化石油气罐，如果由于火焰烘烤而破裂，往往形成沸腾液体扩展蒸气爆炸；如果罐破裂后遇上延迟点火，则可能发生蒸气云爆炸。在事故过程中，一种事故形态还可能向另一种形态转化，例如燃烧可引起爆炸，爆炸也可引起燃烧。

为了对可能出现的事故严重度进行预先判别，建立了如下原则：

(1) 最大危险原则：如果一种危险物具有多种事故形态，且它们的事故后果相差悬殊，则按后果最严重的事故形态考虑。

(2) 概率求和原则：如果一种危险物具有多种事故形态，且它们的事故后果相差不太悬殊，则按统计平均原理估计总的事故后果 S，即：

$$S = \sum_{i=1}^{N} P_i S_i \tag{5-9}$$

式中 P_i——事故形态 i 发生的概率；

S_i——事故形态 i 的严重度；

N——事故形态的个数。

危险物分类中，1.1～1.5、7.1、7.2 类物质的主要危险是爆炸。2.1 类为爆炸性气体，如果液态储存，且瞬态泄漏后立即遇到火源，则发生沸腾液体扩展为蒸气爆炸；如果瞬态泄漏后遇到延迟点火，或气态储存时泄漏到空气中，遇到火源，则可能发生蒸气云爆炸；如果遇不到火源，则将无害地消失掉。该类物质发生事故时，事故严重度 S 按下式计算

$$S = AS_1 + (1 - A)S_2 \tag{5-10}$$

式中 S_1, S_2——蒸气云、沸腾液体扩展蒸气的爆炸伤害模型计算的事故后果；

$A, 1-A$——蒸气云爆炸和沸腾液体扩展蒸气爆炸发生的概率，取 $A = 0.9$。

等效伤害—破坏半径 R 用下式计算：

$$R = \left(\frac{R}{3.14\rho}\right)^{1/2} \tag{5-11}$$

式中 ρ——人员或财产密度。

3.1、3.2、3.3 类为可燃液体，主要危险是池火灾。其他类型的危险物质均为固态，采用固体火灾模型预测事故严重度。如池火灾或固体火灾发生在室内，燃烧产生的有毒有害气体是人员伤亡的主要原因，因此按室内火灾伤害模型计算事故严重度。

如上所述，火灾的种类不同、发生火灾的环境不同，应采用不同模型进行评价，评价模型如表 5-23 所示。对于 3.1、3.2、3.3 类的池火灾和 4.1、4.2、6.1、6.2 类的固体和粉尘火灾，当发生在室内时，应采用室内火灾的伤害模型进行评价。

表 5-23 危险物类型与伤害模型之间的对应关系

危险物分级号别	对应模型
1.1～1.5、7.1、7.2	凝聚相含能材料爆炸伤害模型
2.1	(1) 气态储存为蒸气云爆炸伤害模型； (2) 液态储存按 $S = AS_1 + (1-A)S_2$ 计算事故后果
3.1、3.2、3.3	池火灾伤害模型
4.1、4.2 、6.1、6.2	固体和粉尘火灾伤害模型

B 一个危险单元内多种危险物并存时的处理办法

如果一个危险单元内有多种危险、但非爆炸性物质，则分别计算每种物质发生事故时的总损失，然后取最大者作为该单元的总损失 S，即：

$$S = \max_{1 \leqslant i \leqslant N}(S_i) \tag{5-12}$$

式中 S_i——第 i 种物质发生事故的严重度；

N——危险物质的种数。

如果一个危险单元内有多种爆炸性物质，则按下式计算总的爆炸能量 E，然后按照总

的爆炸能量计算总损失：

$$E = \sum_{i=1}^{K} Q_{B,i} W_i \tag{5-13}$$

式中　$Q_{B,i}$——第 i 种爆炸物的爆热，J/kg；

W_i——第 i 种爆炸物的质量，kg；

K——单元内爆炸物的种数。

如为地面爆炸，则以式5-13计算出的爆能的1.8倍作为总的爆能。

一个危险单元发生事故可能波及其他单元，例如殉爆，这会导致事故规模扩大。本方法对危险单元间的相互作用不予考虑。简单而有效的处理是将可能互相影响的若干单元视作一个单元。

C　伤害模型

a　凝聚相含能材料爆炸的伤害模型

凝聚相含能材料爆炸能产生多种破坏效应，如热辐射、一次破片作用、有毒气体产物的致命效应等，但最危险、破坏力最强、破坏区域最大的是冲击波的破坏效应，包括冲击波传播到很远距离后引起的二次破片(如振碎的玻璃)的破坏效应。影响冲击波破坏效应的因素有：

(1) 冲击波的性质，如超压、持续时间、冲量等；

(2) 目标的性质，以人为例，包括年龄、性别、体重、身体素质等；

(3) 冲击波与目标的相互作用方式。

冲击波伤害—破坏准则

常见的冲击波伤害—破坏准则有：超压准则、冲量准则、压力—冲量准则等。

超压准则

超压准则认为，只要冲击波超压达到一定值便会对目标造成一定的破坏或损伤。表5-24和表5-25是超压准则的典型例子。

超压准则只考虑超压，不考虑超压持续时间。理论分析和实验研究表明，同样的超压值，如果持续时间不同，破坏效应也不同，而持续时间与爆炸量有关。对不同的爆炸量使用不同的超压准则。表5-26是这方面的例子。

表5-24　建筑物破坏的超压准则

超压/kPa	破坏程度
10～20	建筑物部分破坏
20～30	城市大建筑物有显著破坏
60～70	钢骨架和轻型钢筋混凝土建筑物破坏
100	除防地震钢筋混凝土外其他建筑物均破坏
150～200	防地震建筑物破坏或严重破坏
200～300	钢架桥位移

表 5-25 人员伤害超压准则

超压/kPa	损伤程度
20～30	轻微挫伤
30～50	中等损伤：听觉器官损伤，内脏轻度出血、骨折等
50～100	严重：内脏严重损伤，可引起死亡
100	严重：可能大部分死亡

表 5-26 破坏等级与超压、爆炸量间的关系

破坏等级	超压/kPa		
	1 000kgTNT	10 000kgTNT	100 000kgTNT
1	5	3	3
2	12	8	8
3	28	17	16
4	80	36	35
5	180	80	76

注：破坏等级 1、2、3、4、5 分别对应表 5-27 中破坏等级 5、4、3、2、1。

在如下条件得到满足时，超压准则可以得到较好的结果：

$$\omega T^{+} > 40 \tag{5-14}$$

式中 ω——目标响应角频率，s^{-1}；

T^{+}——正相持续时间，s。

冲量准则

破坏效应不但取决于冲击波超压，而且与超压持续时间直接相关，以冲量 I 作为衡量冲击波破坏效应的参数，这就是冲量准则。

冲量 I 的定义如下：

$$I = \int_0^{T^{+}} \Delta p(t)\mathrm{d}t \tag{5-15}$$

式中 Δp——冲击波超压，Pa；

t——时间，s。

冲量准则认为，只要作用于目标的冲击波冲量 I 达到某一临界值，就会引起该目标相应等级的破坏。由于它同时考虑了超压与超压作用持续时间以及波形，因此比超压准则更合理。但冲量准则并不考虑目标破坏存在一个最小超压。如果超压低于这个值，作用时间再长、冲量再大，目标也不会被破坏。事实上，冲量准则适用于 $\omega T^{+} < 0.4$ 的范围。

超压—冲量准则

超压—冲量准则认为，破坏效应由超压 Δp 与冲量 I 共同决定，它们的不同组合如果满足如下条件式 5-16，就产生相同的破坏效应：

$$(\Delta p - p_{cr})(I - I_{cr}) = C \tag{5-16}$$

式中 Δp——冲击波超压，Pa；

p_{cr}——引起目标破坏的最小临界超压,Pa;

I_{cr}——目标被破坏的临界冲量;

C——常数,与目标性质和破坏等级有关。

在 Δp-I 平面上,式5-16代表一条等破坏曲线。$\Delta p < p_{cr}$ 或 $I < I_{cr}$ 代表安全区,其余区域为破坏区,而且越靠近平面的右上方,坐标点(Δp, I)所代表的爆炸产生冲击波的破坏作用越大。

在估计死亡区半径时,使用超压—冲量准则;在估计重伤和轻伤半径时,使用超压准则。

爆炸的伤害分区

爆炸的伤害区域即为人员的伤害区域。为了估计爆炸所造成的人员伤亡情况,一种简单但较为合理的预测程序是将危险源周围划分为死亡区、重伤区、轻伤区和安全区。根据人员因爆炸而伤亡概率的不同,将爆炸危险源周围由里向外依次划分。

死亡区

死亡区内的人员如缺少防护,则被认为将无例外地蒙受严重伤害或死亡,其内径为零,外径记为 $R_{0.5}$,表示外圆周处人员因冲击波作用导致肺出血而死亡的概率为0.5,它与爆炸量间的关系由下式确定:

$$R_{0.5} = 13.6\left(\frac{W_{TNT}}{1000}\right)^{0.37} \tag{5-17}$$

这个公式实际上就是超压—冲量准则。式中 W_{TNT} 为爆源的TNT当量(kg),按下式计算:

$$W_{TNT} = \frac{E}{Q_{TNT}} \tag{5-18}$$

式中　E——爆源总能量,kJ;

Q_{TNT}——TNT爆热,可取 $Q_{TNT} = 4\,520$kJ/kg。

如果认为该圆周内没有死亡的人数正好等于圆周外死亡的人数,则可以说死亡区的人员将全部死亡,而死亡区外的人员将无一死亡。这一假设能够极大地简化危险源评估的计算而不会带来显著的误差,因为在破坏效应随距离急剧衰减的情况下,该假设是近似成立的。需要说明的另一个假设是,在考虑这些区域时,已假设冲击波在这些区域传播时没受到任何障碍。在一般情况下,不考虑障碍物时得到的伤害分区,将给出最保守的结果。

重伤区

重伤区内的人员如缺少防护,则绝大多数将遭受严重伤害,极少数人可能死亡或受轻伤。其内径就是死亡半径 $R_{0.5}$,外径记为 $Rd_{0.5}$,代表该处人员因冲击波作用耳膜破裂的概率为0.5,它要求的冲击波峰值超压为44 000Pa。这里应用了超压准则。冲击波超压 Δp 可按下式计算:

$$\Delta p = \begin{cases} 1 + 0.156\,7Z^{-3} & \Delta p > 5 \\ 0.137Z^{-3} + 0.119Z^{-2} + 0.269Z^{-1} - 0.019 & 1 < \Delta p < 10 \end{cases} \tag{5-19}$$

其中

$$Z = R\left(\frac{p_0}{E}\right)^{1/3}$$

式中 R——目标到爆源的水平距离,m;

p_0——环境压力,Pa。

轻伤区

轻伤区内的人员如缺少防护,则绝大多数人员将遭受轻微伤害,少数人将受重伤或平安无事,死亡的可能性极小。轻伤区内径为重伤区的外径 $Rd_{0.5}$,外径为 $Rd_{0.01}$,表示外边界处耳膜因冲击波作用破裂的概率为0.01,它要求的冲击波峰值超压为17 000Pa。应用超压准则,计算公式采用式5-19。

安全区

安全区内人员即使无防护,绝大多数人也不会受伤,死亡的概率几乎为零。安全区内径为轻伤区的外径 $Rd_{0.01}$,外径为无穷大。

几率方程中的几率与伤害百分数间的关系为:

$$D = \int_{\infty}^{P_r - 5} \exp\left(-\frac{u^2}{2}\right) du \tag{5-20}$$

式中 P_r——死亡几率;

D——死亡百分数。

当 $P_r = 5$ 时,D 为0.5。

建筑物的破坏分区

爆炸能不同程度地破坏周围的建筑物和构筑物,造成直接经济损失。根据爆炸破坏模型,可估计建筑物的不同破坏程度,据此可将危险源周围划分为几个不同的区域。

英国分类标准如表5-27所示。

表5-27 英国建筑物破坏等级的划分

破坏等级 I	破坏系数 A_i	常 数 K_i	破 坏 状 况
1	1.0	3.8	所有建筑物全部破坏
2①	0.6	4.6	砖砌房外表50%~70%破损,墙壁下部危险
3	0.5	9.6	房屋不能再居住,屋基部分或全部破坏,外墙1~2个面部分破损,承重墙损失严重
4	0.3	28	建筑物受到一定程度破坏,隔墙木结构要加固
5	0.2	56	房屋经修理可居住,天井瓷砖瓦管不同程度破坏,隔墙木结构要加固
6	0.1	+∞	房屋基本无破坏

① 在精度要求不太高的危险性评估中,可以此半径作为财产损失半径,并假定此半径内没有损失的财产与此半径外损失的财产相互抵消。或者说,可假定此半径内的财产完全损失,此半径外的财产完全无损失。

各区外径由下式确定:

$$R_i = \frac{K_i W_{TNT}^{1/3}}{\left[1 + \left(\frac{3175}{W_{TNT}}\right)^2\right]^{1/6}} \tag{5-21}$$

式中 R_i——i 区半径,m;

K_i——常量，如表5-27所示。

我国的划分标准与此不相同，如表5-28所示。

表5-28　我国建筑物破坏等级划分

破坏等级 I	常量 $C_i/(\text{bar}^2\cdot\text{ms})$①	破坏状况
1	近似为零	玻璃偶尔开裂或震落
2	0.082	玻璃部分或全部破坏
3	0.739	玻璃破坏，门窗部分破坏，砖墙出现小裂缝（5mm以内）和稍有倾斜，瓦屋面局部掀起
4	2.684	门窗大部分破坏，墙有5～50mm裂缝和倾斜，钢筋混凝土屋顶裂缝，瓦屋面掀起，大部分破坏
5	3.610	门窗摧毁，墙有50mm以上裂缝，倾斜很大，甚至部分倒塌，钢筋混凝土屋顶严重开裂，瓦屋面塌下
6	4.536	砖墙倒塌，钢筋混凝土屋顶塌下

① $1\text{bar}=10^5\text{Pa}$。

各区外径由下式确定：

$$(\Delta p-0.086)(I-2.243)=C_i \tag{5-22}$$

式中　Δp——冲击波超压，bar❶；

I——冲量，bar·ms❶；

C_i——常量，$\text{bar}^2\cdot\text{ms}$❶，如表5-28所示。

b　蒸气云爆炸的伤害模型

蒸气云爆炸（Vapor Cloud Explosion，简称VCE）是一类经常发生、且后果十分严重的爆炸事故。采用TNT当量法估计蒸气云爆炸的严重度。

长期以来，军事上一直对高能炸药的破坏性很感兴趣，积累了很多TNT量与破坏之间关系的试验数据。因此，使用TNT当量来描述事故爆炸的威力就比较方便。如果某次事故造成的破坏状况与$x$kgTNT爆炸造成的破坏状况相当，则称此次爆炸的威力为$x$kgTNT当量。

用TNT当量法来预测蒸气云爆炸严重度的原理是这样的：假定一定百分比的蒸气云参与了爆炸，对形成冲击波有实际贡献，并以TNT当量来表示蒸气云爆炸的威力。用下式来估计蒸气云爆炸的TNT当量W_{TNT}：

$$W_{\text{TNT}}=\frac{AW_fQ_f}{Q_{\text{TNT}}} \tag{5-23}$$

式中　A——蒸气云的TNT当量系数，取值范围为0.02%～14.9%，这个范围的中值是3%～4%，取4%；

W_{TNT}——蒸气云的TNT当量，kg；

W_f——蒸气云中燃料的总质量，kg；

❶ $1\text{bar}=10^5\text{Pa}$。

Q_f——燃料的燃烧热,MJ/kg;

Q_{TNT}——TNT 的爆热,$Q_{TNT}=4.12\sim4.69$ MJ/kg。

已知蒸气云爆炸的 TNT 当量,可用前面介绍的方法来估计其严重度。

c 火灾伤害模型

在火灾情况下,热辐射通常是其主要危害。无论是池火灾,还是固体火灾,或者是沸腾液体扩展蒸气爆炸,为了估计其严重度,必须知道热辐射的伤害—破坏准则。

在热辐射的作用下,目标可能遭受伤害或破坏。这里的目标既可指人,又可指加工设备、设施、燃料、厂房、建筑物等。这里只讨论较为重要和典型的热辐射对人员和木材的影响。

热辐射对人员的影响

热辐射对人员的影响不但与热辐射强度、持续时间有关,还与人的年龄、性别、皮肤暴露程度、身体健康状况等有关。对于正常的成年人,彼得森(Pietersen)在 1990 年用如下模型来预测热辐射的影响。

皮肤裸露时的死亡几率为:

$$P_r=-36.38+2.56\ln(tq^{4/3}) \tag{5-24a}$$

有衣服保护(20%皮肤裸露)时,二度烧伤几率为:

$$P_r=-43.14+3.0188\ln(tq^{4/3}) \tag{5-24b}$$

有衣服保护(20%皮肤裸露)时,一度烧伤几率为:

$$P_r=-39.83+3.0188\ln(tq^{4/3}) \tag{5-24c}$$

式中 q——人体接收到的热通量,W/m^2;

t——人体暴露于热辐射的时间,s;

P_r——人员伤害几率,它与伤害百分数 D 的关系见式 5-20。

烧伤程度用下面的方法来确定:如果皮肤外表皮下 h 深处的温度高出人体体温 9℃,则 $h<0.12$mm 时为一度烧伤;当 $0.12\text{mm}\leqslant h<2$mm 时为二度烧伤;$h\geqslant2$mm 时为三度烧伤。

在式 5-24 中,一个重要的参数是人体接收到的热通量 q。有了伤害百分数 D,就可以预测相应的伤害分区。

热辐射对建筑物等的影响

热辐射对建筑物的破坏程度直接取决于热辐射强度及作用时间长短。多数研究集中于引燃木材所需要的热通量。劳森(Lawson)与希姆斯(Simms)用下式来估计引燃木材所需要的热通量 q:

$$q=6730t^{-4/5}+25400 \tag{5-25}$$

式中 t——热辐射作用时间,s。

对于沸腾液体扩展为蒸气爆炸来说,即为火球持续时间;对于其他火灾,建议取火灾最大持续时间:

$$t=W/M_C \tag{5-26}$$

式中　W——可燃物质量,kg;

M_C——单位时间烧掉的可燃物质量,kg/s。

当用式5-26计算得到引燃所需的热通量 q 后,就可以与其他公式联立求解与此相应的破坏距离,即引燃半径。

d　池火灾伤害模型

池直径的计算

当危险单元为油罐或油罐区时,可根据防护堤所围池面积 $S(m^2)$ 计算池直径 $D(m)$:

$$D=\left(\frac{3S}{3.14}\right)^{1/2} \tag{5-27}$$

当危险单元为输油管道且无防护堤时,假定泄漏的液体无蒸发、并已充分蔓延、地面无渗透,则根据泄漏的液体量 $W(kg)$ 和地面性质,按下式计算最大的池面积 S:

$$S=\frac{W}{H_{\min}\rho} \tag{5-28}$$

式中　$H_{\min}$——最小油层厚度,与地面性质和状态有关,如表5-29所示;

ρ——油的密度,kg/m³。

知道可能最大池面积后,按式5-28可计算池直径。

表5-29　不同地面的最小油层厚度

地面性质	最小油层厚度 $H_{\min}$/m	地面性质	最小油层厚度 $H_{\min}$/m
草　地	0.020	混凝土地面	0.005
粗糙地面	0.025	平静的水面	0.0018
平整地面	0.010		

确定火焰高度

托马斯(Thomas)给出的计算池火焰高度的经验公式被广为使用:

$$\frac{L}{D}=42\left[\frac{m_f}{\rho_0\sqrt{gD}}\right]^{0.61} \tag{5-29}$$

式中　L——火焰高度,M;

D——直径,m;

m_f——燃烧速率,kg/(m²·s);

ρ_0——空气密度,kg/m³;

g——重力加速度,$g=9.8m/s^2$。

式5-29是在木垛实验的基础上推导出来的,因此,它预测的火焰高度比池火灾的实际值稍微偏高。

火焰表面热通量的计算

假定能量由圆柱形火焰侧面和顶部向周围均匀辐射,则可用下式计算火焰表面的热通量:

$$q_0=\frac{0.2\pi D^2\Delta H_C m_f f}{0.2\pi D^2+\pi DL} \tag{5-30}$$

式中　q_0——火焰表面的热通量，kW/m^2；

ΔH_C——燃烧热，kJ/kg；

π——圆周率；

f——热辐射系数，可取为 $f=0.15$。

目标接收到热通量的计算

目标接收到的热通量 $q(r)$ 的计算公式为：

$$q(r)=q_0V(1-0.058\ln r) \tag{5-31}$$

式中　$q(r)$——目标接收到的热通量，kW/m^2；

r——目标到油区中心的水平距离，m；

V——视角系数。

视角系数 V 按雷(Ray)卡雷卡(Kalelkar)提供的方法计算(1974)，即用如下的方程组计算

$$\begin{cases}V=\sqrt{V_V^2+V_H^2}\\ \pi V_H=A-B\\ A=\dfrac{b-1/s}{(b^2-1)^{1/2}}\dfrac{1}{\tan\left(\dfrac{b+1}{b-1}\dfrac{s-1}{s+1}\right)^{1/2}}\\ B=\dfrac{a-1/s}{(a^2-1)^{1/2}}\tan\left(\dfrac{a+1}{a-1}\dfrac{s-1}{s+1}\right)^{1/2}\\ \pi V_V=\dfrac{1}{\tan\left(\dfrac{h}{(s^2-1)^{1/2}}+\dfrac{h(J-K)}{s}\right)}\\ J=\left(\dfrac{1}{a}-1\right)^{1/2}\dfrac{1}{\tan\left(\dfrac{a+1}{a-1}\dfrac{s-1}{s+1}\right)^{1/2}}\\ K=\dfrac{1}{\tan\left(\dfrac{s-1}{s+1}\right)^{1/2}}\\ a=\dfrac{h^2+s^2+1}{2s}\\ b=\dfrac{1+s^2}{2s}\end{cases} \tag{5-32}$$

式中　s——目标到火焰垂直轴的距离与火焰半径之比；

h——火焰高度与直径之比。

A、B、a、b、J、K、V_H、V_V 是为了描述方便而引入的中间变量。

有了 $q(r)$，就可计算热辐射对目标的影响。

e　沸腾液体扩展为蒸气爆炸伤害模型

加压存储的可燃液化气体突然瞬态泄漏时，如果遇到火源就会发生剧烈的燃烧，产生巨

大的火球，形成强烈的热辐射，造成人员的伤亡和财产的损失，此种现象称为沸腾液体扩展为蒸气爆炸，简称BLEVE。

沸腾液体扩展为蒸气爆炸的主要危险是强烈的热辐射，近场以外的压力效应不重要。通常只有几块较大的破片产生，这些破片能被抛到一公里以外的地方。火球的特征可用国际劳工组织（ILO）建议的沸腾液体扩展为蒸气爆炸模型来估计。

火球半径的计算

实验证明，火球半径是和可燃物质量的立方根成正比的，火球半径的计算公式为：

$$R = 2.9W^{1/3} \tag{5-33}$$

式中　R——火球半径，m；

W——火球中消耗的可燃物质量，kg。对单罐储存，W 取罐容量的50%；对双罐储存，W 取罐容量的70%；对多罐储存，W 取罐容量的90%。

火球持续时间的计算

实验证明，火球的持续时间也和可燃物质量 W 的立方根成正比。火球持续时间按下式计算：

$$t = 0.45W^{1/3} \tag{5-34}$$

式中　t——火球持续时间，s。

目标接收到热辐射通量的计算

当 $r > R$ 时，目标接收到的辐射通量按下式计算：

$$q(r) = q_0R^2r(1 - 0.058\ln r)/(R^2 + r^2)^{3/2} \tag{5-35}$$

式中　q_0——火球表面的辐射通量，W/m^2。对柱形罐取 $270kW/m^2$；对球形罐取 $200kW/m^2$；

r——目标到火球中心的水平距离，m。

目标接收到热量的计算

目标接收到的热量 $Q(r)(J/m^2)$ 按下式计算：

$$Q(r) = q(r)t \tag{5-36}$$

有了辐射通量 $q(r)$ 就可计算热辐射对目标的影响。

f　固体火灾伤害模型

固体火灾的热辐射参数按点源模型估算。此模型认为，火焰辐射出的能量为燃烧热的一部分，并且辐射强度与目标至火源距离的平方成反比，即

$$q(r) = \frac{FM_CH_C}{4\times3.14r^2} \tag{5-37}$$

式中　F——热辐射系数，由实验确定，缺少实验数据时取 $F = 0.25$；

M_C——燃烧速率，kg/s；

H_C——燃烧热，J/kg；

r——目标到火源间的距离，m。

g　室内火灾伤害模型

由于出口通道狭窄、烟雾使可见度降低，以及火灾产生的有害气体使人遭受窒息等原因，使建筑物内的人员不能及时逃离火灾现场，是造成室内火灾人员伤亡的主要原因。以日本建筑学会建议的方法来估计室内火灾的死亡人数是比较可靠的，该方法的计算过程如下。

死亡人数的估计

当室内火灾发生时，室内人员通过走道、楼梯、安全出口进行疏散。疏散时间通过下式来计算：

$$t_P = \frac{\rho A_f}{b_P B_P} \tag{5-38}$$

式中 t_P——疏散时间，s；

ρ——室内人员密度，人/m²；

A_f——房间面积，m²；

b_P——疏散通道通过系数，可取 $b_P = 1.3 \sim 1.5$ 人/(m·s)；

B_P——疏散通道最窄处宽度，m。

死亡人数 D_P(人)可按下式估计：

$$D_P = b_P B_P (t_P - t_S) \tag{5-39}$$

式中 t_S——允许的走道疏散时间，s，如表 5-30 所示。

表 5-30 房屋面积与允许走道疏散时间的关系

房屋面积 A_f/m²	允许走道疏散时间 t_S/s	房屋面积 A_f/m²	允许走道疏散时间 t_S/s
<200	30	1000～1500	90
200～500	45	1500～3000	150
500～1000	60		

当 $t_P \leqslant t_S$ 时是安全的，无人员死亡；当 $t_P > t_S$ 时则不安全，有人员死亡。

财产损失的估计

假定室内火灾发生后，室内财产全部被烧毁，则可按下式估计室内火灾的财产损失 C(万元)：

$$C = A_f P \tag{5-40}$$

式中 P——室内平均财产密度，万元/m²。

D 事故严重度的计算

a 基本假设

在估计事故严重度时，采用了以下假设：

(1) 事故的伤害或破坏效用是各向同性的，伤害和破坏区域是以单元中心为圆心、以伤害或破坏半径为半径的圆形区域。在伤害和破坏区域内无障碍物。

(2) 死亡区内的人员死亡概率为50%，死亡区的半径为死亡半径；重伤区内的人员耳膜50% 破裂(爆炸模型)或人员 50%二度烧伤(火灾模型)，重伤区的半径为重伤半径；轻伤区内的人员耳膜 1%破裂(爆炸模型)或人员 50%一度烧伤(非爆炸模型)，轻伤区半径为轻伤半径。

(3) 财产损失半径指表5-27中破坏等级为2时的半径(爆炸模型)或引燃木材半径(火灾模型)。

(4) 在伤害(死亡、重伤和轻伤)区内人员全部被伤害;在伤害区外人员均不被伤害。

(5) 在爆炸破坏区内财产全部被损失,在爆炸破坏区外财产毫无损失;在火灾破坏区内一半财产被损失,在火灾破坏区外财产无损失。

(6) 事故发生使正常生产、生活和经营受到影响,由此而引起的间接损失不予考虑。

(7) 除综合模型外,不考虑各种事故预防措施对事故严重度的影响。

b 死亡人数的计算

假定死亡半径为 $R_{0.5}$(m),则死亡人数 N_1(人)可按下式估算:

$$N_1 = 3.14\rho_1(R_{0.5}^2 - R_0^2) \tag{5-41}$$

式中 R_0——无人区半径,m;对池火灾模型,R_0 等于池半径;对其他模型,R_0 取零;

ρ_1——死亡区平均人员密度,人/m²。

死亡半径 $R_{0.5}$以及重伤半径 $Rd_{0.5}$、轻伤半径 $Rd_{0.01}$等的计算在前面已有介绍。

c 重伤人数的计算

重伤人数 N_2(人)可按下式估计:

$$N_2 = 3.14\rho_2(Rd_{0.5}^2 - R_{0.5}^2) \tag{5-42}$$

式中 ρ_2——重伤区平均人员密度,人/m²。

d 轻伤人数的计算

轻伤人数 N_3(人)可按下式估计:

$$N_3 = 3.14\rho_3(Rd_{0.01}^2 - Rd_{0.5}^2) \tag{5-43}$$

式中 ρ_3——轻伤区平均人员密度,人/m²。

e 财产损失的计算

假定财产损失半径为 R_4(m),则事故直接财产损失 C(万元)可按下式估算:

$$C = 3.14R_4^2\rho_4 \tag{5-44}$$

式中 ρ_4——破坏区平均财产密度,万元/m²。

f 损失工作日数的计算

由于人员伤亡而损失的工作日数 N(天)为:

$$N = 6000N_1 + 3000N_2 + 105N_3 \tag{5-45}$$

式中 6000、3000、105——分别为死亡、重伤和轻伤一人折合成的损失工作日数。

g 事故总后果的计算

如果把人员伤亡换算成财产损失,则可用总财产损失 S(万元)这个统一的量来表示事故的严重程度。确定严重度 S 的公式为:

$$S = C + \frac{Nb}{6000} \tag{5-46}$$

式中 b——死亡一人损失的价值，建议取为 20 万元。

C 由式 5-44 给出，$N/6000$ 表示与由式 5-45 得到的总损失工作日数 N 相当的死亡人数。

E 毒物伤害模型

当一种物质既具有燃爆特性，又具有毒性时，人员伤亡按两者中较重的情况进行测算，财产损失按燃烧燃爆伤害模型进行测算。毒物泄漏伤害区也分死亡区、重伤区和轻伤区。轻度中毒而无需住院治疗即可在短时间内康复的一般吸入反应不算轻伤。各种等级的毒物泄漏伤害区呈纺锤形，为了测算方便，同样将它们简化成等面积的当量圆，但当量圆的圆心不在单元中心处，而在各伤害区的圆心上。

为了测算财产损失与人员伤亡数，需要在各级伤害区内对财产分布函数与人员损失函数进行积分。为了便于采样，人员和财产分布函数各分为三个区域，即单元区、厂区与居民区，在每一区域内假定人员分布与财产分布都是均匀的，但各区之间是不同的。为了简化采样，单元区面积简化为当量圆，厂区面积当长宽比大于 2 时简化为矩形，否则简化为当量圆。各种类型的伤害区覆盖单元区、厂区和居民区的各部分面积通过几何关系算出。

为了使单元之间事故严重度的评估结果具有可比性，需要对不同质的伤害用某种标度进行折算再做迭加。如果我们把人员伤亡和财产损失在数学上看成是不同方向的矢量，其实所谓“折算”就是选择一个共同的矢量基，将和矢量在矢量基上投影。不同的矢量基对应不同的折算。参考我国政府部门的一些有关规定，在本评价方法中使用了下面的折算公式：

$$S = C + 20\left(N_1 + \frac{N_2}{2} + \frac{105}{6000N_3}\right) \tag{5-47}$$

式中 C——事故中财产损失的评估值；

N_1, N_2, N_3——分别代表事故中人员死亡、重伤、轻伤人数的评估值。

5.1.3.5 危险性抵消因子

尽管单元的固有危险性是由物质危险性和工艺危险性所决定的，但是工艺、设备、容器、建筑结构上各种用于防范和减轻事故后果的设施、危险岗位上操作人员良好的素质、严格的安全管理制度等能够大大抵消单元内的现实危险性。

工艺、设备、容器和建筑结构抵消因子由 23 个指标组成评价指标集；安全管理状况由 10 类指标组成评价指标集；危险岗位操作人员素质由 4 项指标组成评价指标集。工艺设备、建筑物抵消因子分类及算法如下。

A 工艺设备、建筑物抵消因子

工艺设备、建筑物抵消因子分为工艺设备、建筑物火灾爆炸抵消因子和工艺设备毒性、防止中毒措施抵消因子两类。工艺设备、建筑物火灾爆炸抵消因子共设 20 项，前 16 项为工艺设备方面的内容，后 4 项为建筑物方面的内容。工艺设备毒性、防止中毒措施抵消因子共设 8 项，前 5 项为工艺设备方面的内容，后 3 项为防止中毒措施方面的内容。

a 工艺设备、建筑物火灾爆炸抵消因子

设备维修保养系数 $B_{21\text{-}1}$

严格按照计划对设备进行检查、维修和保养，建立设备情况记录卡，对重要设备、仪表每天用检查表进行检查，受压容器按照《压力容器安全监察规程》进行检查，不超期服役。这是安全生产的基本要求。

设备维修保养系数 B_{21-1} 的选取方法为：

(1) 完全符合上述要求时，B_{21-1} 为 0.95；

(2) 基本符合上述要求时，B_{21-1} 为 0.98。

抑爆装置系数 B_{21-2}

抑爆装置系数 B_{21-2} 的选取方法为：

(1) 处理粉尘或蒸汽的设备上安有抑爆装置或设备本身有抑爆作用时，B_{21-2} 为 0.84；

(2) 采用防爆膜或泄爆口防止设备发生意外时，B_{21-2} 为 0.98。

只有那些在突然超压(如燃爆)时，能防止设备或建筑物遭到破坏的释放装置才能给予抵消系数，对于那些所有压力容器上都配备的安全阀、储罐的紧急排放口之类常规超压释放装置则不考虑抵消系数。

惰性气体保护系数 B_{21-3}

惰性气体保护系数 B_{21-3} 的选取方法为：

(1) 盛装易燃气体的设备有连续的惰性气体保护时，B_{21-3} 为 0.96；

(2) 惰性气体系统有足够的能量并自动吹扫整个单元时，B_{21-3} 为 0.94；

(3) 当惰性吹扫系统必须人工启动或控制时，不取系数，即 $B_{21-3}=0$。

紧急冷却系数 B_{21-4}

紧急冷却系数 B_{21-4} 的选取方法为：

(1) 工艺冷却系统能保证在出现故障时维持正常冷却 10min 以上时，B_{21-4} 为 0.99；

(2) 有备用冷却系统，冷却能力为正常需要量的 1.5 倍，且至少维持 10min 时，B_{21-4} 为 0.97。

应急电源系数 B_{21-5}

应急电源系数 B_{21-5} 的选取方法为：

(1) 考虑到故障断电及故障检修的影响，重要岗位上除设有一般电源外，还设有紧急备用电源，如双电源、柴油发电机组等以保证有足够的安全防护设施用电和生产用电，此时 B_{21-5} 为 0.97；

(2) 只有当应急电源能从正常状态自动切换到应急状态，且应急电源与评价单元中事故的控制有关时才考虑抵消系数，即 $B_{21-5}=0$。

电气防爆系数 B_{21-6}

爆炸危险场所使用的防爆电气设备，在运行过程中，具备不引燃周围爆炸性混合物的性能。满足此要求的电气设备有隔爆型、增安型、本质安全型、正压型、充油型、充砂型、无火花型、防爆特殊型和粉尘防爆型。应根据防爆区域等级来选择合理的防爆电气型号，严格执行《爆炸和火灾危险环境电力装置设计规范》(GB 50058—92)。

电气防爆系数 B_{21-6} 的选取方法为：

(1) 完全符合上述要求时，B_{21-6} 为 0.95；

(2) 基本符合上述要求时，B_{21-6} 为 0.98。

防静电系数 B_{21-7}

防止静电引起火灾爆炸所采取的措施有：

(1) 生产过程中尽量少产生静电荷；

(2) 泄漏和导走静电荷；

(3) 中和物体上积聚着的静电荷；

(4) 屏蔽带静电的物体；

(5) 使物体内外表面光滑和无棱角等。

防静电系数 $B_{21\text{-}7}$的选取方法为：

(1) 完全符合上述要求时，$B_{21\text{-}7}$为 0.95；

(2) 基本符合上述要求时，$B_{21\text{-}7}$为 0.98。

避雷系数 $B_{21\text{-}8}$

高大建筑物、塔、贮罐区、金属构架以及设备装置等必须安装避雷装置，并确保防雷装置安全可靠。要使防雷装置安全可靠必须做到：

(1) 防雷接地电阻小于 10Ω；

(2) 避雷针、避雷带与引下线采用焊接连接；

(3) 独立的避雷针及接地装置不设在行人经常通过的地方，与道路或建筑物出入口及其他接地体距离大于 3m；

(4) 装有避雷针或避雷线的构架上，不架设低压线或通讯线；

(5) 系统的定期检测，保证接地处于完好状态。

避雷系数 $B_{21\text{-}8}$的选取方法为：

(1) 完全符合上述要求时，$B_{21\text{-}8}$为 0.95；

(2) 基本符合上述要求时，$B_{21\text{-}8}$为 0.98。

阻火装置系数 $B_{21\text{-}9}$

使用阻火器、液封或者阻火材料，使火焰的传播局限在装置内，防止事故扩大。此时 $B_{21\text{-}9}$为 0.97。

事故排放及处理系数 $B_{21\text{-}10}$

对于备用泄料及处理装置：

(1) 备用贮槽能安全地(有适当的冷却和通风)直接接受单元内的物料时，$B_{21\text{-}10}$为 0.98；

(2) 备用贮槽安置在单元外时，$B_{21\text{-}10}$为 0.96；

(3) 应急通风管能将全部安全阀、紧急排放阀及其他气体、蒸气物料排至火炬系统或密闭受槽时，$B_{21\text{-}10}$为 0.96。

对于双套管、双层容器：装有易燃性液体和液化气的管道、容器有双层夹套，在第一容器壁破裂后，第二容器壁能容纳泄放出来的物料时，$B_{21\text{-}10}$为 0.95。

对于防护堤：在贮罐区域内，按照易燃性液体要求的标准，设有防护堤时，$B_{21\text{-}10}$为0.98。

装置监控系数 $B_{21\text{-}11}$

装置监控系数 $B_{21\text{-}11}$的选取方法为：

(1) 全体操作人员在单元所有部分，能用无线电或者类似的设备同控制室保持联系时，$B_{21\text{-}11}$为 0.99；

(2) 对装置日夜 24h 进行定期巡回检查，重要项目能用计算机或闭路电视仔细监视时，$B_{21\text{-}11}$为 0.97；

(3) 监视操作状况的在线计算机具有故障情况下的应急停车或故障排除功能时，$B_{21\text{-}11}$

为0.90。

设备布置系数 $B_{21\text{-}12}$

设备的布置应满足下列条件：

(1) 工艺生产装置内的露天设施、贮罐、建筑物等按生产流程集中联合布置；

(2) 有火灾爆炸危险的生产设备、建筑物、构筑物布置在装置内的边缘，其中有爆炸危险的设备布置在一端；

(3) 生产装置的辅助设施及建筑物布置在安全和便于管理的地方；

(4) 设有真空系统的泵房，真空罐设在泵房外；

(5) 有明火设备生产装置的布置，远离可能泄漏可燃气体的工艺设备及贮罐，且设置在可燃气体设备、建筑物、构筑物的侧风向或上风向。

设备布置系数 $B_{21\text{-}12}$的选取方法为：

(1) 完全符合上述要求时，$B_{21\text{-}12}$为0.95；

(2) 基本符合上述要求时，$B_{21\text{-}12}$为0.98。

工艺参数控制系数 $B_{21\text{-}13}$

工艺参数控制系数 $B_{21\text{-}13}$的选取方法为：

(1) 温度、压力、流量等工艺控制仪表配备齐全且为一套时，$B_{21\text{-}13}$为0.99；

(2) 同一参数有并行两套或两套以上仪表监控，有手动控制时，$B_{21\text{-}13}$为0.97；

(3) 同一参数有并行两套或两套以上仪表监控，有自动控制时，$B_{21\text{-}13}$为0.95。

泄漏检测装置与响应系数 $B_{21\text{-}14}$

泄漏检测装置与响应系数 $B_{21\text{-}14}$的选取方法为：

(1) 在单元所有必要的地方安装有气体或者蒸气泄漏检测装置，该检测装置能报警和确定危险带，$B_{21\text{-}14}$为0.98；

(2) 该检测装置既能报警又能在达到燃烧下限之前使保护系统动作，$B_{21\text{-}14}$为0.94。

故障报警及控制装置系数 $B_{21\text{-}15}$

故障报警及控制装置系数 $B_{21\text{-}15}$的选取方法为：

(1) 单元设有出现异常情况紧急控制的装置，诸如某一种流体管线发生故障时，能可靠地切断另一种流体的连锁装置、在容器或泵的吸入侧设置的远距离控制阀等，$B_{21\text{-}15}$为0.98；

(2) 重要的转动设备如压缩机、透平和鼓风机等装有振动测定仪，振动能报警，$B_{21\text{-}15}$为0.99；

(3) 上述振动仪能使设备自动停车时，$B_{21\text{-}15}$为0.96。

厂房通风系数 $B_{21\text{-}16}$

处理易燃性液体的工艺单元，以及研磨、喷涂、树脂熟化及敞口罐的工艺单元设在室内，能保证厂房有充分的换气时，$B_{21\text{-}16}$为0.95。

建筑物泄压系数 $B_{21\text{-}17}$

将危险操作隔离在一个小的单独厂房里或从主厂房中隔离出来，配置适当的泄压设施（如厂房自动打开的窗、安全孔等），一旦压力升高时，能自动放出生成气体时，$B_{21\text{-}17}$为0.98。

厂房结构系数 $B_{21\text{-}18}$

对于厂房结构和环境的要求是：

(1) 有爆炸危险的甲、乙类生产厂房(仓库)符合有关规范要求；

(2) 可燃气体压缩机房采用敞开式或半敞式，非敞开式厂房通风良好；

(3) 有易燃、爆炸危险物的生产厂房(仓库)采用不发火地面，门窗向外开；

(4) 单元周围有防火墙、防火堤、水浸沟等建筑设施；

(5) 易燃、易爆物品地上库房泄压面积符合防火要求，半地下仓库三分之一建在地下，地面部分以上覆盖，库内有通风装置，仓库四周有排水沟；

(6) 易燃、易爆物品库房内的暖气采暖，其散热器和可燃物品的安全距离符合规范要求；

(7) 易燃、易爆厂(库、泵)房等与建筑物相互距离符合规范要求。

厂房结构系数 $B_{21\text{-}18}$ 的选取方法为：

(1) 完全符合上述要求时，$B_{21\text{-}18}$ 为 0.95；

(2) 基本符合上述要求时，$B_{21\text{-}18}$ 为 0.98。

工业下水道系数 $B_{21\text{-}19}$

对于工业下水道的要求是：

(1) 工业下水道的结构设置符合规定要求；

(2) 有易燃、可燃液体的污水，经水封井排入工业下水道，水封井高度大于 250mm；

(3) 隔油池采用不燃材料建造，其间隔不少于两间；

(4) 有可能产生化学反应引起火灾或爆炸的两种污水，不直接混合排入工业下水道，水蒸汽及其冷凝水不排入工业下水道。

工业下水道系数 $B_{21\text{-}19}$ 的选取方法为：

(1) 完全符合上述要求时，$B_{21\text{-}19}$ 为 0.95；

(2) 基本符合上述要求时，$B_{21\text{-}19}$ 为 0.98。

耐火支撑系数 $B_{21\text{-}20}$

容器、设备、配管等支架是由混凝土、水泥或类似的耐火材料制成时，耐火支撑系数 $B_{21\text{-}20}$ 为 0.86。

b 工艺设备毒性、防止中毒措施抵消因子 b_{21}

贮槽系数 $b_{21\text{-}1}$

分以下 3 种情况，如果同时具备两种以上措施时，只取其中一个最小的系数：

(1) 盛装液态剧毒物品的贮槽设置在一密闭单间内，室内设有强制通风设施，保持微负压，此时 $b_{21\text{-}1}$ 为 0.92；

(2) 装有液态剧毒物品的管道、容器采用双层外壁，内层通干燥的氮气等惰性气体，形成密闭状态，一旦罐壁泄漏有压力检测器报警，而外层则通冷冻液时，$b_{21\text{-}1}$ 为 0.83；

(3) 设有相应备用贮槽，倘发生事故时倒料用时，$b_{21\text{-}1}$ 为 0.98。

厂房系数 $b_{21\text{-}2}$

厂房系数 $b_{21\text{-}2}$ 的选取方法为：

(1) 生产或处理毒性物质的工艺单元安置在密闭厂房内，无通风时，$b_{21\text{-}2}$ 为 0.98；

(2) 生产或处理毒性物质的工艺单元安置在密闭厂房内，室内有抽风装置时，$b_{21\text{-}2}$ 为 0.95；

(3) 生产或处理毒性物质的工艺单元安置在密闭厂房内,室内装设抽风装置,保持微负压,并且抽出的气体经处理后再排放时,$b_{21\text{-}2}$为0.88。

隔离操作系数 $b_{21\text{-}3}$

隔离操作系数 $b_{21\text{-}3}$的选取方法为:

(1) 在生产现场附近的隔离控制室内操作,且室内通风良好时,$b_{21\text{-}3}$为0.98;

(2) 在控制室内进行远距离操作时,$b_{21\text{-}3}$为0.89。

毒物检测系数 $b_{21\text{-}4}$

毒物检测系数 $b_{21\text{-}4}$的选取方法为:

(1) 在生产现场或附近设有毒物泄漏检测装置(如毒物报警仪等)时,$b_{21\text{-}4}$为0.94;

(2) 生产现场设有毒物报警装置,并根据泄漏检测从控制室进行远距离操作,使装置自动停车或应急处理等,在此条件下 $b_{21\text{-}4}$为0.87。

应急破坏系统系数 $b_{21\text{-}5}$

生产装置设有紧急情况下应急破坏系统,对装置中所有容器和管道中的有毒物料进行处理,使之浓度达到安全极限以下,在此条件下,应急破坏系统系数 $b_{21\text{-}5}$为0.87。

个体防护用品系数 $b_{21\text{-}6}$

操作人员及所有有关人员进入有毒物质生产区域,各类防护用品佩戴齐全、完备时,个体防护用品系数 $b_{21\text{-}6}$为0.89。

风向标等系数 $b_{21\text{-}7}$

生产、使用有毒气体的工厂安设一个或一个以上风向标,其位置设在本厂职工和附近居民容易看到的高处时,风向标系数 $b_{21\text{-}7}$为0.92。

中毒急救系数 $b_{21\text{-}8}$

工厂设有中毒病人急救室和观察室,有专职医生昼夜值班,并备有足够量的急救药品和器材,中毒急救措施完备,在此条件下中毒急救系数 $b_{21\text{-}8}$为0.91。

B　危险岗位操作人员素质评估

a　评价标准

首先,做以下定义:

单元:是作为重大危险源进行考察、控制的对象,其人员可靠性记为 R_u。

岗位:不是指一般的设岗,而是指那些"因人的失误而能导致设施及财物重大损失"的岗位,其人员可靠性记为 R_p。

单个人员的可靠性 R_S 是人员合格性 R_1、熟练性 R_2、稳定性 R_3 与负荷因子 R_4 的乘积,即:

$$R_S = \prod_{i=1}^{4} R_i \tag{5-48}$$

人员的合格性 R_1 表示为:

$$R_1 = \begin{cases} 0, \text{操作人员未经考核或不合格} \\ 1, \text{持证上岗} \end{cases} \tag{5-49}$$

人员的熟练性 R_2 表示为:

$$R_2 = 1 - \frac{1}{k_2\left(\frac{t}{T_2} + 1\right)} \tag{5-50}$$

式中 k_2——比例系数，如果人员经考核合格、持证上岗其熟练程度可达75%，则其值取为4；

t——人员在一个岗位的工作时间；

T_2——达到某一熟练程度所需要的时间，对于不同的岗位所取的值可以有所调整，如果在一个岗位上工作两年后，其熟练程度达95%时，其值取为6个月。

人员的操作稳定性 R_3 表示为：

$$R_3 = 1 - \frac{1}{k_3\left[\left(\frac{t}{T_3}\right)^2 + 1\right]} \tag{5-51}$$

式中 k_3——比例系数，如果某一岗位或其人员刚刚发生事故，人员的操作稳定性降为50%，则其值取为2；

t——某一岗位或其人员发生事故后人员在该岗位上的工作时间；

T_3——事故发生后人员操作稳定性达到某一程度所需要的时间。事故发生后1年内，人员操作稳定性达90%，其值取6个月；事故发生后3年，人员操作稳定性为95%。对于新设岗位，没有发生事故的记录时，取 $R_3 = 1$。

岗位操作人员的负荷因子 R_4 表示为：

$$R_4 = \begin{cases} 1 - k_4\left(\frac{t}{T_4} - 1\right)^2, t \geqslant T_4 \\ 1, t < T_4 \end{cases} \tag{5-52}$$

式中 T_4——一个岗位正常工作一个班的工作时间，可以取为8小时或根据实际情况确定；

t——人员在一个岗位上从上班到下班所工作的时间。如果一个岗位上应有 M_0 个人工作，而实际上只有 N_0 人，且 $M_0 > N_0$ 时，则工作时间 t 应进行折算，即：

$$t = t + \Delta t, \Delta t = \frac{M_0 - N_0}{N_0}$$

b 指定岗位人员素质的可靠性

在一个岗位上工作的可以是由数人构成的一个群体，在同一个部位操作的人，可以有 N 个（他们将在不同时间内，在同一位置上工作），由于这 N 个人之间的关系即非“串联”也非“并联”，因此指定岗位人员可靠性取平均值，即：

$$R_S = \sum_{i=0}^{N} \frac{R_{Si}}{N} \tag{5-53}$$

指定岗位人员素质的可靠性可表示为：

$$R_p = \prod_{i=0}^{n} R_{Si} \tag{5-54}$$

式中 n——一个岗位上操作的人数。

在含有危险岗位的单元，其标准设计应含有成为并联工作的要求，故单元人员素质的可靠性可表示为：

$$R_u = 1 - \prod_{i=0}^{m} (1 - R_{pi}) \quad (5\text{-}55)$$

式中 m——一个单元内的岗位数。

c 评估步骤

评估步骤包括采集数据和评估计算两个部分：

(1) 采集数据：采集的数据包括群体数据和个体数据。

群体数据包括：单元危险岗位 m、各个危险岗位的人数 n 和各个操作部位的人数 N。

个体数据包括：是否持证上岗、岗位工龄、平均工作时间(含代岗时间)、无事故工作时间等。

(2) 评估计算：评估计算的步骤如下：

1) 根据式5-49求出每个人的 R_1；

2) 根据式5-50求出每个人的 R_2；

3) 根据式5-51求出每个人的 R_3；

4) 根据式5-52求出每个人的 R_4；

5) 由式5-48求出 R_{Si}；

6) 由式5-53求出 R_S；

7) 由式5-54求出 R_p；

8) 由式5-55求出 R_u。

C 危险源安全管理评价

a 安全生产责任制，100分

安全生产责任制的内容，概括地说，就是企业各级领导，应对所管辖范围内的安全工作负总的责任，各级工程技术人员、职能部门和生产工人在各自的业务(生产)范围内，对实现安全生产负责。其具体评价内容如下：

(1) 第一责任人(厂长、经理)的安全生产责任，包括：

1) 贯彻落实有关安全生产方面的规定和技术规范；

2) 定期向职工代表大会(或职工大会)报告安全生产工作；

3) 安全生产工作要做到“五同时”；

4) 按规定配备安全管理人员；

5) 贯彻、落实安全生产目标，并定期考核。

(2) 分管安全生产工作的副厂长(副经理)的安全生产责任，包括：

1) 组织实施上级有关安全生产方面的规定和技术规范；

2) 组织制定并落实安全生产方面的制度和安全技术操作规程；

3) 组织进行安全检查和安全评价，监督消除事故隐患；

4) 按“三不放过”原则查处各类生产事故。

(3) 分管其他工作副厂长(经理)的安全生产责任，包括：

1）实施上级有关生产方面的规定和技术规范；

2）落实有关安全生产规定和要求，完成安全生产目标。

(4) 总工程师(技术负责人)安全生产责任，包括：负责提出对使用新设备，采用新技术、新工艺、新材料，试制新产品过程中的安全技术措施。

(5) 各职能部门负责人的安全生产责任，包括：

1）具体执行有关安全生产方面的规章制度；

2）提出年度安全技术措施计划；

3）组织安全生产检查，及时消除事故隐患；

4）具体实施对新工人、调换工种的工作人员进行技术教育。

(6) 车间主任的安全生产责任，包括：

1）执行有关安全生产方面的规章制度；

2）组织安全检查，制定和组织实施本车间的劳动保护措施计划，及时消除事故隐患；

3）对新职工进行车间安全教育，并经常向职工进行安全教育；

4）制订各工种安全操作工程组织安全生产竞赛，严格按“三不放过”原则处理事故。

(7) 班组长的安全生产责任，包括：

1）指导和督促职工认真遵守安全技术操作规程；

2）负责班前、班后的安全检查；

3）进行新工人和调换工种的工人进行岗位安全技术教育，对不合格工人不安排上岗工作；

4）检查维护安全生产设备和防护装置，保证安全防护装置灵敏可靠。

(8) 工会的安全生产监督责任，包括：

1）监督行政负责人贯彻有关安全生产方面的规定；

2）协助行政领导对职工进行安全生产教育；

3）参加安全生产检查；

4）支持职工拒绝执行违章指挥；

5）参加各级事故隐患评估和整改。

安全生产责任制的评价方法是：查看文本资料和现场抽查测试。该项总分值为100分，一项不合格扣20分，直到扣完为止。

b 安全生产教育，100分

新工人上岗前三级安全教育

三级安全教育是企业必须坚持的基本教育制度，包括入厂教育，车间教育和岗位教育。首先是入厂教育，由厂部负责人对新入厂的工人进行一般安全知识、劳动纪律和进入本企业特殊危险地区应注意的事项等内容的教育。其次是车间教育，由车间负责人对新到车间的工人进行劳动规则、遵守事项和车间危险地区的教育，使新职工对安全生产知识有一个概括的了解；再次是岗位教育，由班组负责对工人进行本岗位的工作性质、职责范围、操作规程和应注意的安全事项等方面的教育。通过三级教育，使新入厂的工人牢固地树立安全生产的思想，熟悉各项规章制度。这对保证职工个人的安全健康，促进企业安全生产起到了重要作用。

特种作业人员专业培训

企业除进行一般的安全教育外，对于电气、焊接、起重、爆炸、锅炉压力容器、车辆驾驶、瓦斯监测等特殊工种，还必须进行专门培训，并规定只有在考试合格后，方准许进行独立操作。因为这些工种在生产中担负着特殊的任务，危险性大，他们的工作对整个企业的安全生产影响很大，是企业安全教育的重点。

“四新”安全教育

对采用新技术、新工艺、新设备、新材料的工人进行安全技术教育，企业一旦采用“四新”进行生产，就必须对从事该工作的工人进行必要的安全技术教育，重点讲授操作规程，安全措施，防护装置的使用等方面的内容，使工人能够独立操作，安全生产。

对复工工人进行安全教育

复工安全教育是指对因工受伤者及未受伤的责任者在复工后所进行的安全教育。教育内容包括学习国家有关安全生产的政策法令、安全生产责任制、劳动纪律、岗位安全技术操作规程、有关的安全技术知识等，参加事故分析，吸取事故教训，制订防护措施。

对调换新工种的工人进行安全教育

调换工种以后工人对所从事的新工作不熟悉，对操作规程和技术不了解。为了安全生产，防止事故发生，就必须对他们进行教育。教育内容应包括劳动规章、遵守事项和企业、车间危险地区等方面，以及本岗位的工作责任、操作规程等方面的教育，使之树立安全生产的思想。

中层干部安全教育

中层干部安全教育是指企业车间主任以上干部、工程技术人员和行政管理干部的安全管理和知识教育。干部的安全素质关系到企业的成败兴衰，随着经济的发展和企业自主权的扩大，对企业干部的安全教育成为企业管理中的一项重要工作。企业主要靠干部进行管理，因此必须在干部头脑中树立起“安全第一”的思想，处理好安全同生产经营等各项活动的关系，认真学习安全技术和安全管理知识，以身作则。在教育过程中，要借鉴国外现代管理理论和方法，结合具体实际对干部进行教育培训，提高干部的安全素质，使企业安全管理工作做得有声有色，从而促进企业生产。

班组长安全教育

班组长是企业的基础领导，对企业的安全工作起着承上启下的作用，所以做好班组长的安全教育工作是非常重要的。班组长要认真学习上级有关安全指示，模范地遵守安全操作规程。对班组的安全情况应经常进行检查上报，及时召开安全会议，做好事故的调查分析并提出相应防护措施。企业对班组长应定期进行安全考评，并以此作为奖励和晋升的依据，失职者要严加处理。

全员安全教育

企业对全体职员应进行安全教育，在广大职员中树立起“安全第一”的思想，遵守操作规程，实现生产安全化。全员安全教育必须有针对性、预见性、趣味性和灵活性，内容要生动活泼，鲜明具体。安全教育必须经常进行，这是因为人的思想经常变化，生产形式、劳动条件、环境气候等也是变化的，进行经常性的教育可以及时提醒，警钟长鸣，防患于未然，全员安全教育的形式是多种多样的，包括广播、板报、报刊、报告会、安全讨论会等。要宣传安全生产知识，报道典型事故案例，联系实际广泛开展安全生产宣传工作，提高广大职员的安全意识。

安全生产教育的评价方法是：查文本资料，如卡片档案、成绩单、教材、花名册等，以及现场抽查考试。该项总评分为100分,一项不合格扣20分,直到扣完为止。

c 安全技术措施计划,100分

安全技术措施计划

企业在编制生产、技术、财务计划时,必须同时编制安全技术措施计划。安全技术措施计划,可以把改善劳动条件、保证安全生产的工作纳入国家和企业的总计划中,使之实现有经济保障。使企业的安全技术措施能有步骤地落实,成为制度化。

安全技术措施费用按要求提取并专款专用

按规定提取安全技术措施费用,专款专用。在编制安全技术措施计划时,要对所需经费进行预算,确定所需金额,并就费用筹措作出相应措施。经费问题是编制和执行安全技术措施计划的一个重要问题,是保证措施计划得以实现的物质基础。只有经费保证,措施计划才能实现。企业应该在本年度的财务计划预算中列入安全技术措施费用,对于所筹费用,要专款专用。经费来源一般从企业更新改造资金或税后剩余利润中加以提留,国家规定,"企业安全技术措施费用每年应在固定资产更新和技术改造资金中安排10%~20%(矿山、化工、金属冶炼企业应大于20%)用于安全技术措施,不得挪作他用,所需材料、设备等要纳入物资供应计划,切实予以保证"。

安全技术措施计划中有明确实现的期限和负责人等内容

安全技术措施计划要全面具体地反映问题,决不可含糊不清,主要应有以下一些内容:采取措施单位及负责人,计划措施名称及其主要内容,经费预算和筹措,工程期限,执行情况和效果。对于各项内容,要逐项落实,切实反映。

企业年度工作计划中有安全目标值

安全技术措施的评价方法是:查看文本资料和现场抽查考试。该项总评分为100分,一项不合格扣30分,直到扣完为止。

d 安全生产检查,100分

定期组织全面检查

对企业进行安全检查,就必须毫无遗漏地检查安全管理所包含的全部事项。为了有条不紊地对各项工作进行检查,简便有效的办法是制定安全检查表。安全检查表不是一成不变的,必须根据目的和对象的不同,结合实际情况加以灵活运用。全面检查应包括安全管理方针、管理组织机构、管理业务内容、安全设施、操作环境、防护用品、卫生条件、运输管理、危险品管理、火灾预防、安全教育和安全检查制度等项内容。对全面检查的结果必须进行汇总分析,详细探讨所出现的问题及相应对策。

车间、班组进行经常性检查

车间、班组应开展经常性的安全检查,防患于未然,由于设备在使用过程中往往出现磨损、腐蚀、变质,使设备性能下降,并由此可能引起伤亡事故的发生,因此必须及时排除这种事故隐患。操作人员必须在工作以前,对所用的机械装置和工具进行仔细的检查,发现问题立即上报。除了班前检查外,还必须进行班后检查,做好设备的管理与维修保养工作,使机器设备能够健康运转。

安全管理人员的专门安全检查

由于操作人员在进行设备的检查时,往往是根据其自身的安全知识和经验进行主观判断,因而有很大的局限性,不能反映出客观情况,流于形式。而安全管理人员则有着较丰富的安全知识和经验，通过其认真检查就能够得到较为理想的效果。安全管理人员在进行安全检查时，必须不徇私情，按章检查，发现违章操作情况要立即纠正，发现隐患加以指出并提出相应防护措施，并及时上报检查结果。

年度专业性安全检查

每年要按规定进行专业性的安全检查。对于电气装置、起重装置、锅炉压力容器、易燃易爆物品、厂房工地、运输工具、防护用品等特殊装备和用品要进行专业检查。因为这些装备设施极为重要，对整个企业的安全生产影响很大。在检查中发现问题要及时解决，保证生产安全。

季节性安全检查

要对防风防沙、防涝抗旱、防雷电、防暑防害等工作进行季节性的检查，根据各个季节自然灾害的发生规律，及时采取相应的防护措施。

节假日检查

在节假日，企业人员往往放松思想警惕，厂房人员也较少，容易发生意外，而且一旦发生意外事故，也难以进行有效的救援和控制。因此，节假日必须安排专业安全管理人员进行安全检查，同时配备一定数量的安全保卫人员，搞好安全保卫工作，企业要时刻注意安全第一，绝不能有麻痹大意的做法。

要害部门重点安全检查

对于企业要害部门和重要设备必须进行重点检查。由于其重要性和特殊性，一旦发生意外，会造成很大的伤害，给企业的经济效益和社会效益带来不良的影响。为了确保安全，对设备的运转和零件的状况要定时进行检查，发现损伤立刻更换，决不能“带病”作业，一到有效年限即使没有故障，也应该予以更新，不能因小失大。

安全生产检查的评价方法是：查阅文件资料和现场抽查考试。该项总评分为100分，一项不合格扣20分，直到扣完为止。

e 安全生产规章制度，100分

安全生产奖励制度

建立企业职工安全生产奖励制度，目的是为了不断提高他们进行安全生产的自觉性，发挥劳动的积极性和创造性，防止和纠正违反劳动纪律、操作规程和违法失职的行为，以维护正常的生产秩序和工作秩序。各个企业的情况千差万别，其作业的危险程度也不尽相同，因此奖励制度不能千篇一律。企业在实行奖励制度时应结合本单位的实际情况制订执行，要奖惩分明、合理，充分发挥奖励制度对安全生产的促进作用。对于那些在规定时间内实现安全生产，没有发生重大伤亡事故的，对于在事故中表现积极，使人民生命和国家财产减少损失或对安全生产方面有重大的创新发明或提出合理新建议，及时发现隐患避免事故发生的人员，都应予以精神上和物质上的奖励。同时对于违反安全作业制度，发生重大伤亡事故，破坏事故现场并隐瞒不报或弄虚作假的企业或有关责任人员，应采取相应惩罚措施，实行经济上以至法律上的处罚，绝不能姑息养奸。

安全值班制度

安全值班制度要求企业的专业安全员轮流值班，通过在作业现场巡回检查，及时发现指出在安全方面需要加以注意或改进的地方，并在值班报告中加以反映。采取安全值班的方式就是要从制度上促使值班人员搞好安全工作。安全值班人员不仅要在班前对操作人员介绍有关安全操作规定,而且在巡回检查中必须认真监督操作人员是否按操作规程进行,发现违章情况要及时进行纠正,确保当班生产安全。

各工种安全技术操作规程

操作人员进行生产作业时,必须按照操作规程执行,否则便容易引发事故。据统计,有70%以上的事故是由于人员的操作行为存在失误和缺陷而发生的。为了确保现场作业的安全生产,就要制定各工种安全技术操作规程,并要求操作人员认真遵守执行,绝不能凭其经验或记忆来进行作业。各工作的操作程序和危险程度都不一样,所以技术规程也不尽相同。

危险作业管理审批制度

进行危险作业的操作时,必须有审批制度。

易燃、易爆、剧毒、放射性、腐蚀性等危险物品的生产、使用、储运管理制度

对于危险物品,要有适当的标志,分类管理,并派专人负责。对危险品的发放和搬运要按规定进行,其贮藏和处理方法都要确保安全;对于锅炉房、机电室、油库、危险品库等要害部门必须有专人值班负责,未经许可不得入内。

防护用品的发放和使用制度

防护用品具有消除或减轻事故影响的作用,对于企业的生产安全具有重大的意义。发放防护用品,要按规定进行,进行登记建档,对发放的部门、数量、品别等要登记存档。对于防护用品的使用要有明确规定,并经常检查其性能,对失效或效力下降的及时予以更换。对操作人员有必要进行穿戴防护用品的训练,以确保他们能够正确穿戴和使用防护用品。

安全用电制度

在生产中,要特别注意用电安全。对于电气设备和供电线路要派专人经常进行检查维修,确保绝缘良好,线路设置要合理,临时线路必须加以审批。检修电气设备时,要拉掉电源开关,挂上警告牌或派专人看管,确定检修完毕方可送电。企业还应该在电源、危险区域上设置警告标志,以防发生触电事故。

加班加点审批制度

加班加点是指职工根据行政的命令和要求,在法定节日、公休假日进行工作和超过标准日以外进行工作。为了确实保障广大员工的切实利益,企业只有在下述情况下允许加班加点:

(1) 在法定节假日工作不能间断,必须连续生产、运输和营业的;

(2) 必须利用节假日停产期间进行设备检修保养的;

(3) 由于生产设备、交通运输线路、公共设施等临时发生故障,必须进行检修的;

(4) 由于发生严重自然灾害或者其他灾害,需要进行抢救的;

(5) 为了完成国防紧急生产任务,或者上级安排的其他紧急生产任务,以及商业、供销企业在旺季完成收购、运输、加工副产品紧急任务的。

危险场所动火作业审批制度

防火防爆及防雷、防静电危害管理制度

危险岗位巡回检查制度

防止物料泄漏、跑损管理制度

安全标志管理制度

安全生产规章制度的评价方法是:查文本资料和执行记录以及现场抽查考试。该项指

标总评分为100分，一项不合格扣10分，直到扣完为止。

f　安全生产管理机构及人员，100分

建立企业安全生产委员会

安全生产委员会由单位领导、安全、技术、生产、设备、工艺、工会等部门的代表组成，定期或不定期举行会议，汇总、讨论、协调有关全厂共同性质的安全问题，直接向厂长负责，它不是一个决策和领导机构，只是起沟通信息、统一思想、承上启下、咨询参谋的作用，它所讨论研究的问题最后要由厂长（或经理）等决策人员进行决策，指挥下属单位执行，并授权安全技术部门进行监督和指导。

建立或指定安全管理组织机构

建立专门组织、机构对安全生产进行管理指导，对安委会提供的信息和问题进行讨论决策，制订具体实施方案，下达执行，并派专人负责。企业必须按职工人数的2%～5%配备专职安全管理人员，并对他们进行必要的培训。

车间（班组）按规定配备专职或兼职安全管理人员

安全管理人员协助车间领导进行车间的安全管理工作，对解决不了的问题或有关安全信息经过加工整理后及时上报，经上级决策后指挥执行。

企业工会设三级劳保组织，配专职或兼职劳保干部

企业工会设三级劳保组织，配专职或兼职劳保干部负责安全保卫工作，对日常出现的问题进行分析处理，并上报备案。

专职安全管理人员具备劳动部门认可的安全监督员资格

对专职安全管理人员应进行系统培训，经考核合格并上报后才允许上岗。对于安全知识和技能应有相当了解和经验，能处理突发事故，对安全生产负责。

安全生产管理机构及人员的评价方法是：查文本资料、机构编制、考核档案以及现场抽查、考试。指标总分为100分，一项不合格扣20分，扣完为止。

g　事故统计分析，100分

事故统计分析要求：

(1) 有系统完整的事故记录；

(2) 有完整的事故调查、分析报告；

(3) 事故处理符合规定；

(4) 有年度、月度事故统计、分析图表。

该项评价方法为：查文本资料、事故记录、事故档案、事故统计图表。本指标总分100分，每大项不合格扣25分，扣完为止。

h　危险源评价与整改，100分

危险源评价与整改包括：

(1) 两年内是否进行过危险评价（或安全评价）。

(2) 有无危险源分级管理制度。

(3) 对事故隐患是否按要求整改。

(4) 整改后是否上报并经审查验收。

危险源评价与整改评价方法为：查看文本资料和现场考查。本项指标总分为100分，一项不合格扣25分，扣完为止。

i 应急计划与措施,100 分

应急计划与措施要求:

(1) 有应急指挥和组织机构。

(2) 有场内应急计划、事故应急处理程序和措施。

(3) 有场外应急计划和向外报警程序。

(4) 有安全装置、报警装置、疏散口装置、避难场所位置图。

(5) 安全进、出口路线畅通无阻,数量、规格符合要求。

(6) 急救设备(担架、氧气瓶、防护用品等)符合规定要求。

(7) 通讯联络与报警系统可靠。

(8) 与应急服务机构建立联系(医院、消防等)。

(9) 每年进行一次事故应急训练和演习。

该项评价方法是:查文本资料和现场抽查与考试。本项指标总评分为 100 分,一项不合格扣 20 分,直到扣完为止。

j 消防安全管理,100 分

消防安全管理要求:

(1) 有防火安全委员会。

(2) 有领导负责的逐级防火责任制。

(3) 有专职或兼职的防火安全人员。

(4) 有健全的三级火灾隐患管理制度,并建立了隐患治理台账。

(5) 防火区设有防火安全标志。

(6) 有重点防火部位分布图,灭火计划平面图。

(7) 根据《消防条例》设有消防站或消防车、消防艇、消防栓、灭火器等(干粉、泡沫、水),且符合消防安全规定。

(8) 消防用水、干粉等灭火剂充足。

(9) 火灾通讯系统完备可靠。

(10) 每年进行一次防火演习。

消防安全管理的评价方法为:查文本资料和现场抽查与考试。指标总评分为 100 分,一项不合格扣 10 分。

D 抵消因子的关联算法

根据易燃易爆有毒重大危险源的评价模型,如为现实危险性的评价值,为固有危险性的评价值,B_{21}为工艺、设备、容器和建筑结构的抵消因子,B_{22}为人员素质的抵消因子,B_{23}为安全管理的抵消因子,则有:

$$A = B_1(1 - B_{21})(1 - B_{22})(1 - B_{23}) \tag{5-56}$$

令:

$$V_1 = \frac{\text{工艺设备、容器、建筑结构抵消因子的实得分值}}{\text{工艺设备、容器、建筑结构抵消因子的应得分值}}$$

$$V_2 = \text{人员素质抵消因子评价值}$$

$$V_3 = \frac{\text{安全管理实得分值}}{\text{安全管理应得分值}}$$

分别按上述给定的方法测算，则有：

$$\begin{cases} B_{21} = B_{2A}V_1 \\ B_{22} = B_{2B}V_2 \\ B_{23} = B_{2C}V_3 \end{cases}$$

式中　B_{2A}, B_{2B}, B_{2C}——实际抵消比率。

B_{2A}的物理含义是：当工艺、设备、容器、建筑结构的抵消因子全部满足要求时，即 $V_1 = 1$ 时，它抵消掉的单元固有危险性的百分数为 B_{2A}。B_{2B} 和 B_{2C} 的意义是类似的。因此，B_{2A}、B_{2B}、B_{2C}称为最大抵消率。

很显然，B_{2A}、B_{2B}、B_{2C}的值简单地用 V_1、V_2、V_3 取代是不合理的，因为这时只要某一抵消比率达到理想值 1，现实危险性将变为零。这与实际情况明显相悖。众所周知，机械设备故障、人的误操作和安全管理的缺陷是引发事故的三大原因。但并非所有事故，甚至并非大多数的事故都是这三种因素同时出现时才发生的。因此，只控制其中的一种因素是不可能避免所有事故的。甚至当所有上述三种因素都得到很好控制时，也不等于所有危险均已消除。只要有危险源存在，仍有可能有时因某种意外原因而发生事故，尽管这种事故的几率是小的。

引入记号：

a 表示工艺、设备、容器因素；

b 表示操作人员素质因素；

c 表示安全管理状态因素。

则由事故统计结果可得这些条件概率的值为：

$$\begin{array}{llll} P(\bar{a}\mid\bar{b}\bar{c}) = 0.216 & P(\bar{a}\mid b\bar{c}) = 0.522 & P(\bar{a}\mid\bar{b}c) = 0.254 & P(\bar{a}\mid bc) = 0.982 \\ P(\bar{b}\mid\bar{a}\bar{c}) = 0.658 & P(\bar{b}\mid a\bar{c}) = 0.792 & P(\bar{b}\mid\bar{a}c) = 0.775 & P(\bar{b}\mid ac) = 0.969 \\ P(\bar{c}\mid\bar{a}\bar{b}) = 0.347 & P(\bar{c}\mid\bar{a}b) = 0.379 & P(\bar{c}\mid a\bar{b}) = 0.569 & P(\bar{c}\mid ab) = 0.923 \end{array}$$

任何一种因素在控制事故发生方面所起的作用是同另外两种因素是否得到控制和控制的程度有十分密切的关系。在评价系统中，a、b、c 三种因素对应三个众多元素组成的指标集合 A、B 和 C。我们说 a 因素得到了良好控制，是指 A 指标集中的所有指标都达到了理想值，即 $V_1 = 1.0$。同理，a 因素未得到控制是指 $V_1 = 0.0$，而实际情况往往是，$0 \leqslant V_1 \leqslant 1.0$。同样，$0 \leqslant V_2 \leqslant 1.0$ 和 $0 \leqslant V_3 \leqslant 1.0$。即以评价单元作为论域时，集合 A、B、C 都是模糊集。如 X_A、X_B、X_C 代表评价单元对 A、B、C 的隶属度，则 $X_A = V_1$、$X_B = V_2$、$X_C = V_3$。如 $\bar{A}$、$\bar{B}$、$\bar{C}$ 代表 A、B、C 的补集，则评价单元对 $\bar{A}$、$\bar{B}$、$\bar{C}$ 的隶属度为 $X_{\bar{A}} = 1 - V_1$、$X_{\bar{B}} = 1 - V_2$、$X_{\bar{C}} = 1 - V_3$，现在最大抵消率可以用诸条件概率的加权和来表示，即：

$$\begin{cases} B_{2A} = W(bc)P(\bar{a}\mid bc) + W(b\bar{c})P(\bar{a}\mid b\bar{c}) + W(\bar{b}c)P(\bar{a}\mid\bar{b}c) + W(\bar{b}\bar{c})P(\bar{a}\mid\bar{b}\bar{c}) \\ B_{2B} = W(ac)P(\bar{b}\mid ac) + W(a\bar{c})P(\bar{b}\mid a\bar{c}) + W(\bar{a}c)P(\bar{b}\mid\bar{a}c) + W(\bar{a}\bar{c})P(\bar{b}\mid\bar{a}\bar{c}) \\ B_{2C} = W(ab)P(\bar{c}\mid ab) + W(a\bar{b})P(\bar{c}\mid a\bar{b}) + W(\bar{a}b)P(\bar{c}\mid\bar{a}b) + W(\bar{a}\bar{b})P(\bar{c}\mid\bar{a}\bar{b}) \end{cases}$$

令：

$$X_{T1} = X_{AB} + X_{\bar{A}B} + X_{A\bar{B}} + X_{\bar{A}\bar{B}}$$
$$X_{T2} = X_{AC} + X_{\bar{A}C} + X_{A\bar{C}} + X_{\bar{A}\bar{C}}$$
$$X_{T3} = X_{BC} + X_{B\bar{C}} + X_{\bar{B}C} + X_{\bar{B}\bar{C}}$$

$$W(ab)=\frac{X_{AB}}{X_{T1}}\quad W(a\bar{b})=\frac{X_{A\bar{B}}}{X_{T1}}\quad W(\bar{a}b)=\frac{X_{\bar{A}B}}{X_{T1}}\quad W(\bar{a}\bar{b})=\frac{X_{\bar{A}\bar{B}}}{X_{T1}}$$

$$W(bc)=\frac{X_{BC}}{X_{T3}}\quad W(b\bar{c})=\frac{X_{B\bar{C}}}{X_{T3}}\quad W(\bar{b}c)=\frac{X_{\bar{B}C}}{X_{T3}}\quad W(\bar{b}\bar{c})=\frac{X_{\bar{B}\bar{C}}}{X_{T3}}$$

$$W(ac)=\frac{X_{AC}}{X_{T2}}\quad W(a\bar{c})=\frac{X_{A\bar{C}}}{X_{T2}}\quad W(\bar{a}c)=\frac{X_{\bar{A}C}}{X_{T2}}\quad W(\bar{a}\bar{c})=\frac{X_{\bar{A}\bar{C}}}{X_{T2}}$$

式中 X_{AB}代表评价单元对交集 $A\cap B$ 的隶属度；$X_{A\bar{B}}$代表评价单元对交集 $A\cap\overline{B}$ 的隶属度；其余符号解释类似。

根据模糊集理论有：

$$\begin{cases}X_{AB}=\min(X_A,X_B)=\min(V_1,V_2)\\X_{A\bar{B}}=\min(X_A,X_{\bar{B}})=\min(V_1,1-V_2)\\X_{\bar{A}B}=\min(X_{\bar{A}},X_B)=\min(1-V_1,V_2)\\X_{\bar{A}\bar{B}}=\min(X_{\bar{A}},X_{\bar{B}})=\min(1-V_1,1-V_2)\\X_{AC}=\min(X_A,X_C)=\min(V_1,V_3)\\X_{A\bar{C}}=\min(X_A,X_{\bar{C}})=\min(V_1,1-V_3)\\X_{\bar{A}C}=\min(X_{\bar{A}},X_C)=\min(1-V_1,V_3)\\X_{\bar{A}\bar{C}}=\min(X_{\bar{A}},X_{\bar{C}})=\min(1-V_1,1-V_3)\\X_{BC}=\min(X_B,X_C)=\min(V_2,V_3)\\X_{B\bar{C}}=\min(X_B,X_{\bar{C}})=\min(V_2,1-V_3)\\X_{\bar{B}C}=\min(X_{\bar{B}},X_C)=\min(1-V_2,V_3)\\X_{\bar{B}\bar{C}}=\min(X_{\bar{B}},X_{\bar{C}})=\min(1-V_2,1-V_3)\end{cases}\tag{5-57}$$

5.1.4　危险性分级与危险控制程度分级

单元危险性分级应以单元固有危险性大小作为分级的依据(这也是国际惯用的做法)。分级目的主要是为了便于政府对危险源进行监控。决定固有危险性大小的因素基本上是由单元的生产属性决定的,是不易改变的,因此用固有危险性作为分级依据能使受控目标集保持稳定。分级标准划定不仅是一项技术方法,而且是一项政策性行为,分级标准严或宽将直接影响各级政府行政部门直接监控危险源的数量配比。按照我国的实际情况,建议把易燃、易爆、有毒重大危险源划分为四级:一级重大危险源应由国家级安全管理部门直接监控;二级重大危险源由省和直辖市政府安全管理机构监控;三级由县、市政府安全管理机构监控;四级由企业重点管理控制和管理。分级标准划定原则应使各级政府直接监控的危险源总量自下而上呈递减趋势。推荐用 $A^*=\lg(B_1^*)$作为危险源分级标准,式中 A^*是以十万元为基准单位的单元固有危险性的评分值,其定义如表 5-31 所示。

表 5-31　危险源分级标准

重大危险源级别	一　级	二　级	三　级	四　级
A^*/十万元	≥3.5	2.5～3.5	1.5～2.5	<1.5

单元综合抵消因子的值 B_2 愈小，说明单元现实危险性与单元固有危险性比值愈小，即单元内危险性的受控程度愈高。因此，可以用单元综合抵消因子值的大小说明该单元安全管理与控制的绩效。一般说来，单元的危险性级别愈高，要求的受控级别也应愈高。建议用表 5-32 给出的标准作为单元危险性控制程度的分级依据。

表 5-32　危险源分级标准

单元危险控制程度级别	A　级	B　级	C　级	D　级
B_2	≤0.001	0.001～0.01	0.01～0.1	>0.1

各级重大危险源应该达到的受控标准是：一级危险源在 A 级以上，二级危险源在 B 级以上，三级和四级危险源在 C 级以上。

5.2　应用实例

通过对某公司原料罐区的评价，简要说明易燃、易爆、有毒重大危险源评价法的评价过程。

5.2.1　原料罐区基本情况

原料罐区共计 8 个化学危险品储罐，基本情况如表 5-33 所示。

表 5-33　储罐基本情况

编　号	T-100	T-102	T-202	T-104	T-105	T-213	T-223
直径/m	2	2	2.6	2.9	2.9	2.9	6
容积/m^3	30	30	80	80	80	80	200
储存物质名称	氨　水	丙烯腈	丙烯腈	丁二烯	丁二烯	苯乙烯	苯乙烯
最大量/m^3	24	25.5	68	64	64	68	68

罐区平面图如图 5-7 所示。

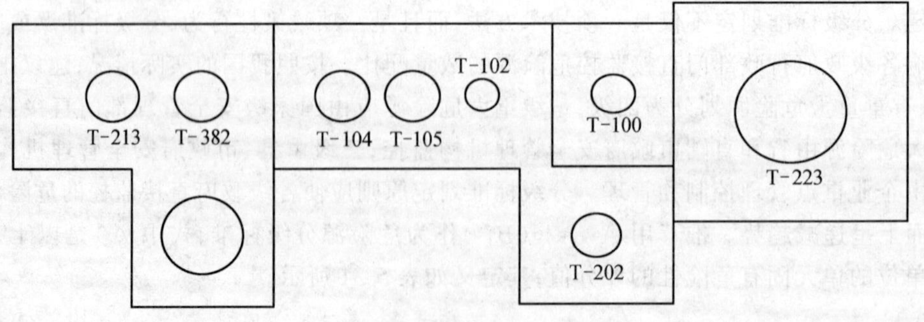

图 5-7　罐区平面示意图

物质的主要物理化学特性如表 5-34 所示。

表 5-34 物质的主要物化特性

物质名称	丁二烯	丙烯腈	苯乙烯	氨
GB 编号	21022	32162	33541	82503
相对分子质量	54.09	53.064	104.14	17
液体密度	0.6211	0.806	0.9059	0.88~0.96
沸点/℃	4.4	77.3	145.2	
燃点/℃	450	481	490	630
闪点/℃	-60	2.5	32.3	
蒸气压/mmHg		83.81	4.3	
爆炸上限(体积分数)/%	2	3	1.1	15.3
爆炸下限(体积分数)/%	12	17	6.1	28
临界温度/℃	161.8	263		
临界压力/mmHg①	42.6	45		
燃烧热/(kcal/mol)②	607.9	420.5		

① 1mmHg=133.322 4Pa;

② 1cal=4.184J。

5.2.2 原料罐区的事故易发性 B_{11} 评价

原料罐区事故易发性 B_{11} 包含物质事故易发性 B_{111} 和工艺事故易发性 B_{112} 两方面及其耦合。

5.2.2.1 物质事故易发性 B_{111}

选取丁二烯、丙烯腈和苯乙烯作为物质易发性评价的对象。

列表计算,以丁二烯为例,如表 5-35 所示。

表 5-35 丁二烯事故易发性 B_{111} 计算表

	性质	分级	得分
爆炸气体特性	最大安全缝隙	0.9~1.14	10
	爆炸极限	2%~12%	11
	最小点燃电流	0.86A	10
	最小点燃能	0.31mJ	14
	引燃温度	450℃	8
总分			$G=53$
易发性系数 α_i		1.0	
危险系数 $C_{ij}=\alpha_i G$		$1.0\times53=53$	
化学活泼系数 K		0.12	
丁二烯的物质事故易发性 $B_{111}=C_{ij}(1+K)=53\times(1+0.12)=63.6$			

丙烯腈是二级易燃液体,物质事故易发性 $B_{111}=50$。

苯乙烯是三级易燃液体,物质事故易发性 $B_{111}=40$。

5.2.2.2　工艺过程事故易发性 B_{112}

从21种工艺影响因素中找出罐区工艺过程实际存在的危险，在以下几方面有特殊表现，构成工艺过程事故易发性。

物质事故易发性与工艺事故易发性之间的相关性用相关系数 W_{ij} 表示，如表5-36所示。二者耦合成为事故易发性 B_{11}。

表5-36　工艺过程事故易发性 B_{112} 与相关系数 W_{ij}

影响因素	内容与参数	B_{112}	相关系数
B_{112}-10 高压	0.1～0.8MPa	30	$W_{ij}=2.1_{j=10}=0.9$
B_{112}-12 腐蚀	速率为0.5～1.0mm/年	20	$W_{ij}=2.1_{j=12}=0.9$
B_{112}-13 泄漏	设备泄漏	20	$W_{ij}=2.1_{j=13}=0.9$
B_{112}-21 静电	液体流动	30	$W_{ij}=2.1_{j=21}=0.9$

5.2.2.3　事故易发性 B_{11}

事故易发性 B_{11} 计算为：

$$
\begin{aligned}
B_{11} &= \sum_{i=1}^{n}\sum_{j=1}^{m} B_{111} W_{ij}(B_{112})_j \\
&= 63.6\times(30\times0.9+20\times0.7+20\times0.9+30\times0.0)+50\times(30\times0.7+20\times0.7 \\
&\quad +20\times0.7+30\times0.0)+40\times(30\times0.5+20\times0.5+20\times0.5+30\times0.0) \\
&= 7\,602.4
\end{aligned}
$$

5.2.3　原料罐区的伤害模型及伤害—破坏半径

原料罐区最大的火灾爆炸风险是丁二烯罐的燃烧爆炸，其伤害模型有两种：(1)蒸气云爆炸(VCE)模型；(2)沸腾液体扩展蒸气爆炸(BLEVE)模型。前者属于爆炸型，后者属于火灾型。

不同的伤害模型有不同的伤害—破坏半径，不同伤害—破坏半径所包围的封闭面积内，人员多少、财产价值多少将影响事故严重度大小。伤害—破坏半径划分为死亡半径、重伤(二度烧伤)半径、轻伤(一度烧伤)半径及财产破坏半径。

5.2.3.1　丁二烯蒸气云爆炸(VCE)

丁二烯有两个储罐，分别是T-104罐(悬挂圆柱立罐，最大贮存量64m^3)和T-105罐(悬挂圆柱立罐，最大贮存量64m^3)。因此，最大贮存质量为：

$$W_f=(64+64)\times621.1=79\,500.8(\text{kg})$$

TNT当量计算公式为：

$$W_{TNT}=1.8\alpha W_f Q_f/Q_{TNT}$$

式中　1.8——地面爆炸系数；

α——蒸气云当量系数，取 $\alpha=0.04$；

Q_f——丁二烯的爆热，取 $Q_f=46\,977.7$ kJ/kg；

Q_{TNT}——TNT 的爆热,取 $Q_{TNT}=4\,520\text{kJ/kg}$。

因此:

$$\begin{aligned} W_{TNT} &= 1.8\times0.04\times79\,500.8\times46\,977.7/4\,520 \\ &= 59\,491.8(\text{kg}) \end{aligned}$$

死亡半径 R_1 为:

$$R_1=13.6(W_{TNT}/1\,000)^{0.37}=61.7(\text{m})$$

重伤半径 R_2 由下列方程式求解:

$$\begin{cases} \Delta P_s=0.137Z^{-3}+0.119Z^{-2}+0.269Z^{-1}-0.019 \\ Z=R_2/(E/P_0)^{1/3}=0.007\,22R_2 \\ \Delta P_s=44\,000/P_0=0.4344 \end{cases}$$

解得:

$$R_2=151.7\text{m}$$

轻伤半径 R_3 由下列方程组求解:

$$\begin{cases} \Delta P_s=0.137Z^{-3}+0.119Z^{-2}+0.269Z^{-1}-0.019 \\ Z=R_3/(E/P_0)^{1/3}=0.00\,722R_3 \\ \Delta P_s=17\,000/P_0\approx0.167\,8 \end{cases}$$

解得:

$$R_3=271.7\text{m}$$

对于爆炸性破坏,财产损失半径 $R_{财}$ 的计算公式为:

$$R_{财}=K_{\text{II}}W_{TNT}^{1/3}/(1+(3\,175/W_{TNT})^2)^{1/6}$$

式中 K_{II}——二级破坏系数,$K_{\text{II}}=5.6$。

计算得:

$$R_{财}=218.3\text{m}$$

将上述结果列入表 5-37。

表 5-37 丁二烯蒸气云爆炸破坏半径(m)

死亡半径	重伤半径	轻伤半径	破坏半径
61.7	151.7	271.7	218.3

伤害区域如图 5-8 所示。

5.2.3.2 丁二烯扩展蒸气爆炸(BLEVE)

丁二烯用两罐储存,取 $W=0.7\times79\,500.8=55\,650.6\text{kg}$。

按以下公式进行计算:

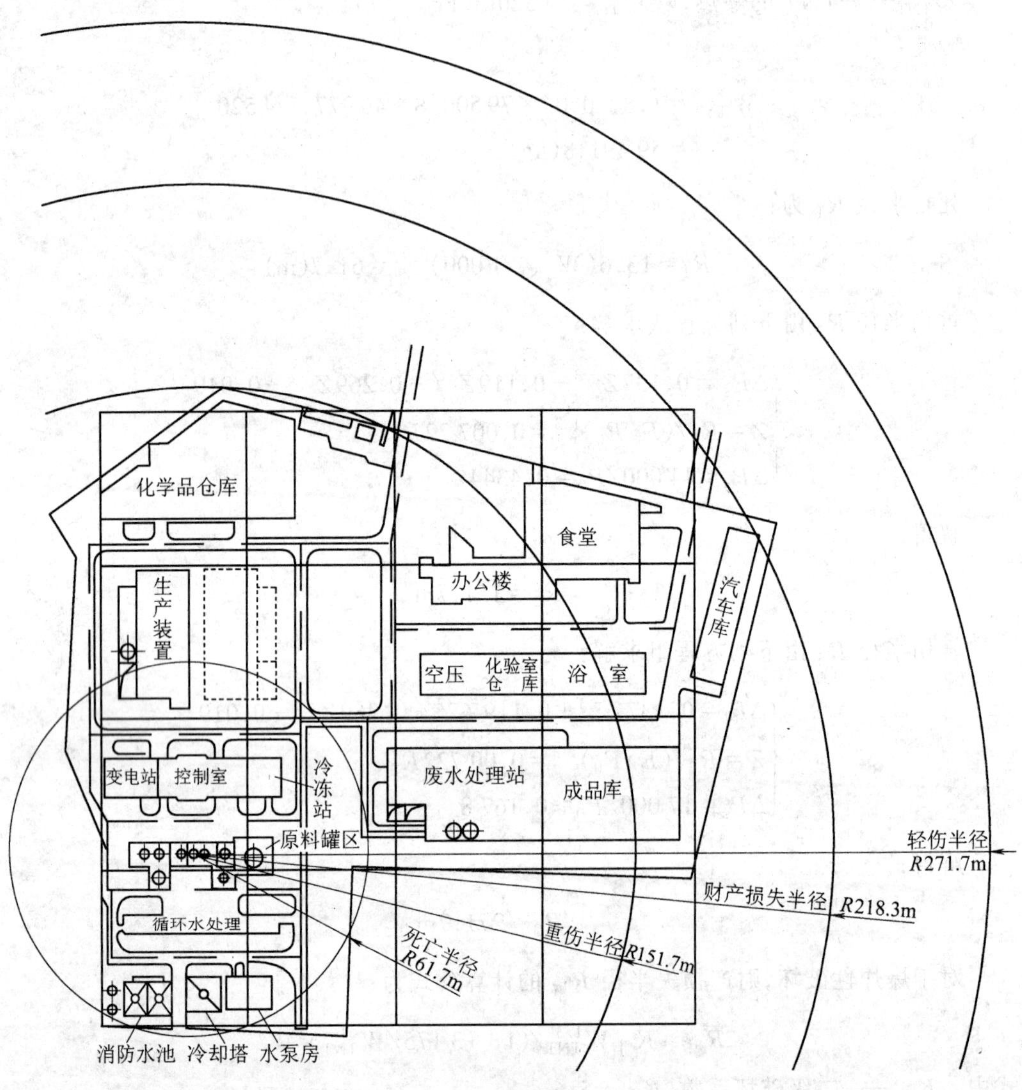

图 5-8　蒸气云爆炸伤害区域

火球半径：$R = 2.9W^{1/3} = 110.7\text{m}$

火球持续时间：$t = 0.45W^{1/3} = 17.2\text{s}$

当伤害几率 $P_r = 5$ 时，伤害百分数 $D = \int_{\infty}^{P_r - 5} e^{-u^2/2} du = 50\%$，死亡、一度、二度烧伤及烧毁财物，都以 $D = 50\%$ 定义。

下面求不同伤害、破坏时的热通量：

(1) 死亡：

$$P_r = -37.23 + 2.56\ln(tq_1^{4/3})$$

式中　$P_r = 5$；

t——火球持续时间，$t = 17.2\text{s}$。

解得：

$$q_1 = 27\ 956.0\ \text{W/m}^2$$

(2) 二度烧伤(重伤):

$$P_r = -43.14 + 3.018\ 8\ln(tq_2^{4/3})$$

得:

$$q_2 = 18\ 515.6\text{W/m}^2$$

(3) 一度烧伤(轻伤):

$$P_r = -39.83 + 3.018\ 6\ln(tq_3^{4/3})$$

得:

$$q_3 = 8\ 141.7\text{W/m}^2$$

(4) 财产损失:

$$q_4 = 6\ 730t^{-4/5} + 25\ 400 = 26\ 091.2\text{W/m}^2$$

按上述 q_1、q_2、q_3、q_4 热辐射通量值计算伤害—破坏半径,由热辐射通量公式计算:

$$q(r) = q_0R^2r(1-0.058\ln r)/(R^2+r^2)^{3/2}$$

式中 R——火球半径,$R = 110.7$m;

q_0——对圆柱罐取 $q_0 = 270\ 000$W。

此方程难以手算解出,用计算机求解。

已知火球半径 $R = 110.7$ m,伤害—破坏半径应有 $R_i > R$

(5) 按死亡热通量 $q_1 = 27\ 956.0\text{W/m}^2$,计算扩展蒸气爆炸的死亡半径 R_1 为:

$$R_1 = 247.5\text{m}$$

(6) 按重伤(二度烧伤)热通量 $q_2 = 18\ 515.6\text{W/m}^2$,计算扩展蒸气爆炸的重伤(二度烧伤)半径 R_2 为:

$$R_2 = 316.4\text{m}$$

(7) 由轻伤(一度烧伤)热通量 8 141.7W/m^2,计算扩展蒸气爆炸的轻伤(一度烧伤)半径 R_3 为:

$$R_3 = 491.0\text{m}$$

(8) 由财产烧毁热通量 $q_4 = 26\ 091.2\text{W/m}^2$,由上述同样办法计算得到扩展蒸气爆炸的财产破坏半径 R_4 为:

$$R_4 = 258.5\text{m}$$

综合各项,得扩展蒸气爆炸伤害—破坏半径如表 5-38 所示。

表 5-38 丁二烯扩展蒸气爆炸伤害—破坏半径(m)

死亡半径	重伤半径(二度烧伤)	轻伤半径(一度烧伤)	财产破坏半径
247.5	316.4	491.0	258.5

伤害区域如图5-9所示。

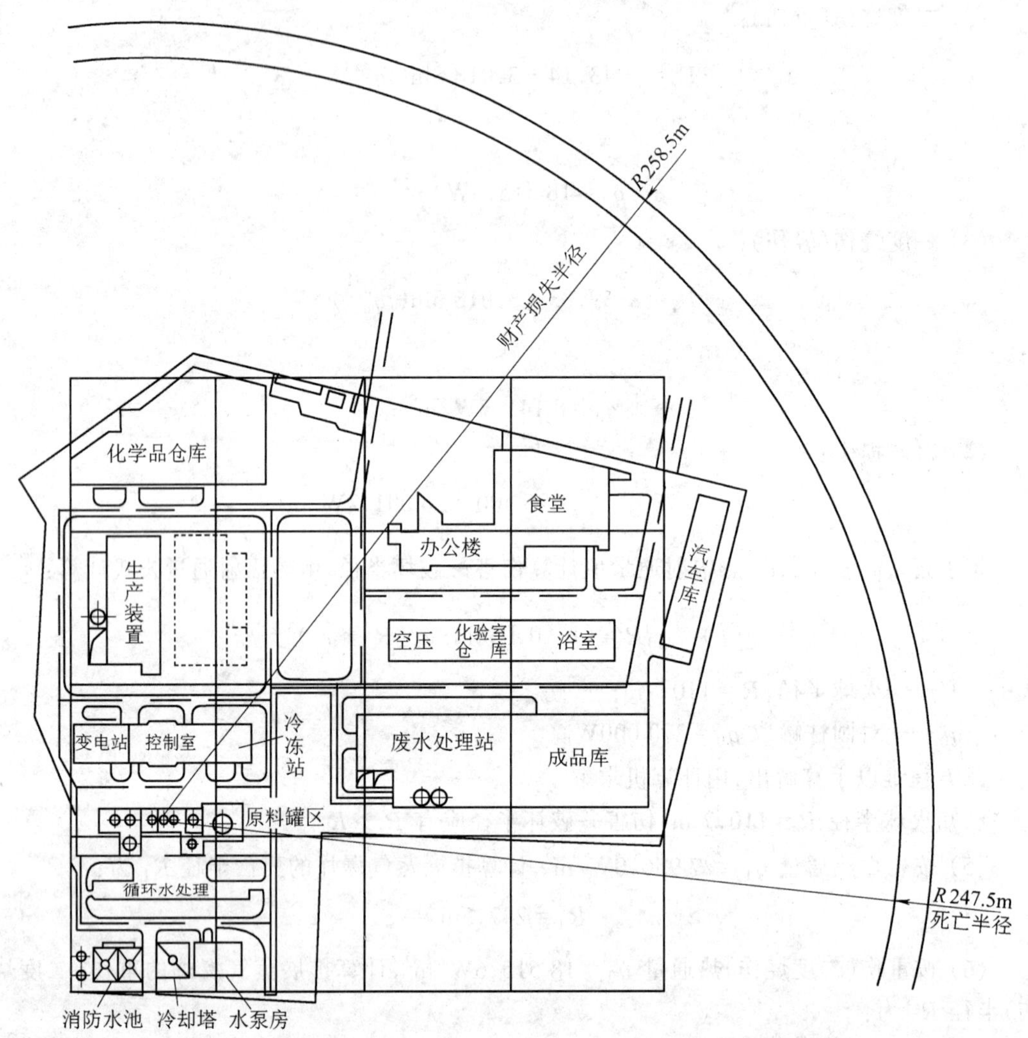

图5-9　沸腾液体扩展蒸气爆炸伤害区域

显然，如果丁二烯罐发生扩展蒸气爆炸，火球半径 $R=110.7\text{m}$，使整个原料罐区成为一片火海，全部被吞没；由于死亡半径 $R_1=247.5\text{m}$，财产损失半径 $R_4=258.2\text{m}$，使得罐区一旦发生扩展蒸气爆炸，厂区内的人员难以幸免，而且会殃及四邻。

5.2.4　事故严重度 B_{12} 的估计

事故严重度 B_{12} 用符号 S 表示，反映发生事故造成的经济损失大小。它包括人员伤害和财产损失两个方面，并把人的伤害也折算成财产损失(万元)。

用下式表示总损失值：

$$S=C+20(N_1+0.5N_2+105N_3/6000)$$

式中　C——财产破坏价值，万元；

N_1, N_2, N_3——事故中人员死亡、重伤、轻伤人数。

事故严重度 B_{12} 取决于伤害/破坏半径构成圆面积中财产价值和死伤人数。由于丁二烯罐区爆炸伤害模型是两个，即蒸气云爆炸和扩展蒸气爆炸，并可能同时发生，则储罐爆炸事故严重度应是两种严重度加权求和：

$$S = AS_1 + (1 - A)S_2$$

式中 S_1, S_2——分别为两种爆炸事故后果；

$A, 1-A$——分别为两种爆炸的发生概率，$A = 0.9, 1 - A = 0.1$。蒸气云爆炸的可能性远大于扩展蒸气爆炸，蒸气云爆炸是主要的。

事故严重度的计算结果为：

$$S_1 = 3\,062.8 + 20 \times (30 + 0.5 \times 60 + 105 \times 30/6\,000) = 4\,273.3(\text{万元})$$

$$S_2 = 3\,062.8 + 20 \times 120 = 5\,462.8(\text{万元})$$

$$S = 0.9S_1 + 0.1S_2 = 4\,392.3(\text{万元})$$

原料罐区爆炸事故严重度计算如表 5-39 所示。

表 5-39 原料罐区爆炸事故严重度

事故类型		死亡		重伤(二度烧伤)		轻伤(一度烧伤)		财产破坏	
		半径/m	波及范围暴露人员	半径/m	波及范围暴露人员	半径/m	范围人员	半径/m	范围人员
贮罐爆炸	蒸气云爆炸	61.7	罐区 变电站 控制室 冷冻站 水泵房 冷却塔等 约 30 人	151.7	大部分区域约 60 人	271.7	厂区 波及其他区域	218.3	厂区外界广泛区域
	扩展蒸气爆炸	247.5	厂区全部人员					258.2	全部财产

5.2.5 固有危险性 B_1 及危险性等级

原料罐区的固有危险性为：

$$\begin{aligned} B_1 &= B_{11} \times B_{12} \\ &= 7\,602.4 \times 4\,392.3 \\ &= 33\,392\,021.52 \end{aligned}$$

危险性等级为：

$$A = \lg(B_1/10^5) = 2.52$$

$2.5 < A < 3.5$ 属于二级重大危险源。

5.2.6 抵消因子 B_2 及单元控制等级估计

抵消因子的取值根据抵消因子关联算法实例的结果。

5.2.6.1　安全管理评价

安全管理评价的主要目的是评价企业的安全行政管理绩效。安全管理评价指标体系共10个项目,72个指标,总分1000分。安全管理评价如表5-40～表5-49所示。

表5-40　安全生产责任制

序号	评价内容及标准	是　否	应得分	实得分
1.1	厂长(经理)对安全生产工作负全面领导责任	√	100	100
1.2	分管安全生产工作的副厂长(副经理)对安全生产负主要领导责任	√		
1.3	分管其他工作的副厂长(副经理)对分管范围的安全生产工作负直接领导责任	√		
1.4	总工程师(技术负责人)对安全生产在技术上负全面责任,负责提出对使用新技术、新工艺、新材料、试制新产品过程中的安全技术措施	√		
1.5	各职能部门负责人对各自业务范围内的安全生产工作负领导责任	√		
1.6	车间主任对职责范围内的安全生产工作负具体领导责任	√		
1.7	班组长对本职范围的安全生产工作负责	√		
1.8	生产工人对本岗位的安全生产负直接责任	√		
1.9	工会负责人对安全生产工作负监督责任	√		

表5-41　安全生产教育

序号	评价内容及标准	是　否	应得分	实得分
2.1	新工人上岗前三级安全教育	√	100	80
2.2	特殊工种工人专业培训	√		
2.3	对采用新技术、新工艺、新设备、新材料的工人进行安全技术教育	√		
2.4	对复工工人进行安全教育	×		
2.5	对调换新工种的工人进行安全教育	√		
2.6	中层干部安全教育	√		
2.7	班组长安全教育	√		
2.8	全员安全教育	√		

表5-42　安全技术措施计划

序号	评价内容及标准	是　否	应得分	实得分
3.1	企业在编制生产、技术、财务计划时,必须同时编制安技措施计划	√	100	100
3.2	按规定提取安技措施费用,专款专用	√		
3.3	安全技术措施计划有明确的期限和负责人	√		
3.4	企业年度工作计划中有安全目标值	√		

表 5-43 安全生产检查

序号	评价内容及标准	是 否	应得分	实得分
4.1	定期组织全面安全检查	√	100	80
4.2	车间、班组进行经常性检查	√		
4.3	安全管理人员进行专门的安全检查	√		
4.4	每年要按规定进行专业性的安全检查	√		
4.5	季节性安全检查	√		
4.6	节假日检查	×		
4.7	要害部门重点检查	√		

表 5-44 安全生产规章制度

序号	评价内容及标准	是 否	应得分	实得分
5.1	安全生产奖励制度	×	100	70
5.2	安全值班制度	√		
5.3	各工种安全技术操作规程	√		
5.4	特种作业设备管理制度	√		
5.5	危险作业管理审批制度	√		
5.6	易燃、易爆、剧毒、放射性、腐蚀性等危险物品的生产、使用、储运、管理制度	√		
5.7	防护用品发放和使用制度	√		
5.8	安全用电制度	√		
5.9	加班加点审批制度	×		
5.10	危险场所动火审批制度	√		
5.11	危险岗位巡回检查制度	√		
5.12	防止物料泄漏、跑损管理制度	√		
5.13	安全标志管理制度	×		

表 5-45 安全生产管理机构及人员

序号	评价内容及标准	是 否	应得分	实得分
6.1	建立企业安全生产委员会	√	100	100
6.2	建立或指定安全管理组织机构	√		
6.3	车间(班组)按规定配专职或兼职安全管理人员	√		
6.4	企业工会设三级劳保组织,配专职或兼职劳保干部,负责安全保卫工作,对日常出现的问题进行分析处理,并上报备案	√		
6.5	专职安全管理人员具备劳动部门认可的安全监督员资格	√		

表 5-46 事故统计分析

序号	评价内容及标准	是 否	应得分	实得分
7.1	有系统完整的事故记录	√	100	100
7.2	有完整的事故调查、分析报告	√		
7.3	有年度、月度事故统计、分析图表	√		

表 5-47　危险源评估与整改

序　号	评价内容及标准	是　　否	应得分	实得分
8.1	两年内是否进行过危险评价(安全评价)	√	100	75
8.2	有无危险源分级管理制度	×		
8.3	对事故隐患是否按要求整改	√		
8.4	仓库、锅炉等重要部位是否列为重要安全管理对象	√		

表 5-48　应急计划与措施

序　号	评价内容及标准	是　　否	应得分	实得分
9.1	有应急指挥和组织机构	√	100	100
9.2	有场内应急计划、事故应急处理程序和措施	√		
9.3	有场外应急计划和向外报警程序	√		
9.4	有安全装置、报警装置、疏散口装置、避难场所位置图	√		
9.5	安全进、出口路线畅通无阻,数量、规格符合要求	√		
9.6	急救设备(担架、氧气瓶、防护用品等)符合规定要求	√		
9.7	通讯联络与报警系统可靠	√		
9.8	与应急服务机构(医院、消防)建立联系	√		
9.9	每年进行一次事故应急训练和演习	√		

表 5-49　消防安全管理

序　号	评价内容及标准	是　　否	应得分	实得分
10.1	有防火安全委员会	√	100	70
10.2	有领导负责的逐级防火责任制	√		
10.3	有专职或兼职的防火安全人员,并按规定时间路线进行巡道	√		
10.4	有健全的三级火灾隐患管理制度,并建立了隐患治理台账	√		
10.5	防火区设有防火安全标志	√		
10.6	有重点防火部位分布图、灭火计划平面图	×		
10.7	根据《消防条例》设有消防站或消防车、消防艇、消防栓、灭火器(干粉、泡沫、水)等,且符合消防安全规定	×		
10.8	消防用水、干粉等灭火剂充足	×		
10.9	火灾通讯系统完备可靠	√		
10.10	每年进行一次消防演习	√		

安全管理评价的实得分为:

$$100+80+100+80+70+100+100+75+100+70=875(\text{分})$$

5.2.6.2　危险岗位操作人员素质评价

基于对系统中人的行为特征的分析,从操作人员的合格性、熟练性、稳定性及工作负荷量四个方面对工业设施危险岗位操作人员的群体素质进行评估。

原料罐区有 5 名操作工，均是持证上岗，岗位工龄为 6 年，无事故工作时间为 6 年，每天平均工作 8 小时。

人员的合格性为：

$$R_1 = 1$$

人员的熟练性为：

$$R_2 = 1 - \frac{1}{k_2\left(\frac{t}{T_2}+1\right)} = 1 - \frac{1}{4\left(\frac{6}{0.5}+1\right)} = 0.9808$$

人员的操作稳定性为：

$$R_3 = 1 - \frac{1}{k_3\left[\left(\frac{t}{T_3}\right)^2+1\right]} = 1 - \frac{1}{2\left[\left(\frac{6}{0.5}\right)^2+1\right]} = 0.9966$$

操作人员的负荷因子为：

$$R_4 = 1 - k_4\left(\frac{t}{T_4}-1\right)^2 = 1 - k_4\left(\frac{8}{8}-1\right)^2 = 1$$

单个人员的可靠性为：

$$R_S = R_1R_2R_3R_4 = 1\times 0.9808\times 0.9966\times 1 = 0.9775$$

指定岗位人员素质的可靠性为：

$$R_S = \sum_{i=0}^{N}\frac{R_{Si}}{N} = 0.9775$$

$$R_p = \prod_{i=0}^{n} R_{Si} = 0.9775$$

单元人员素质的可靠性为：

$$R_n = 1 - \prod_{i=0}^{m}(1-R_{pi}) = 1-(1-0.9775) = 0.9775$$

5.2.6.3 工艺设备、建筑物抵消因子评价

工艺设备、建筑物抵消因子用表 5-50 计算：

表 5-50 工艺设备、建筑物抵消因子

项 目	子项目内容	得 分	是 否
$B_{21\text{-}1}$设备维修保养8(or)	1. 严格按照计划对设备检查、维修、保养	8	√
	2. 基本按照计划对设备检查、维修、保养	6	
$B_{21\text{-}2}$抑爆装置35(and)	1. 处理粉尘或蒸气的设备有抑爆装置或设备本身有抑爆作用	24	
	2. 设备上有防爆膜或泄爆口	11	√

续表 5-50

项　目	子项目内容	得　分	是　否
B_{21-3}惰性气体保护15(or)	1. 盛装易燃气体设备有连续的惰性气体保护	13	
	2. 惰性气体系统量足够并自动吹扫整个单元	15	
B_{21-4}紧急冷却12(or)	1. 冷却系统能保证在出现故障时维持正常冷却10min以上	10	√
	2. 备用冷却系统冷却能力为正常需要量的1.5倍，且至少维持10min	12	
B_{21-5}应急电源12(or)	1. 单元中设有双电源等多路电源	12	
	2. 单元中备有柴油发电机组	12	
B_{21-6}电气防爆7(or)	1. 电气设备为隔爆型	7/5	√
	2. 电气设备为增安型	7/5	
	3. 电气设备为本质安全型	7/5	
	4. 电气设备为正压型	7/5	
	5. 电气设备为充油型	7/5	
	6. 电气设备为充砂型	7/5	
	7. 电气设备为无火花型	7/5	
	8. 电气设备为防爆特殊型	7/5	
	9. 电气设备为粉尘防爆型	7/5	
	10. 单元的防爆区域等级(在备注栏内填写)		
B_{21-7}防静电7(and)	1. 生产过程中尽量少产生静电荷	7/5	
	2. 泄漏和导走静电荷	7/5	√
	3. 中和物体上聚集着的静电荷	7/5	
	4. 屏蔽带静电的物体	7/5	
	5. 使物体内外表面光滑和无棱角	7/5	
B_{21-8}避雷35(and)	1. 防雷接地电阻小于10Ω	7/5	√
	2. 避雷针、避雷带与接地线采用焊接连接	7/5	
	3. 独立的避雷针及接地装置不设在行人经常通过的地方，与道路或建筑物出入口及其他接地体的距离大于3m	7/5	
	4. 装有避雷针或避电线的构架上不架设低压或通讯线	7/5	
	5. 系统的定期检查，保证接地处于完好状态	7/5	
B_{21-9}阻火装置36(and)	1. 使用阻火器	12	
	2. 液封	12	
	3. 其他阻火材料	12	
B_{21-13}工艺参数控制11(or)	1. 同一参数有一套仪表监测	11/7	√
	2. 同一参数有并行两套(或以上)仪表监控，手动控制	11/7	
	3. 同一参数有并行两套(或以上)仪表监控，自动控制	11/7	

续表 5-50

项目	子项目内容	得分	是	否
$B_{21\text{-}14}$泄漏检测装置与响应15(or)	1. 气体或蒸气泄漏检测装置能报警和确定危险带	11	√	
	2. 该装置既能报警又能在达到燃烧极限之前使保护系统动作	15		
$B_{21\text{-}15}$故障报警及控制装置55(and)	1. 设有某一种流体管线发生故障时能可靠切断另一种流体的连锁装置	11		
	2. 在容器或泵的吸入侧设有远距离控制阀	11		
	3. 压缩机、透平、鼓风机等装有振动测定仪,振动能报警	10		
	4. 上述振动仪能使设备自动停车	13		
	5. 其他装置	10		
$B_{21\text{-}16}$事故排放与处理62(and)	1. 备用贮槽能安全地直接接受单元内的物料	11		
	2. 备用贮槽安置在单元外	13		
	3. 应急通风管能将全部安全阀、紧急排放阀及其他气体、蒸气物料排至火炬或密闭受槽	13	√	
	4. 装有易燃性液体和液化气的管道,容器有双层夹套	14		
	5. 易燃性液体的贮罐区域设有防护堤	11	√	
$B_{21\text{-}17}$厂房通风6	处理易燃性液体的单元以及研磨、喷涂树脂、熟化及敞口罐的单元安装在室内,但厂房有充分换气	6		
$B_{21\text{-}18}$建筑物泄压8(or)	1. 危险操作隔离厂房设有压力升高时能自动打开的窗	8		
	2. 隔离厂房设有安全孔	8		
	3. 其他泄压设施	8		
$B_{21\text{-}19}$装置监控40(and)	1. 操作人员能用无线电或类似设备同控制室联系	10	√	
	2. 重要项目能用计算机或闭路电视监视	12	√	
	3. 在线计算机有故障时的应急停车或故障排除功能	18		
$B_{21\text{-}120}$厂房结构25(and)	1. 合理划分生产的火灾危险分类	5	√	
	2. 厂房的耐火等级、层数及占地面积符合规定	5	√	
	3. 合适的厂房防火间距	5	√	
	4. 厂房的防爆措施适当	5	√	
	5. 厂房的安全疏散口符合要求	5	√	
$B_{21\text{-}121}$工业下水道10(and)	1. 含有易燃可燃物的工业下水道符合要求	5		
	2. 隔油池符合规范	5	√	

工艺设备、建筑物抵消因子评价的应得分为：

$$8+35+12+7+7+35+11+15+62+40+25+10=267$$

实得分为：

$$8+11+10+7+7+27+11+11+24+22+25+5=168$$

5.2.6.4　抵消因子的关联算法

对于原料罐区：

$$V_1=\frac{168}{267}=0.629\,2$$

$$V_2=0.977\,5$$

$$V_3=\frac{875}{100\,0}=0.875$$

$$X_{AB}=0.629\,2\qquad X_{A\overline{B}}=0.022\,5$$

$$X_{\overline{A}B}=0.370\,8\qquad X_{\overline{A}\overline{B}}=0.022\,5$$

$$X_{AC}=0.629\,2\qquad X_{A\overline{C}}=0.125$$

$$X_{\overline{A}C}=0.370\,8\qquad X_{\overline{A}\overline{C}}=0.125$$

$$X_{BC}=0.875\qquad X_{B\overline{C}}=0.125$$

$$X_{\overline{B}C}=0.022\,5\qquad X_{\overline{B}\overline{C}}=0.022\,5$$

$$X_{T1}=X_{AB}+X_{\overline{A}B}+X_{A\overline{B}}+X_{AB}=1.045$$

$$X_{T2}=X_{AC}+X_{\overline{A}C}+X_{A\overline{C}}+X_{\overline{A}\overline{C}}=1.25$$

$$X_{T3}=X_{BC}+X_{B\overline{C}}+X_{\overline{B}C}+X_{\overline{B}\overline{C}}=1.045$$

$$W(ab)=0.837\,3\qquad W(a\,\overline{b})=0.119\,6$$

$$W(\overline{a}b)=0.021\,5\qquad W(\overline{a}\,\overline{b})=0.021\,5$$

$$W(bc)=0.503\,4\qquad W(b\,\overline{c})=0.1$$

$$W(\overline{b}c)=0.296\,6\qquad W(\overline{b}\,\overline{c})=0.1$$

$$W(ac)=0.602\,1\qquad W(a\,\overline{c})=0.021\,5$$

$$W(\overline{a}c)=0.354\,8\qquad W(\overline{a}\,\overline{c})=0.021\,5$$

$$B_{2A}=0.503\,4\times0.982+0.1\times0.522+0.296\,6\times0.254+0.1\times0.216$$

$$B_{2B}=0.602\,1\times0.969+0.021\,5\times0.792+0.354\,8\times0.775+0.021\,5\times0.658$$

$$B_{2C}=0.602\,1\times0.923+0.021\,5\times0.379+0.354\,8\times0.569+0.021\,5\times0.347$$

$$B_{21}=0.563\,0$$

$$B_{22}=0.862\,7$$

$$B_{23}=0.676\,6$$

综合抵消因子为：

$$B_2 = \prod_{k=1}^{3}(1 - B_{2k}) = 0.022\ 2$$

原料罐区控制程度等级是C级。

原料罐区的危险等级是二级,而控制能力等级是C级。控制能力没有和危险等级相匹配,控制能力未能达到危险等级所要求的B级,说明原料罐区的安全措施和安全管理还未达到较理想的状况。

5.2.7 现实危险性 *A*

原料罐区发生爆炸的现实危险性由于抵消因子的抵消和控制作用,已经较固有危险性大大降低。

罐区发生爆炸的现实危险性为:

$$\begin{aligned} A &= B_1 \prod_{k=1}^{3}(1 - B_{2k}) = B_1 B_2 \\ &= 33\ 392\ 021.52 \times 0.022\ 2 \\ &= 741\ 302.9 \end{aligned}$$

现实危险性 A 值是固有危险性 B_1 值的2.22%,可见有效的安全技术装备和管理会使系统的危险性大大降低。

5.2.8 原料罐区评价单元结论

原料罐区的安危关系到工厂的存亡,原料罐区的安全装备、安全管理至关重要。

原料罐区的丁二烯火灾爆炸事故是极小概率事件,是可以预防的,但是丁二烯爆炸的后果是严重的。用数学模型计算分析测算表明:原料罐区是二级重大危险源,一旦发生爆炸,将是毁灭性的,可能导致全厂绝大多数人员死亡或重伤,基地大部分财产毁于一旦。

原料罐区的爆炸,在上述分析中都是以两个丁二烯罐作为研究对象,它的严重后果足以说明问题,已不必再考虑整个罐区同时爆炸的严重后果,当然情况会更严重。

第6章

重大事故后果分析方法

事故后果分析是安全评价的一个重要组成部分，其目的在于定量地描述一个可能发生的重大事故对工厂、厂内职工、厂外居民，甚至对环境造成危害的严重程度。分析结果为企业或企业主管部门提供关于重大事故后果的信息，为企业决策者和设计者提供关于决策采取何种防护措施的信息，如防火系统、报警系统或减压系统等的信息，以达到减轻事故影响的目的。火灾、爆炸、中毒是常见的重大事故，可能造成严重的人员伤亡和巨大的财产损失，影响社会安定。世界银行国际信贷公司(IFC)编写的《工业污染事故评价技术手册》中提出的易燃、易爆、有毒物质的泄漏、扩散、火灾、爆炸、中毒等重大工业事故的事故模型和计算事故后果严重度的公式，主要用于工业污染事故的评价。该方法涉及内容，也可用于火灾、爆炸、毒物泄漏中毒等重大事故的事故危险、危害程度的评价。

本章重点介绍有关火灾、爆炸和中毒事故后果分析(热辐射、爆炸波、中毒)，在分析过程中要运用数学模型。通常一个复杂的问题或现象用数学来描述模型，往往是在一系列的假设前提下按理想的情况建立的，有些模型经过小型试验的验证，有的则可能与实际情况有较大出入，但对事故后果评价来说是可参考的。

6.1 泄漏

由于设备损坏或操作失误引起泄漏从而大量释放易燃、易爆、有毒有害物质，可能会导致火灾、爆炸、中毒等重大事故发生。

6.1.1 泄漏情况

6.1.1.1 泄漏的主要设备

根据各种设备泄漏情况分析，可将工厂(特别是化工厂)中易发生泄漏的设备分类，通常归纳为：管道、挠性连接器、过滤器、阀门、压力容器或反应器、泵、压缩机、储罐、加压或冷冻气体容器及火炬燃烧装置或放散管等十类。

一个工厂可能有各种特殊设备，但其与一般设备的差别很小，可以容易地将其划归至所属的类型中去。

图6-1～图6-10提供了各类设备的典型损坏情况及裂口尺寸，可供后果分析时参考。这里所列出的损坏典型，仅代表事故后果分析的最基本的典型损坏。评价人员还可以增加其他一些损坏的形式和尺寸，例如阀的泄漏、开启式贮罐满溢等人为失误事故，也可以作为某些设备的一种损坏形式。

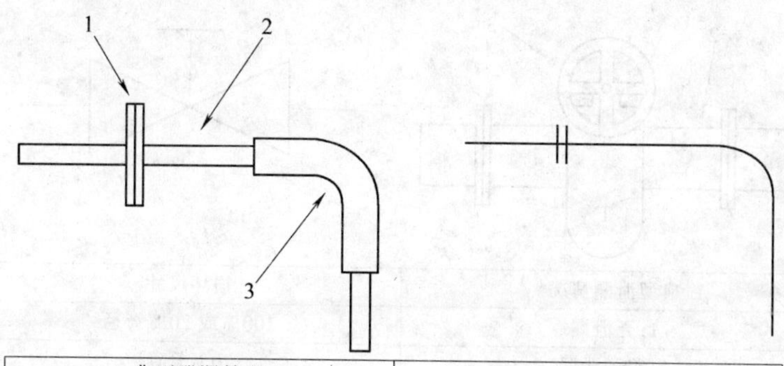

典型泄漏情况	损坏尺寸
1.法兰泄漏	20%管径
2.管道泄漏	100%或20%管径
3.接头损坏	100%或20%管径

图 6-1　管道的泄漏

(包括:管道、法兰、接头)

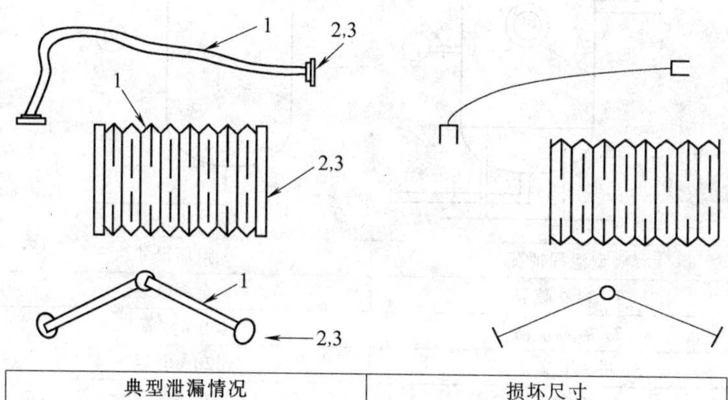

典型泄漏情况	损坏尺寸
1.破裂泄漏	100%或20%管径
2.接头泄漏	20%管径
3.连接装置损坏而泄漏	100%管径

图 6-2　挠性连接器的泄漏

(包括:软管、波纹管、铰接器)

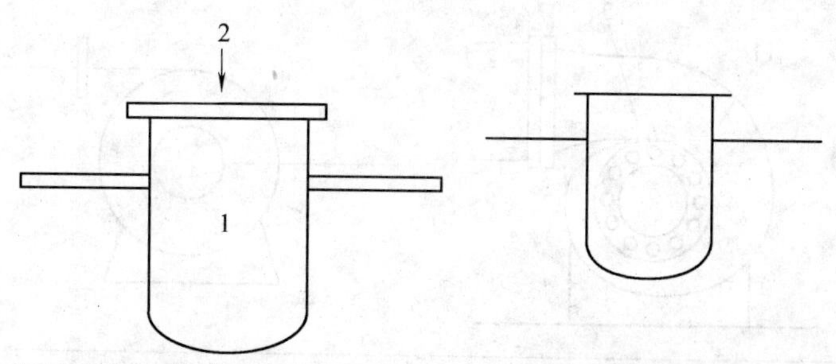

典型泄漏情况	损坏尺寸
1.滤体泄漏	100%或20%管径
2.管道泄漏	20%管径

图 6-3　过滤器的泄漏

(包括:过滤器、管道、滤网)

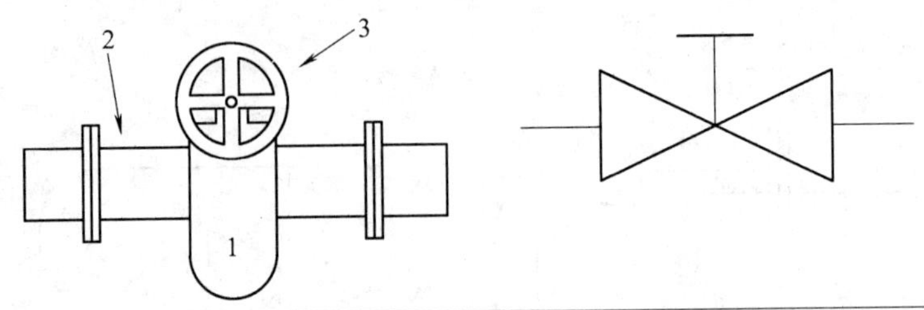

典型泄漏情况	损坏尺寸
1.壳泄漏	100%或20%管径
2.盖子泄漏	20%管径
3.杆损坏	20%管径

图6-4　阀的泄漏

(包括:球、阀门、球状物、栓、指针、蝶形阀(蝶形螺母)、阻气门、保险、超硬铝合金阀)

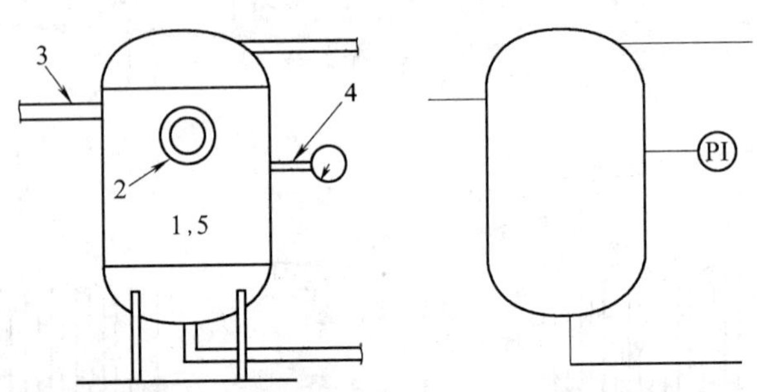

典型泄漏情况	损坏尺寸
1. 容器破裂	全部破裂
2. 容器泄漏	100%大管径
3. 进入孔盖泄漏	20%管径
4. 喷嘴断裂	100%管径
5. 仪表管路破裂	100%或20%管径
6. 内部爆炸	全部破裂

图6-5　压力容器及反应器的泄漏

(包括:分离器、气体洗涤器、反应釜、热交换器、各种罐和容器、火焰加热器、圆柱体、生铁槽/容器、接受器、再沸器)

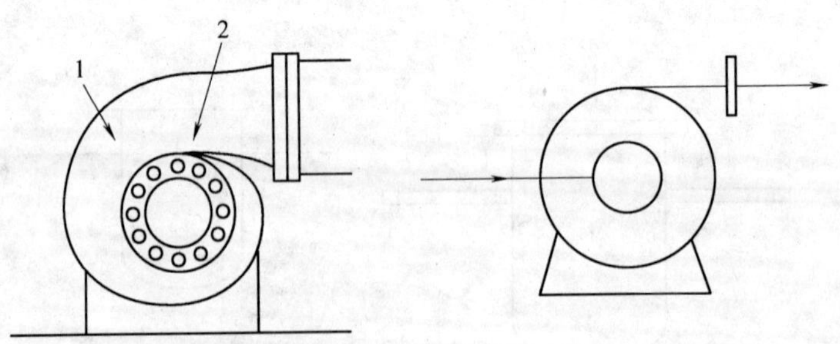

典型泄漏情况	损坏尺寸
1.机壳损坏	100%或20%管径
2.密封压盖泄漏	20%管径

图6-6　泵的泄漏

(包括:离心泵、往复泵(活塞泵))

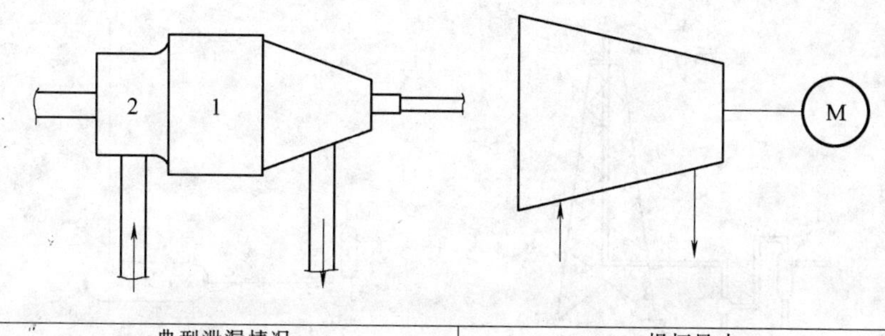

典型泄漏情况	损坏尺寸
1.机壳损坏	100%或20%管径
2.密封套泄漏	20%管径

图 6-7 压缩机的泄漏

(包括:离心压缩机、轴流式压缩机、往复式(活塞式)压缩机)

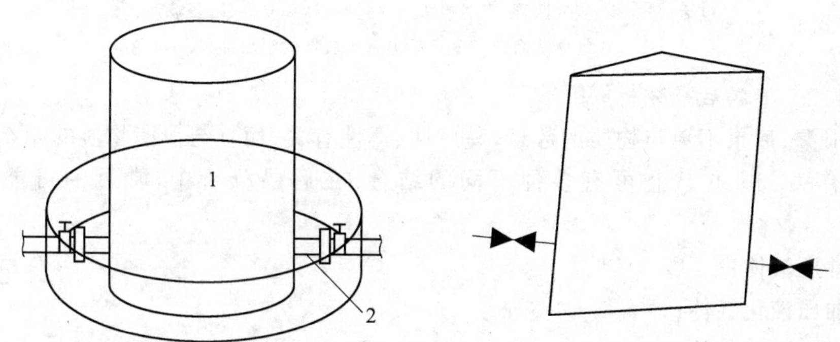

典型泄漏情况	损坏尺寸
1. 罐体损坏而泄漏	全部破裂
2. 接头泄漏	100%或20%管径

图 6-8 贮罐的泄漏

(包括:露天储存危险物质的容器或压力容器(连接的管道和辅助设备))

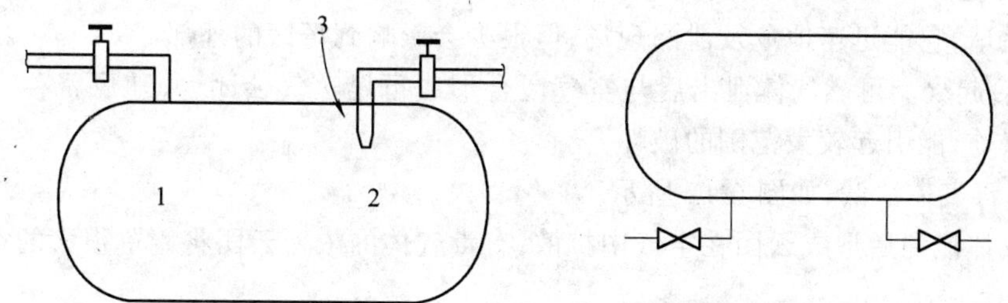

典型泄漏情况	损坏尺寸
1.气爆(仅为不埋设的情况下)	全部破裂(燃)
2.破裂	全部破裂
3.焊接点断裂	100%或20%管径

图 6-9 加压或冷冻气体容器的泄漏

(包括:露天或埋地放置的储存器,压力容器或运输槽车,冷冻运输容器,

贮存器周围的一些设施,在分析时也应给予考虑)

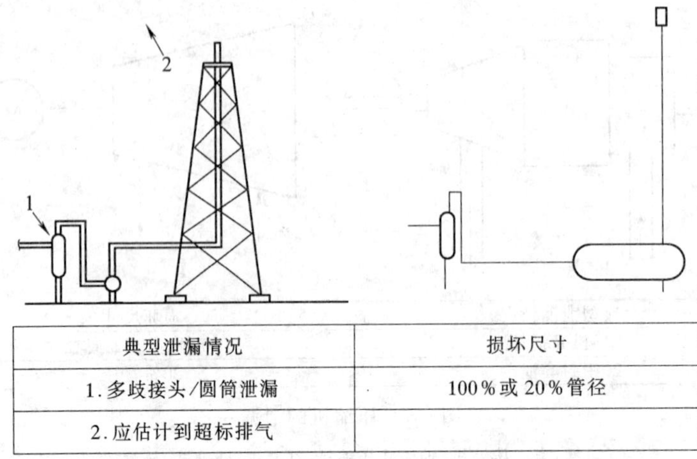

典型泄漏情况	损坏尺寸
1.多歧接头/圆筒泄漏	100%或20%管径
2.应估计到超标排气	

图6-10　火炬燃烧器或放散管的泄漏

(包括:燃烧装置、放散管、多通接头、气体洗涤器和分离罐,多歧接头、排气式气体洗涤器和分离罐也属于装置的组成部分)

6.1.1.2　泄漏后果分析

一旦泄漏,后果不单与物质的数量、易燃性、毒性有关,而且与泄漏物质的相态、压力、温度等状态有关。这些状态可有多种不同的结合,在后果分析中,常见的可能结合有4种:

(1) 常压液体;

(2) 加压液化气体;

(3) 低温液化气体;

(4) 加压气体。

泄漏物质的物性不同,其泄漏后果也不同:

(1) 可燃气体泄漏,如图6-11所示。

可燃气体泄漏后与空气混合达到燃烧极限时,遇到引火源就会发生燃烧或爆炸。泄漏后起火的时间不同,泄漏后果也不相同:

1) 立即起火。可燃气体从容器中往外泄出时即被点燃,发生扩散燃烧,产生喷射性火焰或形成火球,它能迅速地危及泄漏现场,但很少会影响到厂区的外部。

2) 滞后起火。可燃气体泄出后与空气混合形成可燃蒸气云团,并随风飘移,遇火源发生爆燃或爆炸,能引起较大范围的破坏。

(2) 有毒气体泄漏,如图6-12所示。

有毒气体泄漏后形成云团在空气中扩散,有毒气体的浓密云团将笼罩很大的空间,影响范围大。

(3) 液体泄漏,如图6-13和图6-14所示。

一般情况下,泄漏的液体在空气中蒸发而生成气体,泄漏后果与液体的性质和贮存条件(温度、压力)有关:

1) 常温常压下液体泄漏。这种液体泄漏后聚集在防液堤内或地势低洼处形成液池,液体由于地表面风的对流而缓慢蒸发,如遇引火源就会发生池火灾。

是否快速排气 是否立即点燃 浮云状物是否比空气稠密 有无推迟燃烧 排气是否影响周围设施

排气状况

是 火球 附加排气模式 是 否 评价影响

是 否 绝热蒸发

是 密集浮云状物扩散 是 闪燃或爆炸 附加排气模式 是 否 评价影响

否 无害

否 随意/羽烟扩散 是 闪燃或爆炸 附加排气模式 是 否 评价影响

否 无害

否 计算排气率

是 喷射燃烧 附加排气模式 是 否 评价影响

否 喷射扩散

是 密集浮云状物扩散 是 闪燃或爆炸 附加排气模式 是 否 评价影响

否 无害

否 随意/羽烟扩散 是 闪燃或爆炸 附加排气模式 是 否 评价影响

否 无害

图 6-11 可燃气体事故后果判断树形图

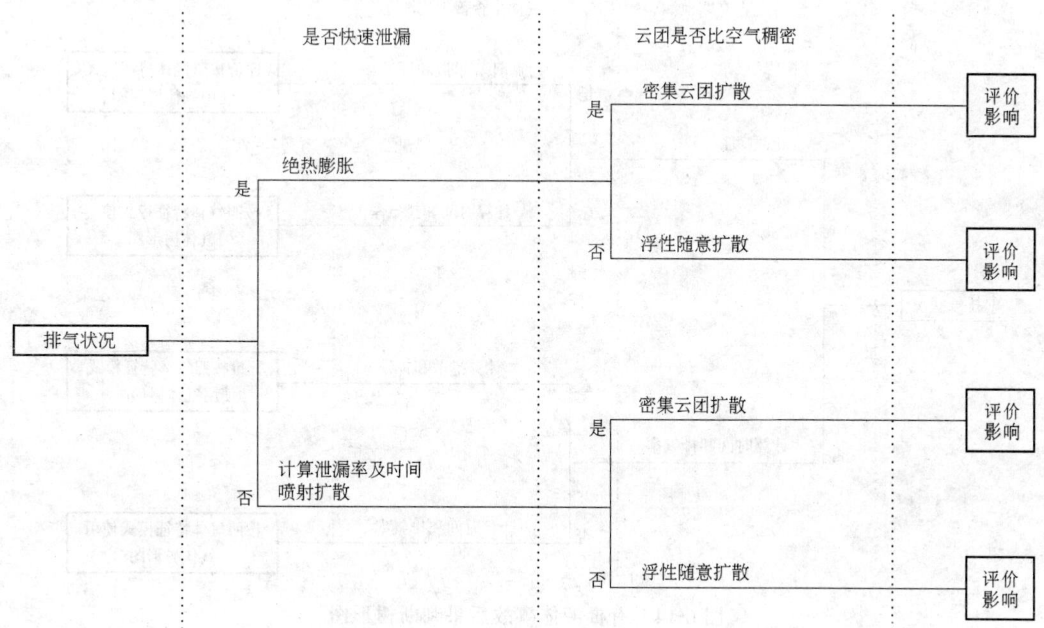

图 6-12 有毒气体事故后果判断树形图

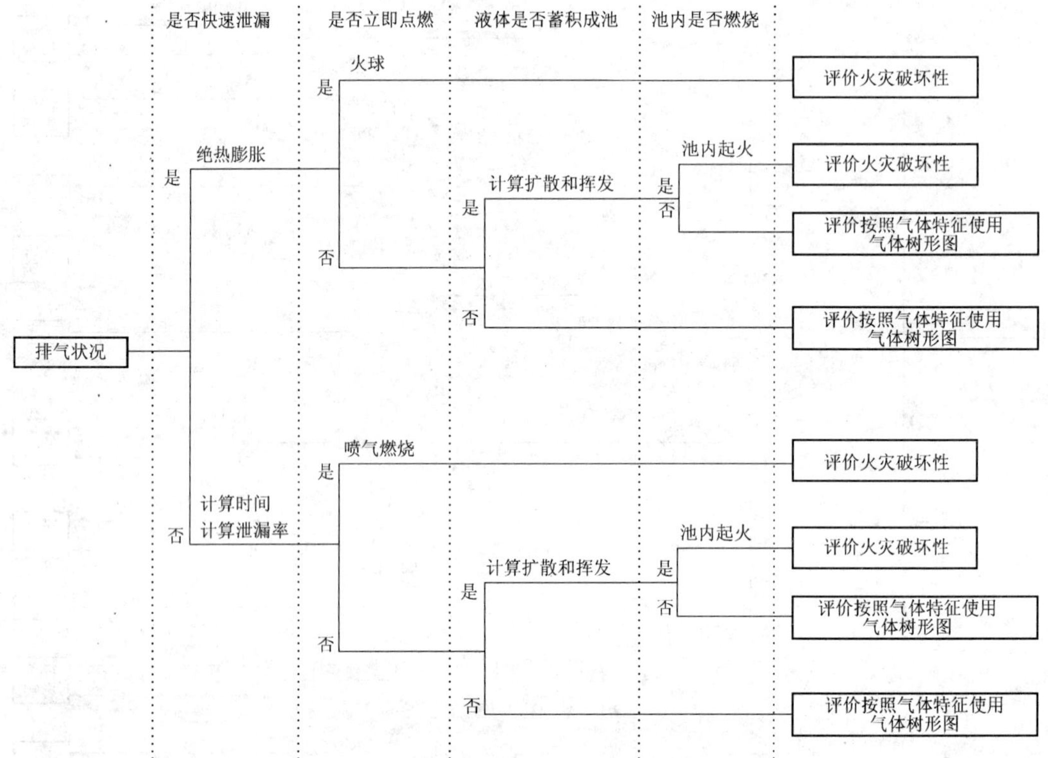

图6-13　可燃液体事故后果判断树形图

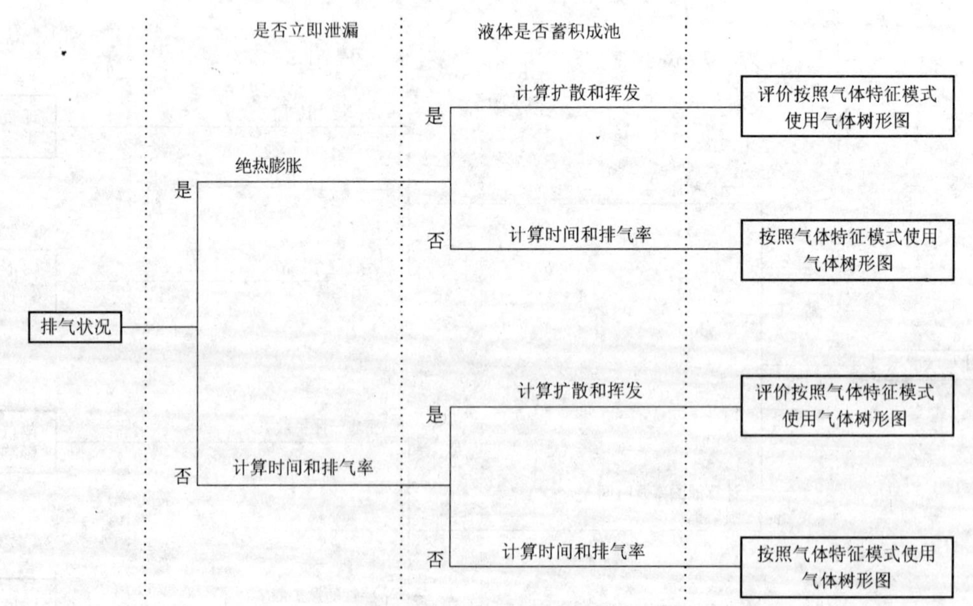

图6-14　有毒液体事故后果判断树形图

2）加压液化气体泄漏。一些液体泄漏时将瞬时蒸发，剩下的液体将形成一个液池，吸收周围的热量继续蒸发。液体瞬时蒸发的比例决定于物质的性质及环境温度。有些泄漏物可能在泄漏过程中全部蒸发。

3）低温液体泄漏。这种液体泄漏时将形成液池，吸收周围热量蒸发，蒸发量低于加压液化气体的泄漏量，高于常温常压下液体泄漏量。

无论是气体泄漏还是液体泄漏，泄漏量的多少都是决定泄漏后果严重程度的主要因素，而泄漏量又与泄漏时间长短有关。

6.1.2　泄漏量的计算

当发生泄漏的设备的裂口是规则的，而且裂口尺寸及泄漏物质的有关热力学、物理化学性质及参数已知时，可根据流体力学中的有关方程式计算泄漏量。当裂口不规则时，可采取等效尺寸代替；当遇到泄漏过程中压力变化等情况时，往往采用经验公式计算。

6.1.2.1　液体泄漏量

液体泄漏速度可用流体力学的柏努利方程计算，其泄漏速度为：

$$Q_O = C_d A \rho \sqrt{\frac{2(P - P_0)}{\rho} + 2gh} \tag{6-1}$$

式中　Q_O——液体泄漏速度，kg/s；

C_d——液体泄漏系数，按表 6-1 选取；

A——裂口面积，m^2；

ρ——泄漏液体密度，kg/m^3；

P——容器内介质压力，Pa；

P_0——环境压力，Pa；

g——重力加速度，$g = 9.8 m/s^2$；

h——裂口之上液位高度，m。

表 6-1　液体泄漏系数 C_d

雷诺数 Re	裂口形状		
	圆形（多边形）	三角形	长方形
>100	0.65	0.60	0.55
≤100	0.50	0.45	0.40

对于常压下的液体泄漏速度，取决于裂口之上液位的高低；对于非常压下的液体泄漏速度，主要取决于窗口内介质压力与环境压力之差和液位高低。

当容器内液体是过热液体，即液体的沸点低于周围环境温度，液体流过裂口时由于压力减小而突然蒸发。蒸发所需热量取自于液体本身，而容器内剩下的液体温度将降至常压沸点。在这种情况下，泄漏时直接蒸发的液体所占百分比 F 可按下式计算：

$$F = c_p \frac{T - T_0}{H} \tag{6-2}$$

式中　c_p——液体的定压比热，J/(kg·K)；

T——泄漏前液体的温度，K；

T_0——液体在常压下的沸点,K;

H——液体的气化热,J/kg。

按式6-2计算的结果,几乎总是在0~1之间。事实上,泄漏时直接蒸发的液体将以细小烟雾的形式形成云团,与空气相混合而吸收热蒸发。如果空气传给液体烟雾的热量不足以使其蒸发,由一些液体烟雾将凝结成液滴降落到地面,形成液池。根据经验,当 $F>0.2$ 时,一般不会形成液池;当 $F<0.2$ 时,F 与带走液体之比有线性关系,即当 $F=0$ 时,没有液体带走(蒸发);当 $F=0.1$ 时,有50%的液体被带走。

6.1.2.2　气体泄漏量

气体从裂口泄漏的速度与其流动状态有关。因此,计算泄漏量时首先要判断泄漏时气体流动属于音速还是亚音速流动。前者称为临界流,后者称为次临界流。

当下式成立时,气体流动属音速流动:

$$\frac{P_0}{P} \leqslant \left(\frac{2}{\kappa+1}\right)^{\frac{\kappa}{\kappa-1}} \tag{6-3}$$

当下式成立时,气体流动属亚音速流动:

$$\frac{P_0}{P} > \left(\frac{2}{\kappa+1}\right)^{\frac{\kappa}{\kappa-1}} \tag{6-4}$$

式中　P_0、P——符号意义同前;

κ——气体的绝热指数,即定压热容 c_p 与定容热容 c_V 之比。

气体呈音速流动时,其泄漏量为:

$$Q_O = C_d AP \sqrt{\frac{M\kappa}{RT}\left(\frac{2}{\kappa+1}\right)^{\frac{\kappa+1}{\kappa-1}}} \tag{6-5}$$

气体呈亚音速流动时,其泄漏量为:

$$Q_O = YC_d AP \sqrt{\frac{M\kappa}{RT}\left(\frac{2}{\kappa+1}\right)^{\frac{\kappa+1}{\kappa-1}}} \tag{6-6}$$

式中　C_d——气体泄漏系数,当裂口形状为圆形时取1.00,三角形时取0.95,长方形时取0.90;

M——相对分子质量;

R——气体常数,J/(mol·K);

T——气体温度,K;

Y——气体膨胀因子,由下式计算:

$$Y = \sqrt{\left(\frac{1}{\kappa-1}\right)\left(\frac{\kappa+1}{2}\right)^{\frac{\kappa+1}{\kappa-1}}\left(\frac{P}{P_0}\right)^{\frac{2}{\kappa}}\left[1-\left(\frac{P_0}{P}\right)^{\frac{\kappa-1}{\kappa}}\right]} \tag{6-7}$$

当容器内物质随泄漏而减少或压力降低而影响泄漏速度时,泄漏速度的计算比较复杂。如果流速小或时间短,在后果计算中可采用最初排放速度,否则应计算其等效泄漏速度。

6.1.2.3　两相流泄漏量

在过热液体发生泄漏时,有时会出现气、液两相流动。均匀两相流的泄漏速度可按下式计算:

$$Q_{\mathrm{O}}=C_{\mathrm{d}}A\sqrt{2\rho(p-p_{\mathrm{c}})} \tag{6-8}$$

式中　Q_{O}——两相流泄漏速度,kg/s;

C_{d}——两相流泄漏系数,可取 0.8;

A——裂口面积,m^2;

p——两相混合物的压力,Pa;

p_{c}——临界压力,Pa,可取 $p_{\mathrm{c}}=0.55$ Pa;

ρ——两相混合物的平均密度,$\mathrm{kg/m^3}$,由下式计算:

$$\rho=\frac{1}{\frac{F_{\mathrm{V}}}{\rho_1}+\frac{1-F_{\mathrm{V}}}{\rho_2}} \tag{6-9}$$

式中　ρ_1——液体蒸发的蒸气密度,$\mathrm{kg/m^3}$;

ρ_2——液体密度,$\mathrm{kg/m^3}$;

F_{V}——蒸发的液体占液体总量的比例,由下式计算:

$$F_{\mathrm{V}}=\frac{C_p(T-T_{\mathrm{c}})}{H} \tag{6-10}$$

式中　C_p——两相混合物的定压比热,J/(kg·K);

T——两相混合物的温度,K;

T_{c}——临界温度,K;

H——液体的气化热,J/kg。

当 $F_{\mathrm{V}}>1$ 时,表明液体将全部蒸发成气体,这时应按气体泄漏公式计算;如果 F_{V} 很小,则可近似地按液体泄漏公式计算。

6.1.3　泄漏后的扩散

如前所述,泄漏物质的特性多种多样,而且还受原有条件的强烈影响,但大多数物质从容器中泄漏出来后,都将发展成弥散的气团向周围空间扩散。对可燃气体如果遇到引火源会着火。这里仅讨论气团原形释放的开始形式,即液体泄漏后扩散、喷射扩散和绝热扩散。关于气团在大气中的扩散属环境保护范畴,在此不予考虑。

6.1.3.1　液体的扩散

液体泄漏后立即扩散到地面,一直流到低洼处或人工边界,如防火堤、岸墙等,形成液池。液体泄漏出来不断蒸发,当液体蒸发速度等于泄漏速度时,液化中的液体量将维持不变。

如果泄漏的液体是低挥发度的,则从液池中蒸发量较少,不易形成气团,对厂外人员没有危险;如果着火则形成池火灾;如果渗透进土壤,有可能对环境造成影响。如果泄漏的是挥发性液体或低温液体,泄漏后液体蒸发量大,大量蒸发在液池上面后会形成蒸气云,并扩散到厂外,对厂外人员有影响。

A　液池面积

如果泄漏的液体已达到人工边界,则液池面积即为人工边界围成的面积。如果泄漏的液体未达到人工边界,则可假设液体的泄漏点为中心呈扁圆柱形在光滑平面上扩散,这时液

池半径 r 用下式计算：

(1) 瞬时泄漏(泄漏时间不超过30s)时：

$$r=\left(\frac{8gm}{\pi\rho}\right)^{\frac{\sqrt{t}}{4}} \tag{6-11}$$

(2) 连续泄漏(泄漏持续10min以上)时：

$$r=\left(\frac{32gmt^3}{\pi\rho}\right)^{\frac{1}{4}} \tag{6-12}$$

式中　r——液池半径，m；

m——泄漏的液体量，kg；

g——重力加速度，$g=9.8\text{m/s}^2$；

t——泄漏时间，s。

B　**蒸发量**

液池内液体蒸发按其机理可分为闪蒸、热量蒸发和质量蒸发3种，下面分别介绍：

(1) 闪蒸：过热液体泄漏后由于液体的自身热量而直接蒸发称为闪蒸。发生闪蒸时液体蒸发速度 Q 可由下式计算：

$$Q=F_{\mathrm{V}}m/t \tag{6-13}$$

式中　F_{V}——直接蒸发的液体与液体总量的比例；

m——泄漏的液体总量，kg；

t——闪蒸时间，s。

(2) 热量蒸发：当 $F_{\mathrm{V}}<1$ 或 $Qt<m$ 时，则液体闪蒸不完全，有一部分液体在地面形成液池，并吸收地面热量而气化称为热量蒸发，其蒸发速度 Q 按下式计算：

$$Q=\frac{KA_1(T_0-T_{\mathrm{b}})}{H\sqrt{\pi\alpha t}}+\frac{KNuA_1}{HL}(T_0-T_{\mathrm{b}}) \tag{6-14}$$

式中　A_1——液池面积，m^2；

T_0——环境温度，K；

T_{b}——液体沸点，K；

H——液体蒸发热，J/kg；

L——液池长度，m；

α——热扩散系数，m^2/s，见表6-2所示；

K——导热系数，J/(m·K)，如表6-2所示；

表6-2　某些地面的热传递性质

地面情况	$K/(\text{J}/(\text{m}\cdot\text{K}))$	$\alpha/(\text{m}^2/\text{s})$
水泥	1.1	1.29×10^{-7}
土地(含水8%)	0.9	4.3×10^{-7}
干涸土地	0.3	2.3×10^{-7}
湿地	0.6	3.3×10^{-7}
砂砾地	2.5	11.0×10^{-7}

t——蒸发时间，s；

Nu——努塞尔(Nusselt)数。

(3) 质量蒸发：当地面传热停止时，热量蒸发终了，转而由液池表面之上气流运动使液体蒸发称为质量蒸发。其蒸发速度 Q 为：

$$Q = \alpha Sh \frac{A}{L}\rho_1 \tag{6-15}$$

式中　α——分子扩散系数，m^2/s；

Sh——舍伍德(Sherwood)数；

A——液池面积，m^2；

L——液池长度，m；

ρ_1——液体的密度，kg/m^3。

6.1.3.2　喷射扩散

气体泄漏时从裂口喷出形成气体喷射。大多数情况下气体直接喷出后，其压力高于周围环境大气压力，温度低于环境温度。在进行喷射计算时，应以等价喷射孔口直径来计算。等价喷射的孔口直径按下式计算：

$$D = D_O\sqrt{\frac{\rho_O}{\rho}} \tag{6-16}$$

式中　D——等价喷射孔径，m；

D_O——裂口孔径，m；

ρ_O——泄漏气体的密度，kg/m^3；

ρ——周围环境条件下气体的密度，kg/m^3。

如果气体泄漏能瞬间达到周围环境的温度、压力状况，即 $\rho_O = \rho$，则 $D = D_O$。

A　喷射的浓度分布

在喷射轴线上距孔口 x 处的气体浓度 $c(x)$ 为：

$$c(x) = \frac{\dfrac{b_1 + b_2}{b_1}}{0.32\dfrac{x}{D}\dfrac{\rho}{\sqrt{\rho_0}} + 1 - \rho} \tag{6-17}$$

式中　b_1、b_2——分布函数，其表达式如下：

$$b_1 = 50.5 + 48.2\rho - 9.95\rho^2$$

$$b_2 = 23 + 41\rho$$

其他符号意义同前。

如果把式 6-17 改写成 x 是 $c(x)$ 的函数形式，则给定某浓度值 $c(x)$，就可算出具有该浓度的点至孔口的距离 x。

在过喷射轴线上点 x 且垂直于喷射轴线的平面内任一点处的气体浓度为：

$$\frac{c(xy)}{c(x)} = e^{-b_2(y/x)^2} \tag{6-18}$$

式中　$c(xy)$——距裂口距离 x 且垂直于喷射轴线的平面内 y 点的气体浓度，kg/m^3；

$c(x)$——喷射轴线上距裂口 x 处的气体浓度，kg/m^3；

b_2——分布参数，同前；

y——目标点到喷射轴线的距离，m。

B　**喷射轴线上的速度分布**

喷射速度随着轴线距离增大而减小，直到轴线上的某一点喷射速度等于风速为止。该点称为临界点，临界点以后的气体运动不再符合喷射规律。沿喷射轴线的速度分布由下式得出：

$$\frac{v(x)}{v_o}=\frac{\rho_o}{\rho}\frac{b_1}{4}\left[0.32\frac{x}{D}\frac{\rho}{\rho_o}+1-\rho\right]\left(\frac{D}{x}\right)^2 \tag{6-19}$$

式中　ρ_o——泄漏气体的密度，kg/m³；

ρ——周围环境条件下气体的密度，kg/m³；

D——等价喷射孔径，m；

b_1——分布参数，同前；

x——喷射轴线上距裂口某点的距离，m；

$v(x)$——喷射轴线上距裂口 x 处一点的速度，m/s；

v_o——喷射初速，等于气体泄漏时流经裂口时的速度，m/s，按下式计算：

$$v_o=\frac{Q_o}{C_d\rho\pi\left(\frac{D_o}{2}\right)^2} \tag{6-20}$$

式中　Q_o——气体泄漏速度，kg/s；

C_d——气体泄漏系数；

D_o——裂口直径，m。

当临界点处的浓度小于允许浓度（如可燃气体的燃烧下限或有害气体最高允许浓度）时，只需按喷射扩散来分析；当该点浓度大于允许浓度时，则需要进一步分析泄漏气体在大气中扩散的情况。

6.1.3.3　绝热扩散

闪蒸液体或加压气体瞬时泄漏后，有一段快速扩散时间，假定此过程相当快以致在混合气团和周围环境之间来不及热交换，则此扩散称为绝热扩散。

根据 TNO(1979 年)提出的绝热扩散模式，泄漏气体（或液体闪蒸形成的蒸气）的气团呈半球形向外扩散。根据浓度分布情况，把半球分成内外两层，内层浓度均匀分布，且具有 50% 的泄漏量；外层浓度呈高斯分布，具有另外 50% 的泄漏量。

绝热扩散过程分为两个阶段：第一阶段，气团向外扩散至大气压力，在扩散过程中，气团获得动能，称为“扩散能”；第二阶段，扩散能再将气团向外推，使紊流混合空气进入气团，从而使气团范围扩大。当内层扩散速度降到一定值时，可以认为扩散过程结束。

A　**气团扩散能**

在气团扩散的第一阶段，扩散的气体（或蒸气）的内能一部分用来增加动能，对周围大气做功。假设该阶段的过程为可逆绝热过程，并且是等熵的。

a　气体泄漏扩散能

根据内能变化得出扩散能计算公式如下：

$$E = c_V(T_1 - T_2) - 0.98 p_0(V_2 - V_1) \tag{6-21}$$

式中　E——气体扩散能，J；

c_V——定容比热，J/(kg·K)；

T_1——气团初始温度，K；

T_2——气团压力降至大气压力时的温度，K；

p_0——环境压力，Pa；

V_1——气团初始体积，m^3；

V_2——气团压力降至大气压力时的体积，m^3。

b　闪蒸液体泄漏扩散能

蒸发的蒸气团扩散能可以按下式计算：

$$E = [H_1 - H_2 - T_b(S_1 - S_2)]W - 0.98(P_1 - P_0)V_1 \tag{6-22}$$

式中　E——闪蒸液体扩散能，J；

H_1——泄漏液体初始焓，J/kg；

H_2——泄漏液体最终焓，J/kg；

T_b——液体的沸点，K；

S_1——液体蒸发前的熵，J/(kg·K)；

S_2——液体蒸发后的熵，J/(kg·K)；

W——液体蒸发量，kg；

p_1——初始压力，Pa；

p_0——周围环境压力，Pa；

V_1——初始体积，m^3。

B　气团半径与浓度

在扩散能的推动下气团向外扩散，并与周围空气发生紊流混合。

a　内层半径与浓度

气团内层半径 R_1 和浓度 c 是时间函数，表达如下：

$$R_1 = 2.72\sqrt{k_d t} \tag{6-23}$$

$$c = \frac{0.00597 V_0}{\sqrt{(k_d t)^3}} \tag{6-24}$$

式中　t——扩散时间，s；

V_0——在标准温度、压力下气体体积，m^3；

k_d——紊流扩散系数，按下式计算：

$$k_d = 0.0137\sqrt[3]{V_0}\sqrt{E}\left[\frac{\sqrt[3]{V_0}}{t\sqrt{E}}\right]^{\frac{1}{4}} \tag{6-25}$$

如上所述，当中心扩散速度（dR/dt）降到一定值时，第二阶段才结束。临界速度的选择是随机的且不稳定的。设扩散结束时扩散速度为 1m/s，则在扩散结束时内层半径 R_1 和浓

度 c 可按下式计算：

$$R_1 = 0.08837E^{0.3}V_0^{\frac{1}{3}} \tag{6-26}$$

$$c = 172.95E^{-0.9} \tag{6-27}$$

b　外层半径与浓度

第二阶段末气团外层的大小可根据试验观察得出，即扩散终结时外层气团半径 R_1 由下式求得：

$$R_2 = 1.456R_1 \tag{6-28}$$

式中　R_1, R_2——分别为气团内层、外层半径，m。

外层气团浓度自内层向外呈高斯分布。

6.2　火灾

易燃、易爆的气体、液体泄漏后遇到引火源就会被点燃而着火燃烧，燃烧方式有池火、喷射火、火球和突发火4种。

6.2.1　池火

可燃液体（如汽油、柴油等）泄漏后流到地面形成液池，或流到水面并覆盖水面，遇到火源燃烧而成池火。

6.2.1.1　燃烧速度

当液池中的可燃液体的沸点高于周围环境温度时，液体表面上单位面积的燃烧速度 $\frac{dm}{dt}$ 为：

$$\frac{dm}{dt} = \frac{0.001H_c}{C_p(T_b - T_0) + H} \tag{6-29}$$

式中　dm/dt——单位表面积燃烧速度，$kg/(m^2 \cdot s)$；

C_p——液体的定压比热，$J/(kg \cdot K)$；

T_b——液体的沸点，K；

T_0——环境温度，K；

H——液体的气化热，J/kg。

当液体的沸点低于环境温度时，如加压液化气或冷冻液化气，其单位面积的燃烧速度 dm/dt 为：

$$\frac{dm}{dt} = \frac{0.001H_c}{H} \tag{6-30}$$

式中　符号意义同前。

燃烧速度也可从手册中直接得到。表6-3列出了一些可燃液体的燃烧速度。

表 6-3 一些可燃液体的燃烧速度

物质名称	汽 油	煤 油	柴 油	重 油	苯	甲 苯	乙 醚	丙 酮	甲 醇
燃烧速度/（$kg·m^2/s$）	92～81	55.11	49.33	78.1	165.37	138.29	125.84	66.36	57.6

6.2.1.2 火焰高度

设液池为一半径为 r 的圆池子，其火焰高度可按下式计算：

$$h = 84r\left[\frac{\mathrm{d}m/\mathrm{d}t}{\rho_0(2gr)^{\frac{1}{2}}}\right]^{0.6} \tag{6-31}$$

式中 h——火焰高度，m；

r——液池半径，m；

ρ_0——周围空气密度，kg/m^3；

g——重力加速度，$g = 9.8m/s^2$；

$\mathrm{d}m/\mathrm{d}t$——燃烧速度，$kg/(m^2·s)$。

6.2.1.3 热辐射通量

当液池燃烧时放出的总热辐射通量为：

$$Q = (\pi r^2 + 2\pi rh)\frac{\mathrm{d}m}{\mathrm{d}t}\eta H_c \Big/ \left[72\frac{\mathrm{d}m}{\mathrm{d}t}^{0.61} + 1\right] \tag{6-32}$$

式中 Q——总热辐射通量，W；

η——效率因子，可取 0.13～0.35。

其他符号意义同前。

6.2.1.4 目标入射热辐射强度

假设全部辐射热量由液池中心点的小球面辐射出来，则在距液池中心某一距离 x 处的入射热辐射强度为：

$$I = \frac{Qt_c}{4\pi x^2} \tag{6-33}$$

式中 I——热辐射强度，W/m^2；

Q——总热辐射通量，W；

t_c——热传导系数，在无相对理想的数据时，可取为 1；

x——目标点到液池中心距离，m。

6.2.2 喷射火

加压的可燃物质泄漏时形成射流，如果在泄漏裂口处被点燃，则形成喷射火。这里所用的喷射火辐射热计算方法是一种包括气流效应在内的喷射扩散模式的扩展。把整个喷射火看成是由沿喷射中心线上的几个点热源组成，每个点热源的热辐射通量相等。

点热源的热辐射通量按下式计算：

$$q = \eta Q_O H_c \tag{6-34}$$

式中　q——点热源热辐射通量，W；

η——效率因子，可取0.35；

Q_O——泄漏速度，kg/s；

H_c——燃烧热，J/kg。

从理论上讲，喷射火的火焰长度等于从泄漏口到可燃混合气燃烧下限（LFL）的射流轴线长度。对表面火焰热通量，则集中在 $LFL/1.5$ 处。n 点的划分可以是随意的，对危险评价分析一般取 $n=5$ 就可以了。

射流轴线上某点热源 i 到距离该点 x 处一点的热辐射强度为：

$$I_i = \frac{qR}{4\pi x^2} \tag{6-35}$$

式中　I_i——点热源 i 至目标点 x 处的热辐射强度，W/m²；

q——点热源的辐射通量，W；

R——辐射率，可取0.2；

x——点热源到目标点的距离，m。

某一目标点处的入射热辐射强度等于喷射火的全部点热源对目标的热辐射强度的总和：

$$I = \sum_{i=1}^{n} I_i \tag{6-36}$$

式中　n——计算时选取的点热源数，一般取 $n=5$。

6.2.3　火球和爆燃

低温可燃液化气体由于过热，容器内压增大，使容器爆炸，内容物释放并被点燃，发生剧烈的燃烧，产生强大的火球，形成强烈的热辐射。

火球半径为：

$$R = 2.665 M^{0.327} \tag{6-37}$$

式中　R——火球半径，m；

M——急剧蒸发的可燃物质的质量，kg。

火球持续时间为：

$$t = 1.089 M^{0.327} \tag{6-38}$$

式中　t——火球持续时间，s。

火球燃烧时释放出的辐射热通量为：

$$Q = \frac{\eta H_c M}{t} \tag{6-39}$$

式中　Q——火球燃烧时辐射热通量，W；

H_c——燃烧热，J/kg；

η——效率因子，取决于容器内可燃物质的饱和蒸气压，$\eta = 0.27p^{0.32}$。

目标接受到的入射热辐射强度为

$$I=\frac{QT_c}{4\pi x^2} \tag{6-40}$$

式中　T_c——传导系数，保守取值为1；

x——目标距火球中心的水平距离，m。

6.2.4 固体火灾

固体火灾的热辐射参数按点源模型估计。此模型认为火焰射出的能量为燃烧的一部分，并且辐射强度与目标至火源中心距离的平方成反比，即：

$$q_r=fM_cH_c/(4\pi x^2) \tag{6-41}$$

式中　q_r——目标接受到的辐射强度，W/m^2；

f——辐射系数，可取 $f=0.25$；

M_c——燃烧速率，kg/s；

H_c——燃烧热，J/kg；

x——目标至火源中心间的水平距离，m。

6.2.5 突发火

泄漏的可燃气体、液体蒸发的蒸气在空中扩散，遇到火源发生突然燃烧而没有爆炸。此种情况下，处于气体燃烧范围内的室外人员将会全部烧死，建筑物内将有部分人被烧死。

突发火后果分析，主要是确定可燃混合气体的燃烧上、下极限的轮廓线及其下限随气团扩散到达的范围。为此，可按气团扩散模型计算气团大小和可燃混合气体的浓度。

6.2.6 火灾损失

火灾通过辐射热的方式影响周围环境，当火灾产生的热辐射强度足够大时，可使周围的物体燃烧或变形，强烈的热辐射可能烧毁设备甚至造成人员伤亡等。

火灾损失估算建立在辐射通量与损失等级的相应关系的基础上。表6-4为不同入射通量造成伤害或损失的情况。

表6-4　热辐射的不同入射通量所造成的损失

入射通量/(kW/m^2)	对设备的损害	对人的伤害
37.5	操作设备全部损坏	1%死亡10s 100%死亡/1min
25	在无火焰、长时间辐射下， 木材燃烧的最小能量	重大损伤1/10s 100%死亡/1min
12.5	有火焰时，木材燃烧， 塑料熔化的最低能量	1度烧伤10s 1%死亡/1min

续表 6-4

入射通量/(kW/m²)	对设备的损害	对人的伤害
4.0		20s 以上感觉疼痛,未必起泡
1.6		长期辐射无不舒服感

从表 6-4 中可看出,在较小辐射等级时,致人重伤需要一定的时间,这时人们可以逃离现场或隐蔽起来。

6.3 爆炸

爆炸是物质的一种非常急剧的物理、化学变化,也是大量能量在短时间内迅速释放或急剧转化成机械功的现象。它通常借助于气体的膨胀来实现。

从物质运动的表现形式来看,爆炸就是物质剧烈运动的一种表现。物质运动急剧增速,由一种状态迅速地转变成另一种状态,并在瞬间内释放出大量的能。

一般说来,爆炸现象具有以下特征:

(1) 爆炸过程进行得很快;

(2) 爆炸点附近压力急剧升高,产生冲击波;

(3) 发出或大或小的响声;

(4) 周围介质发生震动或邻近物质遭受破坏。

一般将爆炸过程分为两个阶段:第一阶段是物质的能量以一定的形式(定容、绝热)转变为强压缩能;第二阶段强压缩能急剧绝热膨胀对外做功,引起作用介质变形、移动和破坏。

按爆炸性质可分为物理爆炸和化学爆炸。物理爆炸就是物质状态参数(温度、压力、体积)迅速发生变化,在瞬间放出大量能量并对外做功的现象。物理爆炸的特点是:在爆炸现象发生过程中,造成爆炸发生的介质的化学性质不发生变化,发生变化的仅是介质的状态参数。例如锅炉、压力容器和各种气体或液化气体钢瓶的超压爆炸。化学爆炸就是物质由一种化学结构迅速转变为另一种化学结构,在瞬间放出大量能量并对外做功的现象。例如可燃气体、蒸气或粉尘与空气混合形成爆炸性混合物的爆炸。化学爆炸的特点是:爆炸发生过程中介质的化学性质发生了变化,形成爆炸的能源来自物质迅速发生化学变化时所释放的能量。化学爆炸有 3 个要素:反应的放热性、反应的快速性和生成气体产物。

从工厂爆炸事故来看,有以下几种化学爆炸类型:

(1) 蒸气云团的可燃混合气体遇火源突然燃烧,是在无限空间中的气体爆炸;

(2) 受限空间内可燃混合气体的爆炸;

(3) 化学反应失控或工艺异常造成压力容器爆炸;

(4) 不稳定的固体或液体爆炸。

总之,发生化学爆炸时会释放出大量的化学能,爆炸影响范围较大,而物理爆炸仅释放出机械能,其影响范围较小。

6.3.1 物理爆炸的能量

物理爆炸如压力容器破裂时,气体膨胀所释放的能量(即爆破能量)不仅与气体压力和容器的容积有关,而且与介质在容器内的物性相态有关。有的介质以气态存在,如空气、氧气、氢气等,有的以液态存在,如液氨、液氯等液化气体、高温饱和水等。容积与压力相同而相态不同的介质,在容器破裂时产生的爆破能量也不同,爆炸过程也不完全相同,其能量计算公式也不同。

6.3.1.1 压缩气体与水蒸气容器爆破能量

当压力容器中介质为压缩气体,即以气态形式存在而发生物理爆炸时,其释放的爆破能量为:

$$E_g = \frac{pV}{\kappa - 1}\left[1 - \left(\frac{0.1013^{\frac{\kappa-1}{\kappa}}}{p}\right)\right] \times 10^3 \tag{6-42}$$

式中 E_g——气体的爆破能量,kJ;

p——容器内气体的绝对压力,MPa;

V——容器的容积,m^3;

κ——气体的绝热指数,即气体的定压比热与定容比热之比。

常用气体的绝热指数数值如表 6-5 所示。

表 6-5 常用气体的绝热指数

气体名称	空 气	氮	氧	氢	甲 烷	乙 烷	乙 烯	丙 烷	一氧化碳
κ 值	1.4	1.4	1.397	1.412	1.316	1.18	1.22	1.13	1.395

气体名称	二氧化碳	一氧化氮	二氧化氮	氨 气	氯 气	过热蒸汽	饱和蒸汽	氢氰酸
κ 值	1.295	1.4	1.31	1.32	1.35	1.3	1.135	1.31

从表 6-5 可看出,空气、氮、氧、氢及一氧化氮、一氧化碳等气体的绝热指数均为 1.4 或近似 1.4,如用 $\kappa = 1.4$ 代入式 6-42 中,得到气体的爆破能量为:

$$E_g = 2.5pV\left[1 - \left(\frac{0.1013}{p}\right)^{0.2857}\right] \times 10^3 \tag{6-43}$$

令 $C_g = 2.5p\left[1 - \left(\frac{0.1013}{p}\right)^{0.2857}\right] \times 10^3$,则式 6-43 可简化为:

$$E_g = C_g V \tag{6-44}$$

式中 C_g——常用压缩气体爆破能量系数,kJ/m^3。

压缩气体爆破能量系数 C_g 是压力 p 的函数,各种常用压力下的气体爆破能量系数如表 6-6 所示。

表 6-6　常用压力下的气体容器爆破能量系数($\kappa=1.4$ 时)

表压力 p/MPa	0.2	0.4	0.6	0.8	1.0	1.6	2.5
爆破能量系数 C_g/(kJ/m^3)	2×10^2	4.6×10^2	7.5×10^2	1.1×10^3	1.4×10^3	2.4×10^3	3.9×10^3
表压力 p/MPa	4.0	5.0	6.4	15.0	32	40	
爆破能量系数 C_g/(kJ/m^3)	6.7×10^3	8.6×10^3	1.1×10^4	2.7×10^4	6.5×10^4	8.2×10^4	

如将 $\kappa=1.135$ 代入式 6-42,可得干饱和蒸汽容器爆破能量为:

$$E_s=7.4pV\left[1-\left(\frac{0.1013}{p}\right)^{0.1189}\right]\times10^3 \tag{6-45}$$

用式 6-45 计算有较大的误差,因为没有考虑蒸汽干度的变化和其他一些影响,但可以不用查明蒸汽热力性质而直接计算,对危险性评价可提供参考。

对于常用压力下的干饱和蒸汽容器的爆破能量可按下式计算:

$$E_s=C_sV \tag{6-46}$$

式中　E_s——水蒸气的爆破能量,kJ;

V——水蒸气的体积,m^3;

C_s——干饱和水蒸气爆破能量系数,kJ/m^3。

各种常用压力下的干饱和水蒸气容器爆破能量系数如表 6-7 所示。

表 6-7　常用压力下干饱和水蒸气容器爆破能量系数

表压力 p/MPa	0.3	0.5	0.8	1.3	2.5	3.0
爆破能量系数 C_s(kJ/m^3)	4.37×10^2	8.31×10^2	1.5×10^3	2.75×10^3	6.24×10^3	7.77×10^3

6.3.1.2　介质全部为液体时的爆破能量

通常用液体加压时所做的功作为常温液体压力容器爆炸时释放的能量,计算公式如下:

$$E_L=\frac{(p-1)^2V\beta_t}{2} \tag{6-47}$$

式中　E_L——常温液体压力容器爆炸时释放的能量,kJ;

p——液体的压力(绝),Pa;

V——容器的体积,m^3;

β_t——液体在压力 p_t 和温度 T 下的压缩系数,Pa^{-1}。

6.3.1.3　液化气体与高温饱和水的爆破能量

液化气体和高温饱和水一般在容器内以气液两态存在,当容器破裂发生爆炸时,除了气体的急剧膨胀做功外,还有过热液体激烈的蒸发过程。在大多数情况下,这类容器内的饱和液体占有容器介质重量的绝大部分，它的爆破能量比饱和气体大得多，一般计算时不考虑气体膨胀做的功。过热状态下液体在容器破裂时释放出爆破能量可按下式计算：

$$E=[(H_1-H_2)-(S_1-S_2)T_1]W \quad (6\text{-}48)$$

式中 E——过热状态液体的爆破能量，kJ；

H_1——爆炸前液化液体的焓，kJ/kg；

H_2——在大气压力下饱和液体的焓，kJ/kg；

S_1——爆炸前饱和液体的熵，kJ/(kg·℃)；

S_2——在大气压力下饱和液体的熵，kJ/(kg·℃)；

T_1——介质在大气压力下的沸点，℃；

W——饱和液体的质量，kg。

饱和水容器的爆破能量按下式计算：

$$E_w=C_wV \quad (6\text{-}49)$$

式中 E_w——饱和水容器的爆破能量，kJ；

V——容器内饱和水所占的容积，m^3；

C_w——饱和水爆破能量系数，kJ/m^3，其值如表6-8所示。

表6-8 常用压力下饱和水爆破能量系数

表压力 p/MPa	0.3	0.5	0.8	1.3	2.5	3.0
能量系数 C_w/(kJ/m^3)	2.38×10^4	3.25×10^4	4.56×10^4	6.35×10^4	9.56×10^4	1.06×10^5

6.3.2 爆炸冲击波及其伤害—破坏作用

6.3.2.1 冲击波超压的伤害—破坏作用

压力容器爆破时，爆破能量在向外释放时以冲击波能量、碎片能量和容器残余变形能量3种形式表现出来。根据介绍，后二者所消耗的能量只占总爆破能量的3%～15%，也就是说大部分能量是产生空气冲击波。

冲击波是由压缩波迭加形成的，是波阵面以突进形式在介质中传播的压缩波。容器破裂时，容器内的高压气体大量冲出，使它周围的空气受到冲击而发生扰动，使其状态(压力、密度、温度等)发生突跃变化，其传播速度大于扰动介质的声速，这种扰动在空气中传播就成为冲击波。在离爆破中心一定距离的地方，空气压力会随时间迅速发生而悬殊的变化。开始时，压力突然升高，产生一个很大的正压力，接着又迅速衰减，在很短时间内正压降至负压。如此反复循环数次，压力渐次衰减下去。开始时产生的最大正压力即是冲击波波阵面上的超压 Δp。多数情况下，冲击波的伤害—破坏作用是由超压引起的。超压 Δp 可以达到数个甚至数十个大气压。

冲击波伤害—破坏作用准则有：超压准则、冲量准则、超压—冲量准则等。为了便于操作，下面仅介绍超压准则。超压准则认为，只要冲击波超压达到一定值时，便会对目标造成一定的伤害或破坏。超压波对人体的伤害和对建筑物的破坏作用如表6-9和表6-10所示。

表6-9　冲击波超压对人体的伤害作用

超压 Δp/MPa	伤害作用	超压 Δp/MPa	伤害作用
0.02～0.03	轻微损伤	0.05～0.10	内脏严重损伤或死亡
0.03～0.05	听觉器官损伤或骨折	>0.10	大部分人员死亡

表6-10　冲击波超压对建筑物的破坏作用

超压 Δp/MPa	破坏作用	超压 Δp/MPa	破坏作用
0.005～0.006	门窗玻璃部分破碎	0.06～0.07	木建筑厂房房柱折断,房架松动
0.006～0.015	受压面的门窗玻璃大部分破碎	0.07～0.10	砖墙倒塌
0.015～0.02	窗框损坏	0.10～0.20	防震钢筋混凝土破坏,小房屋倒塌
0.02～0.03	墙裂缝	0.20～0.30	大型钢架结构破坏
0.04～0.05	墙大裂缝,屋瓦掉下		

6.3.2.2　冲击波的超压

冲击波波阵面上的超压与产生冲击波的能量有关,同时也与距离爆炸中心的远近有关。冲击波的超压与爆炸中心距离的关系:

$$\Delta p \propto R^{-n} \tag{6-50}$$

式中　Δp——冲击波波阵面上的超压,MPa;

R——距爆炸中心的距离,m;

n——衰减系数。

衰减系数在空气中随着超压的大小而变化,在爆炸中心附近内为2.5～3;当超压在数个大气压以内时,$n=2$;小于1atm(0.1MPa)时,$n=1.5$。

实验数据表明,不同数量的同类炸药发生爆炸时,如果距离爆炸中心的距离 R 之比与炸药量 q 三次方根之比相等,则所产生的冲击波超压相同,用公式表示如下:

如
$$\frac{R}{R_0}=\sqrt[3]{\frac{q}{q_0}}=\alpha,\text{则 } \Delta p=\Delta p_0 \tag{6-51}$$

式中　R——目标与爆炸中心距离,m;

R_0——目标与基准爆炸中心的相当距离,m;

q_0——基准爆炸能量,TNT,kg;

q——爆炸时产生冲击波所消耗的能量,TNT,kg;

Δp——目标处的超压,MPa;

Δp_0——基准目标处的超压,MPa;

α——炸药爆炸试验的模拟比。

式6-51也可写成为:

$$\Delta p(R)=\Delta p_0(R/\alpha) \tag{6-52}$$

利用式6-52就可以根据某些已知药量的试验所测得的超压来确定在各种相应距离下

任意药量爆炸时的超压。

表 6-11 是 1 000kg TNT 炸药在空气中爆炸时所产生的冲击波超压。

表 6-11　1 000kg TNT 爆炸时冲击波超压

距离 R_0/m	5	6	7	8	9	10	12	14
超压 Δp_0/MPa	2.94	2.06	1.67	1.27	0.95	0.76	0.50	0.33
距离 R_0/m	16	18	20	25	30	35	40	45
超压 Δp_0/MPa	0.235	0.17	0.126	0.126	0.057	0.043	0.033	0.027
距离 R_0/m	50	50	60	65	70	75		
超压 Δp_0/MPa	0.023 5	0.020 5	0.018	0.016	0.014 3	0.013		

综上所述,计算压力容器爆破时对目标的伤害/破坏作用,可按下列程序进行。

(1) 首先根据容器内所装介质的特性,分别选用式 6-43～式 6-49 计算出其爆破能量 E。

(2) 将爆破能量 q 换算成 TNT 当量 q_0,因为 1kg TNT 爆炸所放出的爆破能量为 4 230 kJ/kg～4 836kJ/kg,一般取平均爆破为4 500kJ/kg,故其关系为:

$$q = E/q_{\mathrm{INT}} = E/4\,500 \tag{6-53}$$

(3) 按式 6-51 求出爆炸的模拟比 α,即:

$$\alpha = (q/q_0)^{\frac{1}{3}} = (q/1\,000)^{\frac{1}{3}} = 0.1q^{\frac{1}{3}} \tag{6-54}$$

(4) 求出在 1 000kg TNT 爆炸试验中的相当距离 R_0,即 $R_0 = R/\alpha$。

(5) 根据 R_0 值在表 6-11 中找出距离为 R_0 处的超压 Δp_0(中间值用插入法),此即所求距离为 R 处的超压。

(6) 根据超压 Δp 值,从表 6-9 和表 6-10 中找出对人员和建筑物的伤害—破坏作用。

6.3.2.3　蒸气云爆炸的冲击波伤害—破坏半径

爆炸性气体以液态储存,如果瞬态泄漏后遇到延迟点火或气态储存时泄漏到空气中遇到火源,则可能发生蒸气云爆炸。导致蒸气云形成的力来自容器内含有的能量或可燃物含有的内能,或两者兼而有之。“能”主要形式是压缩能、化学能或热能。一般说来,只有压缩能和热能才能单独导致形成蒸气云。

根据荷兰应用科研院(TNO(1979))建议,可按下式预测蒸气云爆炸的冲击波损害半径:

$$R = C_s(NE)^{1/3} \tag{6-55}$$

式中　R——损害半径,m;

E——爆炸能量,kJ,可按下式取:

$$E = VH_c \tag{6-56}$$

V——参与反应的可燃气体的体积 m^3;

H_c——可燃气体的高燃烧热值,取值情况如表 6-12 所示;

N——效率因子，其值与燃料浓度持续展开所造成损耗的比例和燃料燃烧所得机械能的数量有关，一般取 $N=10\%$；

C_s——经验常数，取决于损害等级，其取值情况如表6-13所示。

表6-12　某些气体的高燃烧热值(kJ/m^3)

气体名称		高热值	气体名称	高热值
氢气		12 770	乙烯	64 019
氨气		17 250	乙炔	58 985
苯		47 843	丙烷	101 828
一氧化碳		17 250	丙烯	94 375
硫化氨	生成 SO_2	25 708	正丁烷	134 026
	生成 SO_3	30 146	异丁烷	132 016
甲烷		39 860	丁烯	121 883
乙烷		70 425		

表6-13　损害等级表

损害等级	$C_s/mJ^{-\frac{1}{3}}$	设备损坏	人员伤害
1	0.03	重创建筑物和加工设备	1%死亡人肺部伤害 >50%耳膜破裂 >50%被碎片击伤
2	0.06	损坏建筑物外表可修复性破坏	1%耳膜破裂 1%被碎片击伤
3	0.15	玻璃破碎	被碎玻璃击伤
4	0.4	10%玻璃破碎	

6.4　中毒

有毒物质泄漏后生成有毒蒸气云，在空气中飘移、扩散，直接影响现场人员并可能波及居民区。大量剧毒物质泄漏可能带来严重的人员伤亡和环境污染。

毒物对人员的危害程度取决于毒物的性质、毒物的浓度和人员与毒物接触时间等因素。有毒物质泄漏初期，其毒气形成气团密集在泄漏源周围，随后由于环境温度、地形、风力和湍流等影响气团飘移、扩散，扩散范围变大，浓度减小。在后果分析中，往往不考虑毒物泄漏的初期情况，即工厂范围内的现场情况，主要计算毒气气团在空气中飘移、扩散的范围、浓度、接触毒物的人数等。

6.4.1　描述毒物泄漏后果的概率函数法

概率函数法是通过人们在一定时间接触一定浓度所造成影响的概率来描述毒物泄漏后果的一种表示法。概率与中毒死亡百分率有直接关系，二者可以互相换算，如表6-14所示。概率值在0～9之间。

表 6-14　概率与死亡百分率的换算

死亡百分率/% \ 概率	0	1	2	3	4	5	6	7	8	9
0		2.67	2.95	3.12	3.25	3.36	3.45	3.52	3.59	3.66
10	3.72	3.77	3.82	3.87	3.92	3.96	4.01	4.05	4.08	4.12
20	4.16	4.19	4.23	4.26	4.29	4.33	4.26	4.39	4.42	4.45
30	4.48	4.50	4.53	4.56	4.59	4.61	4.64	4.67	4.69	4.72
40	4.75	4.77	4.80	4.82	4.85	4.87	4.90	4.92	4.95	4.97
50	5.00	5.03	5.05	5.08	5.10	5.13	5.15	5.18	5.20	5.23
60	5.25	5.28	5.31	5.33	5.36	5.39	5.41	5.44	5.47	5.50
70	5.52	5.55	5.58	5.61	5.64	5.67	5.71	5.74	5.77	5.81
80	5.84	5.88	5.92	5.95	5.99	6.04	6.08	6.13	6.18	6.23
90	6.28	6.34	6.41	6.48	6.55	6.64	6.75	6.88	7.05	7.33
99	0.0	0.1	0.2	0.3	0.4	0.5	0.6	0.7	0.8	0.9
	7.33	7.37	7.41	7.46	7.51	7.58	7.58	7.65	7.88	8.09

概率值 Y 与接触毒物浓度及接触时间的关系如下：

$$Y = A + B\ln(c^n t) \tag{6-57}$$

式中　A, B, n——取决于毒物性质的常数，表 6-15 列出了一些常见有毒物质的有关参数；

c——接触毒物的浓度，ppm❶；

t——接触毒物的时间，min。

表 6-15　一些毒性物质的常数

物质名称	A	B	n	参考材料
氧	−5.3	0.5	2.75	DCMR 1984
氨	−9.82	0.71	2.0	DCMR 1984
丙烯醛	−9.93	2.05	1.0	USCG 1977
四氯化碳	0.54	1.01	0.5	USCG 1977
氯化氢	−21.76	2.65	1.0	USCG 1977
甲基溴	−19.92	5.16	1.0	USCG 1977
光气(碳酸氯)	−19.27	3.69	1.0	USCG 1977
氟氢酸(单体)	−26.4	3.35	1.0	USCG 1977

使用概率函数表达式时，必须计算评价点的毒性负荷($c^n t$)，因为在一个已知点，其毒性浓度随着气团的通过和稀释而不断变化，瞬时泄漏就是这种情况。确定毒物泄漏范围内某点的毒性负荷，可把气团经过该点的时间划分为若干区段，计算每个区段内该点的毒物浓度，得到各时间区段的毒性负荷，然后再求出总毒性负荷：

❶　$1\text{ppm} = 10^{-4}\%$。

总毒性负荷 = Σ 时间区段内毒性负荷

一般说来,接触毒物的时间不会超过 30 min,在这段时间里人员可以逃离现场或采取保护措施。

当毒物连续泄漏时,某点的毒物浓度在整个云团扩散期间没有变化。当设定某死亡百分率时,由表 6-14 查出相应的概率 Y 值,根据式 6-57 有:

$$c^n t = e^{\frac{Y-A}{B}} \tag{6-58}$$

计算出 c 值,按扩散公式可以算出中毒范围。

如果毒物泄漏是瞬时的,则有毒气团在某点通过时该点处毒物浓度是变化的。这种情况下,考虑浓度的变化情况,计算气团通过该点的毒性负荷,算出该点的概率值 Y,然后查表 6-14 就可得出相应的死亡百分率。

6.4.2　有毒液化气体容器破裂时的毒害区估算

液化介质在容器破裂时会发生蒸气爆炸。当液化介质为有毒物质,如液氯、液氨、二氧化硫、氢氰酸等,爆炸后如果不燃烧,会造成大面积的毒害区域。

设有毒液化气体质量为 W(kg),容器破裂前器内介质温度为 t(℃),液体介质比热为 c(kJ/(kg·℃)),当容器破裂时,器内压力降至 1atm(0.1MPa),处于过热状态的液体温度迅速降至标准沸点 t_0(℃),此时全部液体所放出的热量为:

$$Q = Wc(t - t_0) \tag{6-59}$$

设这些热量全部用于器内液体的蒸发,如它的气化热为 q(kJ/kg),则其蒸发量为:

$$W' = \frac{Q}{q} = \frac{Wc(t - t_0)}{q} \tag{6-60}$$

如介质的相对分子质量为 M,则在沸点下蒸发蒸气的体积 V_g(m^3)为:

$$V_g = \frac{22.4W'}{M}\frac{273 + t_0}{273} = \frac{22.4Wc(t - t_0)}{Mq}\frac{273 + t_0}{273} \tag{6-61}$$

为便于计算,现将压力容器最常用的液氨、液氯、氢氰酸等的有关物理化学性能列于表 6-16 中。关于一些有毒气体的危险浓度如表 6-17 所示。

表 6-16　一些有毒物质的有关物化性能

物质名称	相对分子质量 M	沸点 t_0/℃	液体平均比热 c/(kJ/(kg·℃))	汽化热 q/(kJ/kg)
氨	17	−33	4.6	1.37×10^3
氯	71	−34	0.96	2.89×10^2
二氧化硫	64	−10.8	1.76	3.93×10^2
丙烯醛	56.06	52.8	1.88	5.7×10^2
氢氰酸	27.03	25.7	3.35	9.75×10^2
四氯化碳	153.8	76.8	0.85	1.95×10^2

表 6-17 有毒气体的危险浓度

物质名称	吸入 5～10min 致死的浓度/%	吸入 0.5～1h 致死的浓度/%	吸入 0.5～1h 致重病的浓度/%
氨	0.5		
氯	0.09	0.0035～0.005	0.0014～0.0021
二氧化硫	0.05	0.053～0.065	0.015～0.019
氢氰酸	0.027	0.011～0.014	0.01
硫化氢	0.08～0.1	0.042～0.06	0.036～0.05
二氧化氮	0.05	0.032～0.053	0.011～0.021

如已知某种有毒物质的危险浓度，则可求出其危险浓度下的有毒空气体积。如二氧化硫在空气中的浓度达到 0.05%时，人吸入 5～10 min 即致死，则 $V_g(m^3)$的二氧化硫气可以令人致死的有毒空气体积为：

$$V = V_g \times 100/0.05 = 2000\, V_g$$

假设这些有毒空气以半球形向地面扩散，则可求出该有毒气体扩散半径为：

$$R = \sqrt[3]{\frac{V_g/c}{\frac{1}{2} \times \frac{4}{3}\pi}} = \sqrt[3]{\frac{V_g/c}{2.0944}} \tag{6-62}$$

式中 R——有毒气体的半径，m；

V_g——有毒介质的蒸气体积，m^3；

c——有毒介质在空气中危险浓度值，%。

6.4.3 有毒物质喷射泄漏时的毒害区估算

关于有毒物质喷射泄漏的毒害区估算可参考式 6-17 和式 6-18 进行。

6.5 应用实例

以某公司液化石油气罐区的液化石油气泄漏扩散评价为例。

该液化石油气罐区分两组，一组设 3 台 1 000m^3 球罐；另一组设 1 台 1 000m^3 球罐，2 台 50m^3 卧罐。

在罐区储存的液化石油气为带压力液化气体，发生泄漏事故后极易挥发扩散，且液化石油气为毒性物质，当厂区储运及生产过程中发生液化石油气泄漏事故时，本节针对液化石油气的扩散将对厂区作业人员及相邻地区人员的身体健康产生的不利影响进行评价。

6.5.1 毒物泄漏扩散事故情景模拟

6.5.1.1 评价因子的确定

液化石油气的主要组分为丙烷和丁烷，且其比例不一定。这两种物质理化性质相近，毒性相似，故在评价毒物危害时可以选择其中的一种作为代表。鉴于丙烷沸点较低、挥发性较强，本评价选取丙烷为代表，作为评价因子。

丙烷、丁烷的主要理化特性及毒性如表6-18所示。

表6-18　丙烷、丁烷的主要理化特性及毒性

名　称	分子式	相对分子质量	蒸气压/(20℃)/kPa	闪点/℃	沸　点/℃	相对密度/(t/m^3)		蒸发潜热/(kcal/kmol)①
						液　体	气　体	
丙　烷	C_3H_6	44	846	-105	-42.1	0.531	1.56	4487
丁　烷	C_4H_{10}	58	214.8	-60	-0.5	0.599	2.05	5089

① 1cal=4.184J。

6.5.1.2　典型泄漏事故情景的选取

泄漏物种、泄漏源、泄漏事故规模、发生泄漏时的工作条件及泄漏源强等因素，综合构成泄漏事故情景。

A　泄漏物种

泄漏物种选定为丙烷，分为液态、气态两种情况。

B　泄漏源

液化石油气的储运生产中，管路系统（包括管道、阀门、连接法兰、泵的密封填料等设备及部件）是最有可能发生泄漏的地方。此外，各类储罐及容器也可能因破裂、锈蚀等原因而发生泄漏事故。

C　泄漏事故规模

泄漏事故规模通常划分为小型、中型、大型及特大型几个等级。本评价重点考虑中型以上事故。

结合对国内外液化石油气储运工程安全技术状况及事故案例的调查，选取下述几种典型泄漏事故作为评价对象：

(1) 中型泄漏事故：管路系统出现孔径为10mm的泄漏孔，连续泄漏。

(2) 大型泄漏事故：管路系统出现孔径为100mm的泄漏孔，连续泄漏。

(3) 特大型泄漏事故：1 000 m^3 常温高压球罐因严重破裂而发生大规模突发性泄漏事故。

(4) 泄漏时的工作条件：从较为不利的情况考虑，假定工作温度为30℃，管路系统和储罐带压力运行。

(5) 泄漏源强：管路系统发生中、大型泄漏事故时的泄漏率，泄漏源强，如表6-19所示。

表6-19　典型泄漏事故情景构成

泄漏事故规模		中　型	大　型	特大型
泄漏物种		丙　烷	丙　烷	丙　烷
泄 漏 源		管路系统	管路系统	1 000 m^3 球罐
泄漏口径		孔径10mm	孔径100mm	球罐严重破裂
工作条件		30℃，带压	30℃，带压	30℃，带压
泄漏源强及状态	气　态	0.15kg/s，连续泄漏	15kg/s，连续泄漏	突发性全部泄漏
	液　态	1.68kg/s，连续泄漏	168kg/s，连续泄漏	

6.5.1.3 毒物扩散气象条件的选择

对丙烷蒸气扩散起决定作用的气象条件主要包括:风速、大气稳定度、混和层高度、光照和气温等。风速选取静风(1m/s)和平均风速(2.7m/s)两种情况;风向选取本地区常年主导风向之一——北风进行模拟计算(本评价着重于一旦发生泄漏事故时,有毒蒸气对下风向区域的危害程度);气温选取30℃;大气稳定度选择D类,因为D类大气稳定度占首位;混和层高度和光照条件以一般条件为准。

6.5.2 毒物扩散危害评价

6.5.2.1 毒物扩散模式

丙烷蒸气扩散危害评价采用世界银行提供的模型。模型如下:

瞬时排放:

$$c(x,y,z,t)=\frac{2Q^*}{(2\pi)^{3/2}\sigma_x\sigma_y\sigma_z}\exp\left[-\frac{1}{2}\left\{\frac{(x-ut)^2}{\sigma_x^2}+\frac{y^2}{\sigma_y^2}+\frac{z^2}{\sigma_z^2}\right\}\right]$$

连续排放:

$$c(x,y,z)=\frac{Q}{\pi\sigma_y\sigma_z u}\exp\left[-\frac{1}{2}\left\{\frac{y^2}{\sigma_y^2}+\frac{z^2}{\sigma_z^2}\right\}\right]$$

式中 $c(x,y,z,t)$——瞬时排放时,给定地点(x,y,z)和时间 t 的污染物浓度,mg/m^3;

$c(x,y,z)$——连续排放时,给定地点(x,y,z)的污染物浓度,mg/m^3;

Q^*——瞬时排放的物料质量,mg;

Q——连续排放的物料流量,mg/s;

u——平均风速,m/s;

t——瞬时排放时,污染物的运行时间,s;

x——下风向距离,m;

y——横风向距离,m;

z——离地面的距离,m;

$\sigma_x,\sigma_y,\sigma_z$——$x$、$y$、$z$ 方向扩散参数。

扩散参数 σ_x、σ_y、σ_z 通过以下方法确定:

(1) 对连续泄漏,平均时间取10min。

有效粗糙度 $Z_0\leqslant 0.1$m 地区的扩散参数按表6-20选取。

表 6-20 不同大气稳定度下的扩散参数

大气稳定度	σ_y/m	σ_z/m
A	$0.22x(1+0.0001x)^{-1/2}$	$0.20x$
B	$0.16x(1+0.0001x)^{-1/2}$	$0.12x$
C	$0.11x(1+0.0001x)^{-1/2}$	$0.08x(1+0.0002x)^{-1/2}$
D	$0.08x(1+0.0001x)^{-1/2}$	$0.06x(1+0.0015x)^{-1/2}$
E	$0.06x(1+0.0001x)^{-1/2}$	$0.03x(1+0.0003x)^{-1}$
F	$0.04x(1+0.0001x)^{-1/2}$	$0.016x(1+0.0003x)^{-1}$

有效粗糙度 $Z_0>0.1\text{m}$ 的粗糙地形扩散参数为：

$$\sigma_y=\sigma_{y0}f_y$$

$$\sigma_z=\sigma_{z0}f_z$$

$$f_y(Z_0)=1+a_0Z_0$$

$$f_z(x,Z_0)=(b_0-c_0\ln x)(d_0+e_0\ln x)^{-1}Z_0^{f_0-g_0\ln x}$$

上式中 σ_{y0}、σ_{z0}按表6-20取，系数项值按表6-21取。

表6-21　不同大气稳定度下的系数值

稳定度	A	B	C	D	E	F
a_0	0.042	0.115	0.15	0.38	0.3	0.57
b_0	1.10	1.5	1.49	2.53	2.4	2.913
c_0	0.0364	0.045	0.0182	0.13	0.11	0.0944
d_0	0.4364	0.853	0.87	0.55	0.86	0.753
e_0	0.05	0.0128	0.01046	0.042	0.01682	0.0228
f_0	0.273	0.156	0.089	0.35	0.27	0.29
g_0	0.024	0.0136	0.0071	0.03	0.022	0.023

表6-22　地面有效粗糙度长度表

地面类型	Z_0/m	地面类型	Z_0/m
草原、平坦开阔地	≤0.1	分散的高矮建筑物(城市)	1～4
农作物地区	0.1～0.3	密集的高矮建筑物(大城市)	4
村落、分散的树林	0.3～1		

(2) 瞬时源。给定取样时间 t(s)，则修正公式为：

$$\sigma_y=\sigma_{y(10\text{min})}(t/600)^{0.2}$$

$$\sigma_x=\sigma_y$$

σ_z 同表6-20中 σ_z，$\sigma_{y(10\text{min})}$即为表6-20中的 σ_y。

6.5.2.2　毒物危害等级

依据GB 11518—89，液化石油气的车间空气最高容许浓度为1 000mg/m³。参照这一标准，确定丙烷蒸气车间最高容许浓度为1 000mg/m³，该浓度代表作业地点空气中丙烷蒸气所不应超过的数值。浓度超过1 000 mg/m³ 时，人员将受到轻度危害。当丙烷蒸气浓度高于17 990 mg/m³ 时，人在此环境中将引起眩晕、头痛、兴奋或嗜睡、恶心、呕吐、脉缓等症状，严重时表现为麻醉状态及意识丧失。浓度超过17 990 mg/m³ 时，人员受到的危害定义为中度危害。本评价选取1 000mg/m³ 和17 990 mg/m³ 分别代表丙烷蒸气对人体产生轻度和中度危害的浓度阈值。

6.5.2.3　评价区域

根据公司的地理位置及平面布置情况，选取评价区域为：厂区为主要评价区域，同时考虑周围企业以及居民区等。本评价重点考虑泄漏扩散事故时有毒蒸气对工业区及周围设施区域内作业人员的影响。

6.5.2.4 毒物泄漏扩散浓度分布及危害距离与面积模拟计算结果

通过采用易燃、易爆、有毒物质泄漏扩散模拟软件，可以计算出发生丙烷泄漏扩散事故时，丙烷蒸气浓度的分布及对人体健康造成危害的距离与面积。

管路系统泄漏扩散时，静风条件下丙烷蒸气危害距离与面积模拟计算结果如表 6-23 所示。管路系统泄漏扩散时，平均风速条件下丙烷蒸气危害距离与面积模拟计算结果如表 6-24 所示。

表 6-23 静风条件下管路系统泄漏扩散丙烷蒸气危害距离与面积

静风条件		$c \geqslant 1\,000 mg/m^3$		$c \geqslant 17\,990 mg/m^3$	
		危害距离/m	危害面积/m²	危害距离/m	危害面积/m²
泄漏孔径 10mm	气态	37.9	266.66	7.8	4.65
	液态	146.1	3 912.13	29.3	107.61
泄漏孔径 100mm	气态	537.1	50 421.48	98.3	1 622.78
	液态	2 801.3	1 192 204.17	400.7	28 106.53

表 6-24 平均风速条件下管路系统泄漏扩散丙烷蒸气危害距离与面积

平均风速条件		$c \geqslant 1\,000 mg/m^3$		$c \geqslant 17\,990 mg/m^3$	
		危害距离/m	危害面积/m²	危害距离/m	危害面积/m²
泄漏孔径 10mm	气 态	22.1	89.46	4.6	1.22
	液 态	83.4	1 284.44	17.1	28.50
泄漏孔径 100mm	气 态	293.1	15 430.13	56.5	503.36
	液 态	1 367.5	142 860.19	221.7	8 660.13

1 000m^3 球罐破损后，静风条件下丙烷蒸气危害距离与面积模拟计算结果如表 6-25 所示。1 000m^3 球罐破损后，平均风速条件下丙烷蒸气危害距离与面积模拟计算结果如表 6-26 所示。

表 6-25 静风条件下 1000m^3 储罐破损丙烷蒸气危害距离与面积

时间/s	$c \geqslant 1\,000 mg/m^3$		$c \geqslant 17\,990 mg/m^3$	
	危害距离/m	危害面积/m²	危害距离/m	危害面积/m²
60	39.9～107.7	3 346.12	41.6～97.1	1 793.13
120	78.7～217.5	14 150.77	83.1～190.7	8 848.86
300	195.3～527.7	83 389.94	211.5～440.9	41 539.78
600	394.5～986.3	272 901.22	445.5～778.1	90 820.10
900	602.0～1 389.8	131 055.78	718.2～1 029.6	81 572.13
1200	819.1～1 750.9	704 556.24		

表 6-26　平均风速条件下 1 000m³ 储罐破损丙烷蒸气危害距离与面积

时　间	$c \geqslant 1\,000\mathrm{mg/m^3}$		$c \geqslant 17\,990\mathrm{mg/m^3}$	
/s	危害距离/m	危害面积/m²	危害距离/m	危害面积/m²
60	112.5～262.7	16 968.47	118.5～235.9	10 661.42
120	224.1～517.1	65 340.11	240.3～449.9	34 585.53
300	569.3～1 204.1	316 410.05	644.1～977.3	90 563.50
600	1 189.6～2 168.0	773 342.15		

图 6-15～图 6-18 为静风条件下，管路系统发生泄漏扩散事故时，丙烷蒸气扩散等浓度图。

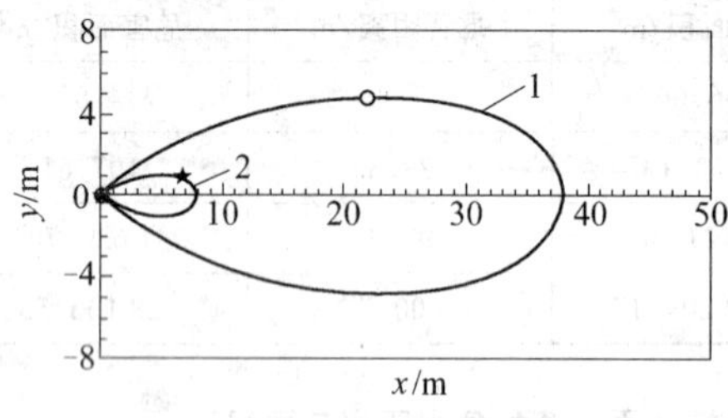

图 6-15　静风条件下，管路系统发生气相泄漏扩散事故时，丙烷蒸气扩散等浓度图（泄漏孔径 10mm，$v = 1\mathrm{m/s}$，$Q = 0.15\mathrm{kg/s}$，连续气体）

$1—c = 1\,000\mathrm{mg/m^3}$；$2—c = 17\,990\mathrm{mg/m^3}$

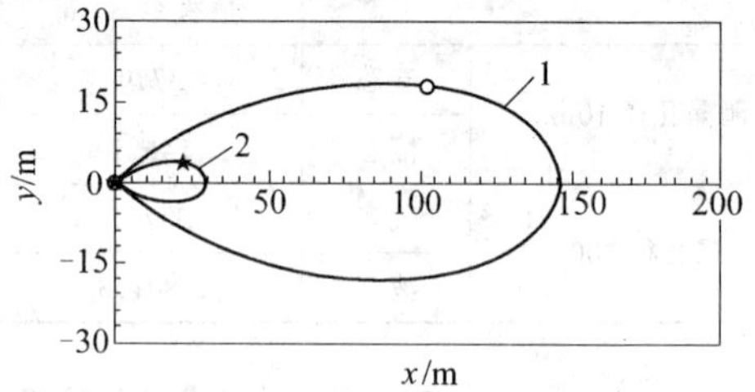

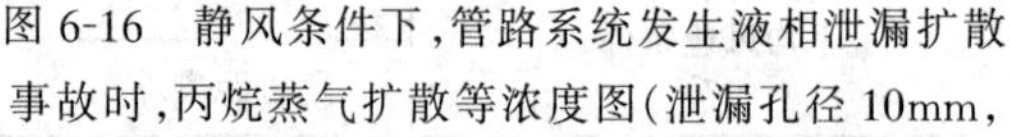

图 6-16　静风条件下，管路系统发生液相泄漏扩散事故时，丙烷蒸气扩散等浓度图（泄漏孔径 10mm，$v = 1\mathrm{m/s}$，$Q = 1.68\mathrm{kg/s}$，连续液体）

$1—c = 1\,000\mathrm{mg/m^3}$；$2—c = 17\,990\mathrm{mg/m^3}$

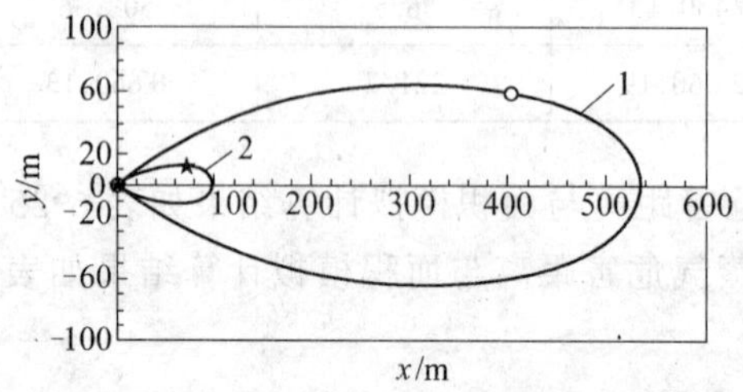

图 6-17　静风条件下，管路系统发生气相泄漏扩散事故时，丙烷蒸气扩散等浓度图（泄漏孔径 100mm，$v = 1\mathrm{m/s}$，$Q = 15\mathrm{kg/s}$，连续气体）

$1—c = 1\,000\mathrm{mg/m^3}$；$2—c = 17\,990\mathrm{mg/m^3}$

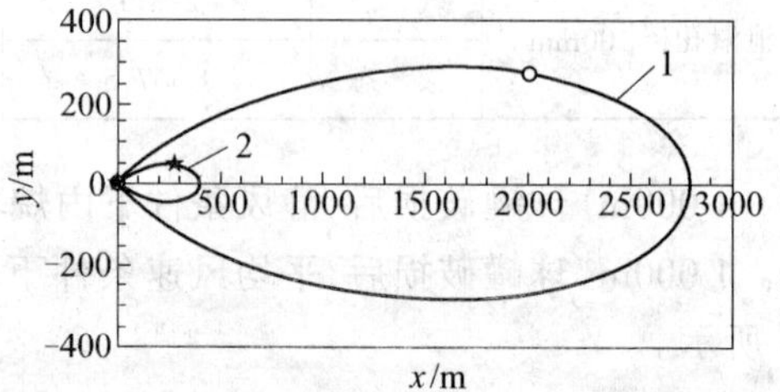

图 6-18　静风条件下，管路系统发生液相泄漏扩散事故时，丙烷蒸气扩散等浓度图（泄漏孔径 100mm，$v = 1\mathrm{m/s}$，$Q = 168\mathrm{kg/s}$，连续液体）

$1—c = 1\,000\mathrm{mg/m^3}$；$2—c = 17\,990\mathrm{mg/m^3}$

图 6-19～图 6-22 为平均风速条件下，管路系统发生泄漏扩散事故时，丙烷蒸气扩散等浓度图。图 6-23～图 6-28 为静风条件下，1 000m³ 储罐破损后，丙烷蒸气扩散等浓度图。图 6-29～图 6-32 为平均风速条件下，1 000m³ 储罐破损后，丙烷蒸气扩散等浓度图。

6.5.2.5　模拟计算结果及讨论

从表 6-23～表 6-26 的模拟计算来看：

(1) 当发生中型泄漏事故，即管路系统出现孔径为 10mm 的泄漏孔并且连续泄漏丙烷时：

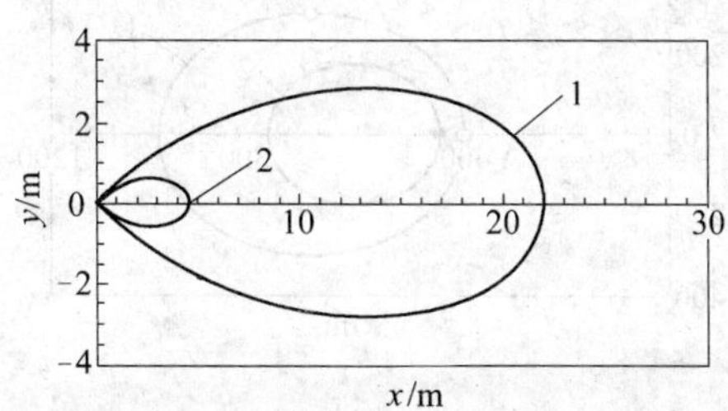

图 6-19 平均风速条件下，管路系统发生气相泄漏扩散事故时，丙烷蒸气扩散等浓度图（泄漏孔径 10mm，$v=2.7\text{m/s}$，$Q=0.15\text{kg/s}$，连续气体）

1—$c=1\ 000\text{mg/m}^3$；2—$c=17\ 990\text{mg/m}^3$

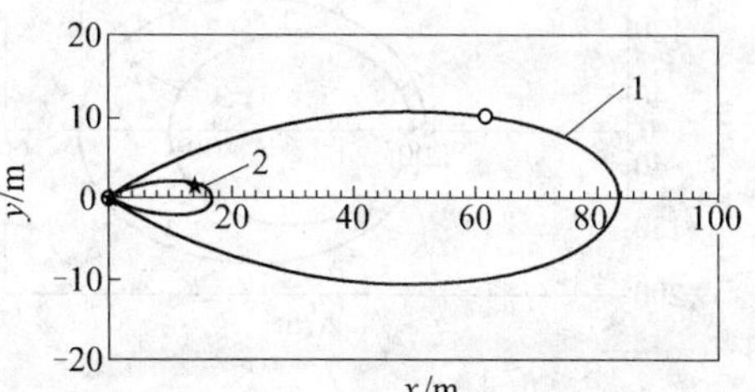

图 6-20 平均风速条件下，管路系统发生液相泄漏扩散事故时，丙烷蒸气扩散等浓度图（泄漏孔径 10mm，$v=2.7\text{m/s}$，$Q=1.68\text{kg/s}$，连续液体）

1—$c=1\ 000\text{mg/m}^3$；2—$c=17\ 990\text{mg/m}^3$

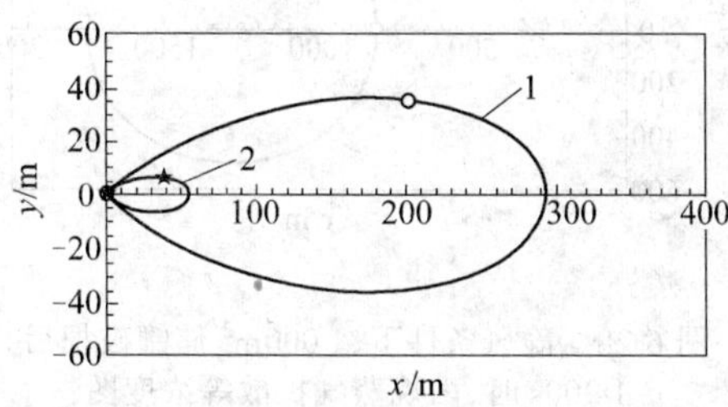

图 6-21 平均风速条件下，管路系统发生气相泄漏扩散事故时，丙烷蒸气扩散等浓度图（泄漏孔径 100mm，$v=2.7\text{m/s}$，$Q=15\text{kg/s}$，连续气体）

1—$c=1\ 000\text{mg/m}^3$；2—$c=17\ 990\text{mg/m}^3$

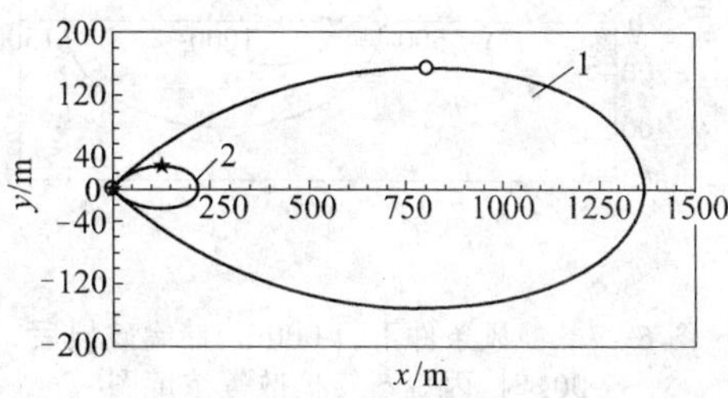

图 6-22 平均风速条件下，管路系统发生液相泄漏扩散事故时，丙烷蒸气扩散等浓度图（泄漏孔径 100mm，$v=2.7\text{m/s}$，$Q=168\text{kg/s}$，连续液体）

1—$c=1\ 000\text{mg/m}^3$；2—$c=17\ 990\text{mg/m}^3$

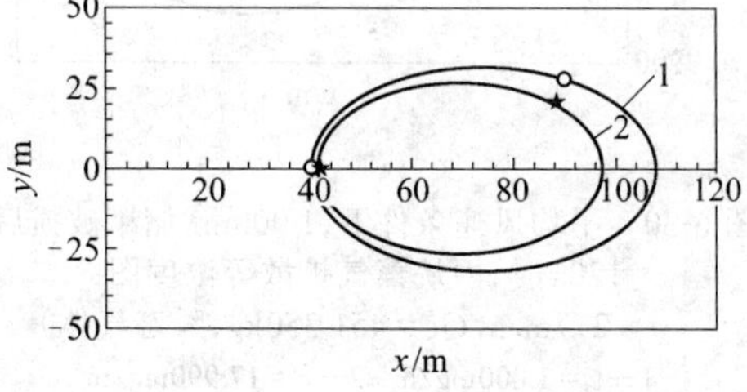

图 6-23 静风条件下，1 000m^3 储罐破损后，60s 时，丙烷蒸气扩散等浓度图（$v=1\text{m/s}$，$Q'=451\ 350\text{kg}$，瞬态气体）

1—$c=1\ 000\text{mg/m}^3$；2—$c=17\ 990\text{mg/m}^3$

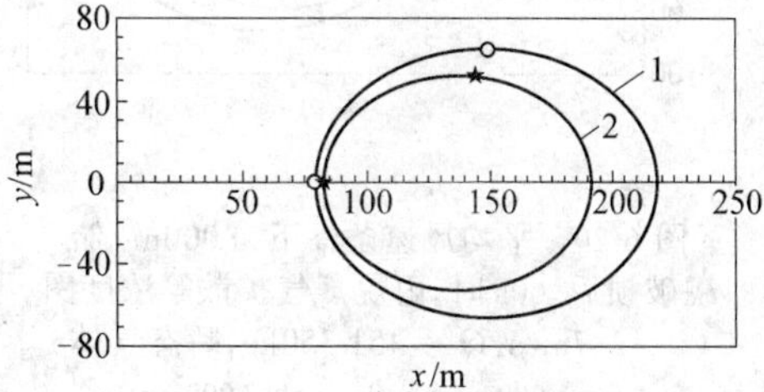

图 6-24 静风条件下，1 000m^3，储罐破损后，120s 时，丙烷蒸气扩散等浓度图（$v=1\text{m/s}$，$Q'=451\ 350\text{kg}$，瞬态气体）

1—$c=1\ 000\text{mg/m}^3$；2—$c=17\ 990\text{mg/m}^3$

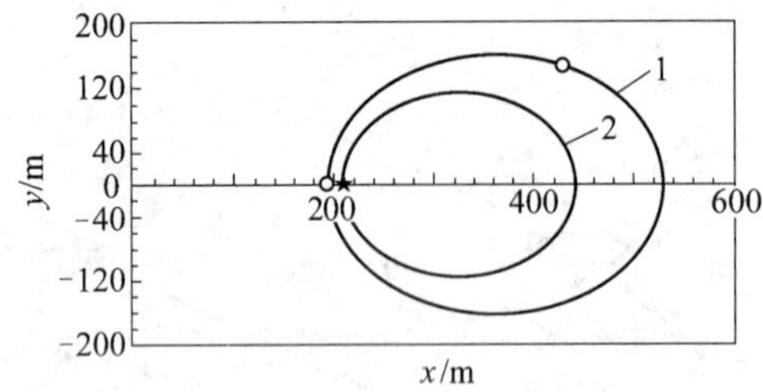

图 6-25　静风条件下,1 000m^3 储罐破损后,300s 时,丙烷蒸气扩散等浓度图(v = 1m/s, Q' = 451 350kg,瞬态气体)
1—c = 1 000mg/m^3;2—c = 17 990mg/m^3

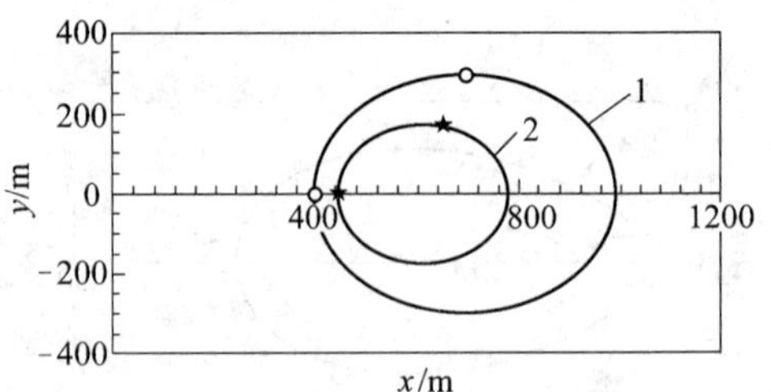

图 6-26　静风条件下,1 000m^3 储罐破损后,600s 时,丙烷蒸气扩散等浓度图(v = 1m/s, Q' = 451 350kg,瞬态气体)
1—c = 1 000mg/m^3;2—c = 17 990mg/m^3

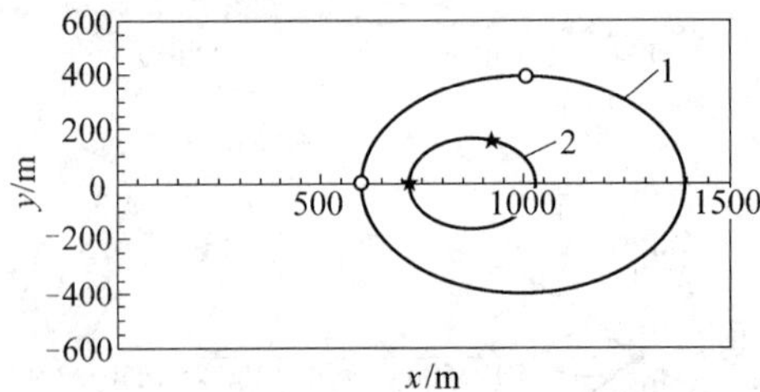

图 6-27　静风条件下,1 000m^3 储罐破损后,900s 时,丙烷蒸气扩散等浓度图(v = 1m/s, Q' = 451 350kg,瞬态气体)
1—c = 1 000mg/m^3;2—c = 17 990mg/m^3

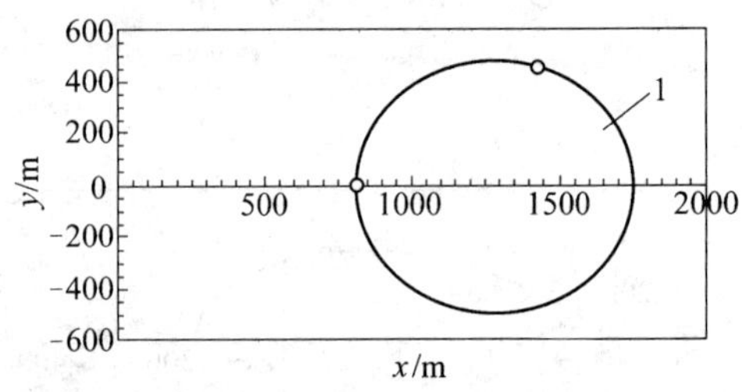

图 6-28　静风条件下,1 000m^3 储罐破损后,1 200s 时,丙烷蒸气扩散等浓度图(v = 1m/s, Q' = 451 350kg,瞬态气体)
1—c = 1 000mg/m^3

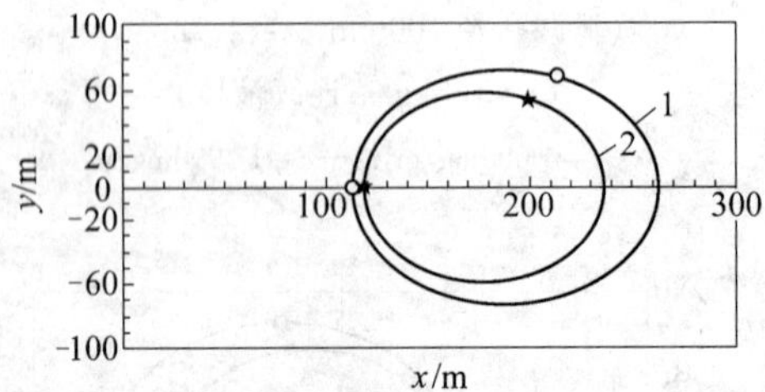

图 6-29　平均风速条件下,1 000m^3 储罐破损后,60s 时,丙烷蒸气扩散等浓度图(v = 2.7m/s, Q' = 451 350kg,瞬态气体)
1—c = 1 000mg/m^3;2—c = 17 990mg/m^3

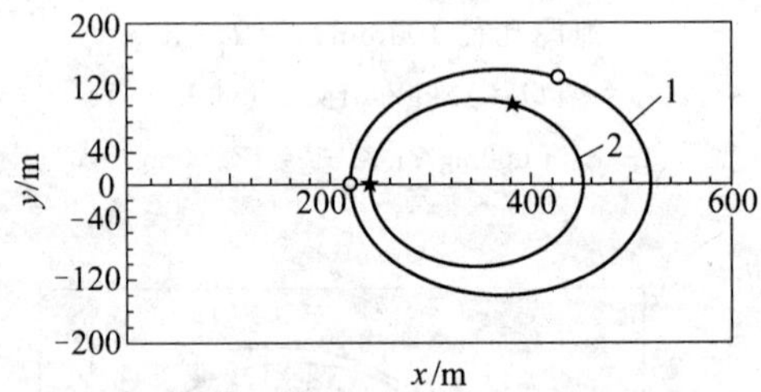

图 6-30　平均风速条件下,1 000m^3 储罐破损后,120s 时,丙烷蒸气扩散等浓度图(v = 2.7m/s, Q' = 451 350kg,瞬态气体)
1—c = 1 000mg/m^3;2—c = 17 990mg/m^3

1）如果泄漏物为丙烷蒸气，在静风（风速 1m/s，下同）条件下，1 000mg/m^3 和 17 990mg/m^3浓度最大扩散距离（距泄漏孔）分别为 37.9m 和 7.8m，危害面积分别为 266m^2 和 4.6m^2，表明危害范围较小，限于泄漏孔附近，受危害的人员较少。在平均风速（风速为 2.7m/s，下同）条件下，1 000mg/m^3 和 17 990mg/m^3 浓度最大扩散距离分别为 22.1m 和 4.6m，危害面积分别为 89m^2 和 1.2m^2，危害面积均很小，对人员影响很小。

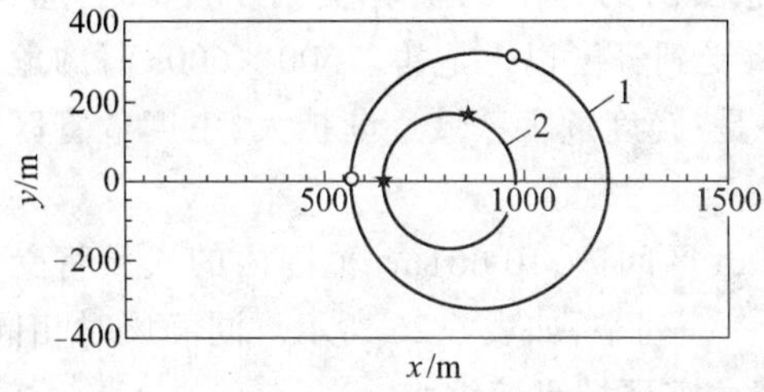

图 6-31　平均风速条件下，1 000m^3 储罐破损后，300s 时，丙烷蒸气扩散等浓度图
（$v=2.7$m/s，$Q'=451\ 350$kg，瞬态气体）
1—$c=1\ 000$mg/m^3；2—$c=17\ 990$mg/m^3

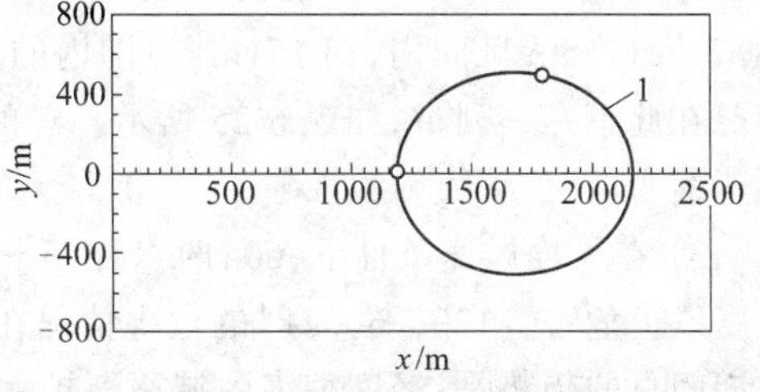

图 6-32　平均风速条件下，1 000m^3 储罐破损后，600s 时，丙烷蒸气扩散等浓度图
（$v=2.7$m/s，$Q'=451\ 350$kg，瞬态气体）
1—$c=1\ 000$mg/m^3

2）如果泄漏物为液态丙烷，在静风条件下，1 000mg/m^3 和 17 990mg/m^3 浓度最大扩散距离分别为 146.1m 和 29.3m，危害面积分别为 3 912m^2 和 108m^2，表明下风向泄漏孔 146m 以内，面积为 3 912m^2 范围内的作业人员主要将受到轻度危害，影响不大。在平均风速条件下，1 000mg/m^3 和 17 990mg/m^3 浓度最大扩散距离分 83.4m 和 17.1m，危害面积分别为 1 284m^{2}和 29m^2。表明下风向距泄漏孔 83.4m 以内较小范围内的作业人员将受到轻度危害，影响较小。

（2）当发生大型泄漏事故，即管路系统出现孔径为 100mm 的泄漏孔且连续泄漏丙烷时：

1）如果泄漏物为丙烷蒸气，静风条件下，1 000mg/m^3 和 17 990mg/m^3 浓度最大扩散距离分别为 537.1m 和 98.3m，危害面积分别为 50 421m^2 和 1 623m^2，表明下风向距泄漏孔 98.6m 以内 50 421m^2 范围内的作业人员及外部人员将受到轻度以上（含轻度）危害，轻度危害范围超出工业区。此种情况下，丙烷蒸气危害较大。在平均风速条件下，1 000mg/m^3 和 17 990mg/m^3 浓度最大扩散距离分别为 293.1m 和 56.5m 以内，危害面积分别为 15 430m^2 和 503m^2。表明下风向距泄漏孔 56.5m 以内很小范围内的作业人员将受到中度以上危害，危害区域基本上未超出本工业区，此种情况下，丙烷蒸气危害一般。

2）如果泄漏物为液态丙烷，在静风条件下，1 000mg/m^3 和 17 990mg/m^3 浓度最大扩散距离分别为 280.1m 和 400.7m，危害面积分别为 1.19km^2 和 0.03km^2。表明下风向距泄漏孔 400.7m 以内，面积为 0.03km^2 范围内的作业人员主要将受到中度危害，其中 200m 以内蒸气浓度非常高，危害相当严重。轻度危害距离超出 2 800m，且面积较大。此种情况下，丙烷蒸气危害严重。在平均风速条件下，1 000mg/m^3 和 17 990mg/m^3 浓度最大扩散距离分别为 1 367.5m 和 221.7m，危害面积分别为 0.14km^2 和 0.01km^2。此时，丙烷蒸气的危害较为严重。

（3）当发生特大型泄漏事故，即 1 000m^3 球罐严重破裂，物料大规模瞬态泄漏时：

1）在静风条件下，在储罐破损事故发生后 60s，1 000mg/m^3 和 17 990mg/m^3 浓度的分布距离分别在 39.9～107.7m 和 41.6～97.1m 区间，危害面积分别为 3 346m^2 和 1 793m^2，也就是说，泄漏事故发生 60s 时，41.6～97.1m 区间内，1 793m^2 范围内的作业人员将受到中度以上危害，其中该区间大部分范围内丙烷蒸气浓度非常高，对工业区作业人员危害十分严重。120s 时,83.1～190.7m 区间内,8 849m^2 范围内的作业人员将受到中度以上危害,78.7～217.5m 区间内,14 151m^2 范围内的人员将受到轻度以上危害。300～600s 时的危害情况在此不一一列举,如表 6-25 所示。总的趋势是:轻度危害区域逐渐扩大,中度危害区域迅速缩小。

2）在平均风速条件下,60s 时,118.5～235.9m 区间内,10 661m^2 范围内的人员将受到中度以上危害。120～600s 时的危害情况在此不一一列举,如表 6-26 所示。同静风时相同,这期间总的趋势是:轻度危害区域逐渐扩大,中度危害区域迅速缩小。

(4) 对比以下各种典型泄漏扩散事故情景下丙烷蒸气对人体危害的评价结果,可以看出

1）同一泄漏源,在静风和有风条件下比较,静风条件下扩散危害相对严重。

2）同样风速条件下,管路系统同样孔径连续泄漏液态丙烷和丙烷蒸气两种情形相比较,液态丙烷泄漏、扩散造成的危害相对严重。

3）当发生特大型泄漏事故,即储罐严重破损,物料大规模瞬态泄漏后,泄漏初期,各危害区域随时间逐渐扩大,然后中度危害区域迅速缩小,直至中度危害区域不存在,最后当泄漏时间足够长时,轻度危害区域也将不再存在。在有风条件下,毒物危害面积虽相对较大,但危害时间较短。

(5) 在评价毒物泄漏扩散危害程度时,除着重考虑毒物浓度的影响之外,还应当考虑人员在毒物浓度环境中的接触时间。接触时间越长,实际毒害越严重。液化石油气泄漏事故持续时间通常不会太久,在短时间内将会采取有效措施,对泄漏加以控制。因此,可以认为,一旦发生泄漏扩散事故,其实际危害程度将会比报告中模拟计算的结果要低。

(6) 有必要指出的是,液化石油气泄漏扩散事故不仅仅对人体健康产生危害,当蒸气浓度很高时,如达到燃烧或爆炸浓度下限,将有可能引发火灾、爆炸事故。液化石油气泄漏扩散事故和火灾爆炸事故是相互关联的。

参考文献

1 劳动部劳动保护科学研究所,等."八五"国家科技攻关专题《易燃、易爆、有毒重大危险源辨识评价技术的研究》鉴定材料.1995

2 国家经贸委安全科学技术研究中心,等."九五"国家科技攻关专题《重大工业火灾、爆炸、毒物泄漏事故分析模拟技术》鉴定材料.2000

3 机电部质量安全司.机械工厂安全性评价.1998(内部资料)

4 吴宗之.建立我国工业事故风险管理制度探讨.中国安全科学学报,1995年增刊

5 吴宗之,高进东,张兴凯,编著.工业危险辨识与评价.北京:气象出版社,2000

6 冯肇瑞,崔国璋.安全系统工程.北京:冶金工业出版社,1987

7 American Institute of Chemical Engineer.Guide of Hazard Evaluation Procedure.1985

8 冯肇瑞,等主编.化工安全技术手册.北京:化学工业出版社,1993

9 闪淳昌,主编.建设项目(工程)劳动安全卫生预评价指南.大连:大连海事大学出版社,1999

10 冯肇瑞,等主编.安全系统工程(第二版).北京:冶金工业出版社,1993

11 李民权,等译.工业污染事故评价技术手册.北京:中国环境科学出版社,1992

12 王自齐,等主编.化学事故与应急救援.北京:化学工业出版社,1997

13 陈莹,编著.工业防火与防爆.北京:中国劳动出版社,1994

14 汪元辉,主编.安全系统工程.天津:天津大学出版社,1999

15 化工部生产综合司.安全系统工程译文集.1983(内部资料)

16 闪淳昌,主编.中国安全生产年鉴(1979~1999).北京:民族出版社,2000

17 廖学品,编著.化工过程危险性分析.北京:化学工业出版社,2000

18 胡二邦,主编.环境风险评价实用技术和方法.北京:中国环境科学出版社,2000

19 吴宗之,高进东,编著.重大危险源辨识与控制.北京:冶金工业出版社,2001

订户邮政编码:□□□□□□□详址＿＿＿＿＿＿＿省＿＿＿＿＿市(县)

＿＿＿＿＿＿＿＿＿＿＿＿＿＿＿＿＿＿＿＿＿＿＿＿＿经办人＿＿＿＿＿

冶金工业出版社发行部

冶金工业出版社图书订购单(邮书凭证)　　年　月　日　　汇款方式:

订购单位				经办人		
发行号	书　　名	单价	另加15%邮费	册数	金额	
合计金额(大写)	千　百　拾　元　角　分　¥					

冶金工业出版社图书订购单(本社记帐)　　年　月　日　　汇款方式:

订购单位			经办人	
科技书	册数		金额	
合计金额(大写)	千　百　拾　元　角　分　¥			

注:以上两联与银行邮局汇款一同汇寄我单位

详细地址:北京沙滩嵩祝院北巷39号发行部;开户银行:北京工商行王府井支行营业室

邮政编码:100009　电话:64044283　帐号:032008—94

以上裁下寄回我单位

冶金工业出版社图书订购单(代收据)　　年　月　日　　汇款方式:

订购单位			经办人	
科技书	册数		金额	
合计金额(大写)	千　百　拾　元　角　分　¥			

注:此联须与汇款一起并作报销凭证否则无效。如需另开收据,请将三联一同寄回。

冶金工业出版社同类书推荐

中国职业安全健康管理体系内审员培训教程

国家经贸委安全科学技术研究中心　等编

16开　平装　43.1万字　定价50.00元

本书系统介绍了职业安全健康管理体系，内容包括：职业安全健康管理体系的发展概况，标准知识、体系的建立，职业安全健康管理体系文件的编写、体系试运行及审核，危害辨识与危险评价以及职业安全健康法律法规等。

重大危险源辨识与控制

吴宗之　高进东　编著

16开　平装　24.8万字　定价35.00元

本书系统论述了重大危险源控制系统的要素，内容包括重大危险源的辨识标准、普查技术、快速评价分级方法、风险评价方法、应急计划和监控技术，以及北京、上海等六城市重大危险源普查试点情况及结果分析，最后简要介绍了美国重大工业事故预防控制措施。

《工程爆破实用手册》

刘殿中　等主编

大32开　63.4万字

本书是依据即将颁布实施的国家标准《爆破安全规程》以及许多同行专家、读者的反馈信息和好的建议，在第1版的基础上修订、增补而成，突出了理论叙述的简炼实用和爆破技术在工程实践中的成功应用。全书共13章，约70万字，其中图314幅，表312个。主要内容包括爆破基础理论、爆破器材及起爆方法、爆破工程地质、采矿及建筑工程爆破、轮廓爆破与谨慎爆破、硐室大爆破、水下爆破、拆除爆破、特种爆破、穿孔、装药及二次破碎设备、爆破震动测试、爆破安全技术、爆破工程预算等。

安全原理

陈宝智　编著

32开　平装　23.9万字　定价20.00元

本书以事故致因理论为主线，论述了人的因素和物的因素的控制问题，现代安全管理的理论、原则和方法等，系统地介绍了有代表性的安全理论、观点和国内外安全工作经验。全书共六章，主要内容包括事故致因理论、人失误与不安全行为、防止人失误与不安全行为、企业安全管理、安全法规及安全管理制度，以及现代安全管理等。

城市防灾工程

叶义华　等编著

大32开　平装　31.8万字　定价25元

本书全面系统地介绍了城市各种自然灾害、人为灾害的防治方法。内容包括：防灾系统安全工程基本概念、分析方法；城市洪涝灾害、地震、滑坡、崩塌、沉降及泥石流；城市火灾；城市环境灾害及城市其他灾害的防治措施等。

起重机司机安全操作技术

张应生　主编

16开　平装　89.4万字　定价70元